宝宝健康手册

主 编

汪 健　谢英彪

副主编

谢 秋　陆海萍　周 莉

编著者

戴言乐　周晓慧　虞丽相　张淳理　代名涛
陈泓静　卢 岗　彭伟明　史兰君　黄志坚
刘欢团　王金勇　谢萃文

金盾出版社

内容提要

本书介绍了 0～6 岁中不同阶段宝宝的科学养育方法，同时阐释了宝宝的身心发育规律，从宝宝的护理、喂养，到宝宝的饮食营养、五官保健、常见病防治、合理用药、免疫接种、服饰与健康、体格锻炼、品德与身心健康等方面，给出了全方位的多种保健方法；帮助初次为人父母的年轻人懂得选用正确的方式培育宝宝，让宝宝天天健康成长。本书对小学阶段儿童保健内容也有涉及，亦可供小学生家长参阅。

图书在版编目（CIP）数据

宝宝健康手册/汪健，谢英彪主编.— 北京：金盾出版社，2016.2
ISBN 978-7-5186-0427-2

Ⅰ.①宝… Ⅱ.①汪…②谢… Ⅲ.①婴幼儿—哺育—手册
Ⅳ.①TS976.31-62

中国版本图书馆 CIP 数据核字（2015）第 161934 号

金盾出版社出版、总发行
北京太平路5号（地铁万寿路站往南）
邮政编码：100036　电话：68214039　83219215
传真：68276683　网址：www.jdcbs.cn
北京天宇星印刷厂印刷、装订
开本：705×1000 1/16　印张：18　字数：240千字
2016年2月第1版第1次印刷
印数：1～4 000册　定价：60.00元

（凡购买金盾出版社的图书，如有缺页、
倒页、脱页者，本社发行部负责调换）

前 言

拥有一个健康、聪明、漂亮的宝宝是每一对育龄夫妇的共同愿望。但是，每一位新妈妈和新爸爸在育儿过程中都会遇上各种各样的烦心事，还要承受着一定的生活压力和心理负担。而培育一个活泼可爱的健康宝宝是一项崇高而神圣的事业，在漫长的育婴过程中，年轻的父母每时每刻都可能遇到各种问题，这就需要在日常生活中不断地加以留心和注意，这样才能让自己的宝宝充分享受快乐童年的每一天。

宝宝自出生后脐带结扎时起至生后28天内，称新生儿期。这一时期小儿脱离母体开始独立生活，内外环境发生巨大变化，但其生理调节和适应能力不够成熟，易发生体温不升、体重下降，各种疾病如产伤、窒息、溶血、感染、先天畸形等，不仅发病率高，死亡率也高。在发达国家，新生婴儿死亡率约占2/3，尤以第一周为高。根据这些特点，新生儿时期的儿童保健应特别强调护理方法，其中母乳喂养是最佳喂养方式。新生儿皮肤娇嫩，应每日沐浴，水温不宜过热过冷，应以略高于体温为宜。居室应保持空气清新，通风良好，冬季定时开窗换气，夏季避免室内温度过高。

1周岁后到满3周岁之前为幼儿期。生长发育速度较前减慢，尤其在体格发育方面。这个阶段，宝宝活动范围渐广，接触周围事物增多，智能发育较前突出，语言、思维和待人接物的能力增强，但识别危险的能力尚不足，故应注意防止意外伤害和中毒。此时期，幼儿饮食已从乳汁转换为饭菜，逐渐过渡到成人饮食，故需注意防止营养缺乏和消化功能紊乱。此时宝宝接触外界较广，而自身免疫力较低，传染病发病率较高，防病乃为保健重点。

3周岁后（第四年）到入小学前为学龄前期。宝宝的体格发育速度减慢，达到稳步增长，而智能发育更趋完善，求知欲强，能做较复杂的动作，学会照顾自己，语言和思维能力进一步发展。应根据这个时期具有高度可塑性的特点，从小要培养其道德品质，养成良好的卫生、学习和劳动习惯，为入小学做好准备。学龄前期小儿防病能力有所增强，但因接触面广，仍可发生传染病，易患急性肾炎、风湿病等；学龄前期宝宝因喜模仿而又无经验，故发生意外事故较多。应依据这些特点，做好预防保健工作。

从入小学起(6~7岁)到青春期(女12岁，男13岁)开始之前称为学龄期(相当于小学学龄期)。此期小儿体格生长仍稳步增长，除生殖系统外其他器官的发育到青春期已接近成人水平。脑的形态已基本与成人相同，智能发育较前更成熟，控制、理解、分析、综合能力增强，是长知识、接受文化科学教育的重要时期。应加强教育，使他们在学校、在家庭中打好德、智、体、美、劳全面发展的基础。这个时期发病率较前为低，但要注意预防近视眼和龋齿，矫治慢性病，端正坐、立、行姿势，安排有规律的生活、学习和体育锻炼，保证充足的饮食营养和休息，注意孩子情绪和行为变化，避免思想过度紧张。

了解宝宝养育过程中的问题，既有助于保证宝宝身体强壮，也有助于孩子的心理健康。本书由具有丰富经验的儿科医生和妇幼保健专家共同撰稿，全书从宝宝健康的角度出发，简要讲述了新生儿的保健方法，较为全面地阐释了宝宝的身心发育规律，从宝宝的护理、喂养，到宝宝的饮食营养、五官保健、常见病防治、合理用药、免疫接种、服饰与健康、体格锻炼、品德教育与身心健康等方面，给出了全方位的多种保健方法；让初次为人父母的年轻人懂得选用正确的方式培育宝宝，让宝宝健康成长。

谨在此祝愿每一个家庭都能拥有健康活泼的宝宝，每一位宝宝都能幸福地拥有快乐的童年生活。愿《宝宝健康手册》成为年轻家长的良师益友。

作 者

目 录

一、新生儿保健 /1

怎样保持新生儿正常体温 /1
新生儿常见的生理改变有哪些 /2
怎样为新生儿测量体温 /3
怎样通过囟门观察孩子的健康 /3
新生儿正常神经反射如何测试 /4
如何日常护理足月新生儿 /5
如何护理新生儿的肚脐 /5
如何安抚哭闹的新生儿 /6
新生儿是否需要晒太阳 /7
如何寻找新生儿打嗝的因素 /7
新生儿便秘要想到哪些病 /8
新生儿腹泻怎么办 /8
正常新生儿一天的睡眠时间有多长 /9
新生儿的睡眠有何特点 /9
怎样护理睡眠颠倒的新生儿 /10
为什么不能让新生儿含着奶头睡觉 /10
怎样护理新生儿皮肤 /11
什么情况下不宜给新生儿洗澡 /11
怎样清除新生儿头皮垢 /12
新生儿湿疹如何护理 /12

小儿痱子如何护理 /13
新生儿皮肤上为什么会出现红斑 /14
怎样避免新生儿皮肤褶缝溃烂 /14
新生儿脓疱疮如何护理 /15
新生儿尿布皮炎如何护理 /15
新生儿发热如何护理 /16
如何防止新生儿发热 /17
为什么早产儿需要更多的呵护 /17
如何防止新生儿发生意外 /18

二、儿童生长发育 /19

宝宝生长发育有什么规律 /19
宝宝生长发育为什么需要足够的热能 /20
怎样评价小儿健康状况 /20
影响孩子生长发育的因素有哪些 /21
营养不良对小儿智力发育有什么影响 /22
微量元素铜对小儿的生长发育有什么影响 /22
微量元素锌对儿童的生长发育有何影响 /23
微量元素铁对儿童的生长发育有何影响 /23
碘、锰对儿童的生长发育有何影响 /24
怎样判断婴儿的体格发育是否正常 /24
儿童体重增长的一般规律是什么 /25
如何在家里为小儿测量体重 /25
小儿体重增长过多或增长不多怎么办 /26
如何观察小儿骨骼发育情况 /26
如何从囟门观察宝宝的身体状况 /27
影响儿童牙齿发育的因素有哪些 /27
哪些是衡量小儿神经－精神发育的指标 /28
婴幼儿动作发育有什么规律 /29
怎样才能使孩子长得高 /29

为什么动作发育不宜过分超前引导 /30

三、婴幼儿护理 /31

儿童为什么不宜用成人的化妆品 /31
如何保护好幼儿的声带 /31
幼儿能与宠物接触吗 /32
小儿习惯用左手为什么应顺其自然 /33
孩子步态异常是不是有病 /33
怎样增强小儿的抗病能力 /34
宝宝晚上睡觉常惊醒怎么办 /35
宝宝说梦话对身体有害吗 /35
孩子打呼噜就是睡得香吗 /36
为什么婴幼儿不宜在灯下睡眠 /36
怎样纠正孩子入睡时的坏习惯 /37
婴幼儿便秘怎么办 /37
为什么小儿有耳屎不要随便挖 /38
小儿经常用手挖鼻孔怎么办 /38
孩子的喉咙进了异物怎么办 /39
如何培养小儿爱清洁、讲卫生的好习惯 /40
小儿入睡时有坏习惯怎么办 /41
"春捂秋冻"的说法对吗 /41
幼儿迟迟不出牙怎么办 /42
怎样为小儿选择牙刷、牙膏 /42
幼儿看电视要注意什么 /43
如何让孩子自己睡觉 /44
哪些情况下孩子不宜洗澡 /44
高热患儿如何护理 /45
如何让患儿多呼吸新鲜空气 /45
最适合宝宝的室温是多少 /46
室内湿度多少对宝宝更适宜 /46

小儿生痱子要注意什么 /47
为什么要在婴幼儿时期建立良好的饮食习惯 /48
为什么要用流动水给孩子洗手 /48
为什么爽身粉不宜常用 /49
怎样使宝宝的头发更健美 /50
婴幼儿是否应该每天排便 /51
如何对待小儿生长痛 /51
为什么不能让幼儿憋尿 /52
怎样给孩子补水 /53

四、婴幼儿喂养 /54

为什么母乳喂养有利于骨骼发育 /54
妈妈尚未开奶时宝宝怎么办 /54
怎样给新生儿喂奶 /55
喂奶的注意事项 /56
如何为宝宝挑选奶瓶 /56
喂奶时乳母用药为什么要慎重 /57
为什么孩子补充营养以自然食物为好 /57
宝宝经常溢奶怎么办 /58
怎样防止宝宝吐奶 /59
给新生儿配制奶粉为何不宜太浓 /60
怎样给宝宝添加辅食 /60
添加蔬菜应注意什么 /61
为什么不宜定时给婴儿喂奶 /61
为什么婴儿辅食不宜过早添加 /62
母乳和奶粉交替喂好吗 /63
宝宝吃奶时有干呕现象怎么办 /63
为什么奶嘴不卫生易患鹅口疮 /64
过量补充维生素D会导致幼儿发热或中毒吗 /65
为什么给婴儿添加鱼肝油要适当 /65

婴儿只吃奶不吃饭怎么办 /66
人工喂养应注意哪些事项 /67
怎样进行混合喂养 /68
怎样给孩子选择代乳品 /68
为什么不应只给婴幼儿喝汤不吃肉 /69

五、儿童饮食营养 /70

小孩何时使用筷子为好 /70
为什么应少给孩子吃糖葫芦 /70
小儿吃柿子要注意什么 /71
为什么儿童不宜吃削皮后变色的苹果 /71
为什么儿童不宜多吃橘子 /72
婴儿吃香蕉好不好 /72
为什么儿童不宜多吃山楂 /72
为什么婴幼儿食物不宜太咸 /73
为什么儿童不宜早晨空腹喝牛奶 /74
为什么儿童忌食未煮熟的豆浆 /74
为什么婴幼儿不宜多吃动物油 /75
学龄前儿童的营养素需要量是多少 /76
孩子如何喝水才科学 /76
为什么生长发育期的孩子不偏食也要补充维生素 /77
儿童缺乏微量元素的常见原因有哪些 /78
儿童服用铁剂应注意什么 /78
为什么儿童不宜多吃鱼松 /79
为什么不能给孩子吃汤泡饭 /80
怎样为孩子进补 /80
为什么不要把维生素当补养品 /81
为什么无病儿童不宜进补 /82
为什么孩子不宜多吃熏烤羊肉串 /82
为什么小儿夏天不可过食寒凉食品 /83

儿童吃冷饮的注意要点是什么 /83
给小儿喝茶有坏处吗 /84
为何儿童不宜喝咖啡 /84
儿童喝水有什么学问 /85

六、儿童五官保健 /86

怎样发现新生儿视力异常 /86
锻炼能保护视力吗 /86
怎样给婴幼儿检查视力 /87
如何吃才能让孩子的眼睛更明亮 /88
为什么多看绿色有益眼睛 /88
为什么儿童斜视宜早治 /89
儿童眼睛受伤时应如何急救 /90
如何治疗近视眼 /90
戴眼镜会越戴越深吗 /91
如何留意孩子的双眼 /92
如何注意用眼卫生 /92
眼睛外伤的主要原因有哪些 /93
少年近视如何防度数加深 /94
眼睛近视的前兆有哪些 /94
如何选配近视眼镜 /95
预防近视如何进行穴位按摩 /96
儿童护眼有哪些方法 /96
近视眼是怎样形成的 /97
儿童斜视几岁做手术效果最好 /98
近视眼该不该戴眼镜 /98
近视眼有什么症状 /99
为什么近视眼容易发生外斜视 /99
学龄儿童如何防治屈光不正 /100
怎样预防近视眼 /100

斜视儿童验光配镜应注意什么 /101
家长应该如何配合医生治疗孩子的弱视 /102
怎样做好孩子的口腔保健 /102
为什么龋齿要早发现早治疗 /103
牙齿为什么发黄 /104
婴儿乳牙早萌是怎么回事 /105
婴儿舌系带过短是怎么回事 /105
小儿地图舌怎么办 /106
出牙期如何注意口腔卫生 /106
出牙时要注意什么 /107
流口水是怎么回事 /108
吮手指对牙齿有何影响 /108
如何保护6个月以上婴儿的乳牙 /109
出牙期间为什么会拒食 /109
为什么牙面会凹凸不平 /110
奶瓶龋是怎么回事 /110
龋齿治疗方法有哪些 /111
牙龈为什么会出血 /111
儿童拔牙有何禁忌 /112
孩子应当多大开始刷牙 /112
为什么要强调保护六龄牙 /113
儿童换牙期如何护齿 /114
哪些药物对听力有影响 /114
如何减少家居噪声 /115
小儿为什么容易得中耳炎 /116
小儿患急性咽炎应注意什么 /116
什么样的扁桃体应该切除 /117
儿童患急性鼻炎怎么办 /118
孩子经常流鼻涕有何危害 /118
小孩被鱼刺卡到喉咙怎么办 /119

小儿发生外耳道异物怎么办 /119
为什么冬季警惕儿童中耳炎 /120
眼外伤怎么办 /120
婴幼儿易患中耳炎怎么办 /121
小儿鼻出血怎么办 /122
小儿患鼻窦炎怎么办 /122
婴幼儿咽后壁脓肿怎么办 /124
小儿患急性喉炎怎么办 /124
小儿患扁桃体炎怎么办 /125
小儿患口腔溃疡怎么办 /126
婴儿流口水怎么办 /127
婴幼儿患疱疹性口炎怎么办 /127
小儿患口角炎怎么办 /128

七、儿童常见病防治 /130

新生儿败血症怎么办 /130
新生儿肺炎怎么办 /131
新生儿呕吐怎么办 /131
新生儿呼吸窘迫综合征怎么办 /132
新生儿破伤风怎么办 /133
新生儿脐炎怎么办 /134
新生儿结膜炎怎么办 /134
新生儿惊厥怎么办 /135
小儿营养不良怎么办 /136
得了佝偻病怎么办 /136
小儿手足搐搦症怎么办 /137
小儿维生素 A 缺乏怎么办 /138
小儿维生素 B_1 缺乏怎么办 /139
小儿维生素 B_2 缺乏怎么办 /139
小儿维生素 C 缺乏怎么办 /140

小儿患厌食症怎么办 /141
小儿患风疹怎么办 /142
小儿患麻疹怎么办 /142
小儿患水痘怎么办 /143
小儿患流行性腮腺炎怎么办 /144
小儿患百日咳怎么办 /144
小儿患细菌性痢疾怎么办 /145
小儿患白喉怎么办 /146
小儿患结核病怎么办 /147
小儿患肝炎怎么办 /147
患流行性乙型脑炎怎么办 /148
怎样防治流行性脑脊髓膜炎 /149
小儿患脊髓灰质炎怎么办 /150
小儿患传染性单核细胞增多症怎么办 /150
小儿患蛔虫病怎么办 /151
小儿患蛲虫病怎么办 /152
小儿患钩虫病怎么办 /153
小儿急性上呼吸道感染怎么办 /153
小儿疱疹性咽峡炎怎么办 /154
小儿手足口病怎么办 /155
小儿支气管炎怎么办 /156
小儿肺炎怎么办 /156
小儿支气管哮喘怎么办 /157
小儿患鹅口疮怎么办 /158
小儿患肠炎怎么办 /158
小儿便秘怎么办 /159
小儿患脂肪肝怎么办 /160
小儿患病毒性心肌炎怎么办 /160
小儿先天性心脏病怎么办 /161

小儿患急性肾炎怎么办 /162
儿童患肾病综合征怎么办 /163
儿童患乙型肝炎相关性肾炎怎么办 /163
小儿泌尿系感染怎么办 /164
婴幼儿贫血怎么办 /165
再生障碍性贫血怎么办 /165
小儿白血病怎么办 /166
小儿患先天性甲状腺功能减低症怎么办 /167
儿童患甲状腺功能亢进症怎么办 /168
儿童患糖尿病怎么办 /168
儿童性早熟怎么办 /169
小儿患系统性红斑狼疮怎么办 /170
儿童患川崎病怎么办 /171
小儿癫痫怎么办 /171
小儿脑瘫怎么办 /172
小儿患抽动－秽语综合征怎么办 /173
儿童孤独症怎么办 /174
婴儿湿疹怎么办 /174
发生尿布疹怎么办 /175
小儿长痱子怎么办 /176
小儿生热疖怎么办 /176
幼儿患凉席性皮炎怎么办 /177
小儿生冻疮怎么办 /178
发生肠套叠怎么办 /178
小儿肛瘘怎么办 /179
小儿脱肛怎么办 /180
小儿患急性阑尾炎怎么办 /181
小儿血管瘤怎么办 /181
婴幼儿阴茎包皮病怎么办 /182

小儿隐睾怎么办 /183
小儿疝气怎么办 /183
小儿遗尿症怎么办 /184
儿童肥胖症怎么办 /185

八、儿童合理用药 /186

怎样给新生儿喂药 /186
如何给幼儿服药 /186
小儿怎样合理使用抗生素 /187
为什么新生儿及早产儿禁用氯霉素 /188
为何婴儿腹泻不宜滥用抗生素 /188
小儿为什么禁用四环素 /189
幼儿为何要慎服磺胺药 /190
如何选用儿童咳嗽药 /190
儿童为何不宜常服驱虫药 /191
小儿为何慎用外用药 /191
婴幼儿禁用的药物有哪些 /192
儿童服药如何选剂型 /192
婴幼儿外用药过量也会有不良反应吗 /193
儿童用药会有哪些误区 /194

九、儿童免疫接种 /195

什么是计划免疫 /195
儿童基础免疫程序如何 /195
什么是"自动免疫"和"被动免疫" /196
什么是预防接种 /197
预防接种后的儿童都能终身免疫吗 /198
什么是全程定量接种 /198
小儿接种疫苗后会出现哪些反应 /199
预防接种是否反应越重效果越好 /199

预防接种后发生反应怎么办 /200
怎样减少预防接种后的反应 /200
什么情况下宝宝不能接种疫苗 /201
如何照顾刚打过预防针的宝宝 /201
小儿什么时候接种卡介苗 /202
脊髓灰质炎减毒活疫苗有几种 /202
为什么新生儿也要接种乙肝疫苗 /203
怎样接种乙肝疫苗 /204
什么是百白破预防针 /204
哪些儿童禁止接种流感疫苗 /205
胎盘球蛋白能否代替预防接种 /205

十、儿童服饰与健康 /206

如何给新生儿穿戴衣帽 /206
给幼儿购买服装应注意什么 /207
为什么给孩子穿衣要适度 /208
婴儿脱衣有何学问 /208
儿童穿着有哪些不宜 /209
夏日里婴幼儿衣着有何要求 /209
儿童穿皮鞋为什么会影响脚的发育 /210
为什么要提倡幼儿多穿棉布衣服 /211
小儿穿什么鞋好 /211
给儿童买凉鞋宜选择什么样式的 /212
儿童的鞋子为什么不应过大或过小 /212
如何自己动手做婴儿围嘴 /213
怎样为孩子洗涤衣服 /213
小儿穿衣服为什么不宜过多 /214
小儿穿开裆裤好不好 /215
冬天儿童为什么应戴帽子 /215
孩子该怎样打扮才算美 /216

儿童为什么不宜异性打扮 /216

十一、儿童体格锻炼 /218

小儿能做的细动作及适应性动作有哪些 /218
小儿能不能做绘画与书写动作 /218
为什么说充分合理的营养是婴幼儿健康的基础 /219
参加锻炼对心血管系统有什么好处 /220
参加锻炼对呼吸系统有什么好处 /221
参加锻炼对神经系统有什么好处 /221
参加锻炼对肌肉和骨骼有什么好处 /222
参加锻炼对新陈代谢有什么好处 /223
为什么锻炼能使儿童更适应自然环境 /224
锻炼能促进智力开发吗 /224
锻炼能促进长个子吗 /225
锻炼有助于减肥吗 /226
锻炼能提高身体素质吗 /226
怎样使幼儿锻炼科学化 /227
怎样能使孩子拥有优美健壮的体态 /228
锻炼前要进行准备活动吗 /228
孩子锻炼时要遵循哪些原则 /229
游泳时发生抽筋现象怎么办 /230
怎样不让孩子长得太胖 /231
运动过少有何害处 /231
怎样预防和早期发现小儿脊柱侧弯 /232
什么是幼儿手指运动健身法 /233
婴幼儿做健身操有什么作用 /233
孩子对锻炼不感兴趣怎么办 /234
如何避免锻炼中可能出现的意外伤害 /235
如何带学龄前孩子去旅游 /235
如何消除运动后的疲劳 /236

少儿锻炼时要注意什么 /237

十二、儿童行为品德与身心健康 /238

幼儿良好行为习惯包括哪些内容 /238
为什么说幼儿期是培养良好行为习惯的关键时期 /239
如何满足幼儿的合理要求 /239
孩子有抵触情绪怎么办 /240
如何教孩子学会爱自己 /241
如何让孩子尽情宣泄不良情绪 /241
如何让孩子学会争吵 /242
如何让孩子笑口常开 /243
怎样教育孩子不自私 /243
怎样培养孩子的集体意识 /244
怎样劝阻孩子的危险行为 /245
怎样使孩子说实话 /246
如何创造一个健康和谐的家庭氛围 /246
如何避免家庭中的畸形教育 /247
为什么不能忽视习惯培养 /248
如何培养孩子在公共场所的文明行为 /248
如何培养孩子的勇敢精神 /249
如何培养孩子做事有条理 /250
如何培养孩子做事有始有终 /251
如何培养孩子爱清洁讲卫生的好习惯 /252
为什么不能放纵儿童的攻击性行为 /253
如何帮助孩子发展自制力 /253
孩子做事毛躁怎么办 /254
如何纠正儿童的独占行为 /255
如何培养孩子的快乐性格 /256
对不同性格的孩子要采取哪些不同的教育方法 /257
如何培养孩子健康的情感 /257

什么是情商教育 /258
孩子过分争强好胜怎么办 /259
如何让孩子少一点自卑多一份自信 /260
如何引导虚荣心过强的孩子 /261
怎样指导孩子经受意志锻炼 /261
挫折教育应注意什么问题 /262
如何培养孩子的责任心 /263
如何教宝宝从小有爱心 /264
如何培养孩子的谦让品质 /264
怎样培养孩子正直的品质 /265
如何培养孩子最初的交往能力 /266
孩子被同学嫉妒怎么办 /266

一、新生儿保健

怎样保持新生儿正常体温

小儿出生后必须靠自身的体温调节来适应外界环境温度的变化。但是，这个时期新生儿的体温调节中枢的功能还不完善，通过中枢调节体温的功能较差而使体温不易稳定。此外，新生儿的皮下脂肪也较薄，体表面积按体重计算相对也较大（约为成人的3倍），容易导致散热过多而发生体温过低。一方面在寒冷的季节里，如不注意保暖，体温可不升，全身冰冷，可引起皮肤冻伤，甚至可出现皮下脂肪变硬而发生硬肿症。另一方面，由于新生儿的汗腺发育不全，其排汗、散热的功能较差，肾脏对水和盐的调节功能也较差，如环境温度过高、过分保暖或水分摄入过少，体温可上升很高，甚至可达40℃，可因高体温而引起抽风，甚至导致突然死亡。

因此，新生儿出生后，应注意保持周围环境空气温度的基本稳定，室温最好控制在16℃～22℃，衣、被要适当，高温季节要注意水分的摄入（母乳喂养儿可多吃母乳，人工喂养儿则应适当多喝一些水），以维持新生儿体温的稳定。

夏天室内要通风，但要避免直接吹风，也可在地上洒水或放盆冷水吸热。新生儿不要包得太紧，捂得太严。寒冬季节，室内要有取暖装置，如暖气、生炉火、烧热炕等。如果室温不够，小儿手脚冰凉时，可以在新生儿棉被下放热水袋。

新生儿常见的生理改变有哪些

(1) 生理性黄疸：有50%～70%的宝宝出生2～3天后，皮肤出现轻度发黄，但精神、吃奶都很好，这就是生理性黄疸。一般会在生后7～10天内自行消退。

(2) 假月经：在怀孕期，母体雌激素进入胎儿体内，引起阴道上皮和子宫内膜的增生。等到出生后，母体雌激素的影响突然中断，增生的阴道上皮和子宫内膜就会脱落。于是分泌出白色黏液，即白带。一些女婴的阴道还会流出血性分泌物，这就是假月经，不需要特殊治疗。

(3) 乳腺肿大：新生儿不论男女在生后的几天内可能会出现乳房肿大，甚至分泌少许乳汁样液体，这是因为新生儿体内含有从母体中得到孕激素、泌乳素等，这些激素刺激了乳房肿大和泌乳。这是正常的生理现象，不用处理，出生2～3周后就会自然消退。

(4) 马牙：有些宝宝的牙龈上，有时会看到一些淡黄色米粒大小的颗粒，俗称"马牙"，有人习惯将它用粗布擦掉。所谓"马牙"是由上皮细胞堆积而形成的，属于正常生理现象，几个星期后会自行消失。

(5) 螳螂嘴：有些新生儿口腔的两侧颊部都有一个较厚的脂肪垫隆起，老百姓俗称"螳螂嘴"。脂肪垫属于新生儿正常的生理现象，不仅不会影响宝宝吃奶，反而有助于宝宝的吸吮。

(6) 生理性体重下降：宝宝出生后的前几天由于吃奶量还不多，通过排尿、排胎便或出汗等途径使水分丢失而造成体重下降。一般7～10天即可恢复正常体重，并开始正常的体重增长。

(7) 新生儿脱发：大多数新生儿在出生后的2～3周内发生显著脱发。这是由于婴儿出生后，大部分头发毛囊在数天内由成长期迅速转为休止期所致，一般经过9～12周后，小儿的毛囊会重新形成毛球，并向成长期活动，重新生长出新发。

一、新生儿保健

怎样为新生儿测量体温

新生儿口腔狭小且不能配合，所以口腔测温绝对禁用。一般测颈温、腋温来了解孩子的体温变化。肛门测温较麻烦，平时少用；但当孩子有病，皮肤温度不能反映真实体温时，就必须用肛表测直肠温度。具体测量方法如下：

(1) 颈部测温：将体温表横置于颈部皮肤褶缝间，使皮肤夹住体温表的感应端，至少夹持 5 分钟，能夹持 10 分钟最好，该处测温最简便，不必解衣。缺点是体温表不易固定，颈部皮肤温度易受室温干扰，故该处正常体温偏低，为 36.3℃。

(2) 腋下测温：把体温表感应端放在一侧腋窝正中用上臂紧夹即可，至少夹持 5 分钟。该处测温也较方便，只需稍为解松一些衣服即可，其所得结果的正确性较颈部为高，受室温干扰少，与口腔测温相接近，并不需要加 0.5℃。

(3) 肛门测温：先将肛门体温表的水银感应头蘸食物油或甘油少许，分开臀沟后插入肛门 3～5 厘米，3 分钟即可。该处测温虽较麻烦，但最准确，故有病时应用肛门测温为好，正常体温与口腔测温相接近，不必减 0.5℃。

怎样通过囟门观察孩子的健康

1 岁以内的孩子，特别是新生儿，头颅骨还没有发育好，每块颅骨之间没有完全连接在一起，在两块额骨和两块顶骨之间形成一个菱形的空隙，这就是前囟门，又称为前囟，用手摸上去，软软的，没有骨头。

平常的时候，前囟表面与头颅的表面深浅是一致的，或稍微有一定凹陷，摸上去，有时可以感到血管的脉搏，在满月里尤为明显。这都是正常的。

如果前囟的部位比头颅表面突出来，像个小鼓包似的，用手按一按，感觉很硬，绷得很紧，这说明头颅里面压力增高。引起压力增高的原因很多，最常见的原因是感染，如各种脑炎、脑膜炎、颅内有出血或脑肿瘤、脑积水时，都可以引起颅内压增高。有时小儿吃鱼肝油过多，造成维生素 A 中毒也可引起。正常小儿哭时或用力时，颅内压也可以增高，触摸前囟门比较硬，不能算作异常。

颅内压力低时前囟门表现为塌陷。引起的原因最常见的是腹泻或频繁的呕吐，身体丢失较大量的水分所造成的。严重营养不良消瘦时囟门也可以表现凹陷。

以上是通过孩子的前囟来观察孩子健康状况的一个方面，特别是新生儿，更应注意前囟的观察。正常小儿1岁到1岁半时前囟门闭合了。有佝偻病的小孩，前囟闭合时间较晚一些，脑积水的小孩前囟闭合也晚。若闭合太早也要注意，有碍于孩子的发育。

前囟这部位虽然重要，但也不是禁区，有的人连摸也不敢摸，给孩子洗澡时也不敢洗囟门，这都没必要，应提倡给孩子洗前囟皮肤，以保持卫生。

新生儿正常神经反射如何测试

（1）用手指轻触新生儿的面颊或嘴唇周围，看看他的嘴是否朝手指的方向寻找，这种反射称为"觅食反射"。在喂奶前做这个试验较好。

（2）用手指轻轻划新生儿脚底外侧部位，新生儿的五个脚趾会分开，大拇指向上跷起。

（3）将棍棒放在新生儿手心，看他是否抓得很紧，有时甚至能将新生儿提起。

（4）扶住新生儿腋下，让其直立，轻轻用手按他一只脚的脚背，他就会成功地先后抬起左右脚，像走路的样子。

（5）将刺激气味较重的某种物质放在鼻子附近，新生儿会将头扭向另一边，表现他的躲避能力。

（6）俯卧时他会尽力把头抬一下，然后把脸扭向一边。

（7）遇见强光会眨眼睛，以此来保护眼睛少受刺激。

（8）抱扶新生儿坐直时，他的脖子摇晃不停，但不会受伤。一旦坐稳了，他的大脑袋竖直时，如果头向前倒，他会纠正变成向后倒。这种倒来倒去，是一种平衡反应。

(9) 轻拍他一条腿，这条腿就会缩回去，如果挣不脱，另一只脚会来帮忙。

如何日常护理足月新生儿

新生儿的日常正规护理是新生儿生长过程中一个重要的步骤，如护理不当，则可给新生儿的生长发育带来诸多不利的影响。通常需注意以下几方面。

(1) **保暖**：为新生儿做检查及护理时，必须注意保暖，特别是在寒冷的冬季。在中间温度下(24℃～25℃)，身体只需通过血管舒缩的变化即可维持正常体温，不需出汗散热或加速代谢产热，此温度最有利于新生儿的健康。

(2) **预防感染**：护理新生儿时，要注意卫生，在每次护理前均应洗手，以防手上玷污的细菌带到新生儿细嫩的皮肤上而引发感染，如护理人员患有传染性疾病或带菌者则不能接触新生儿，以防新生儿受染。如新生儿发生传染病时，必须严格隔离治疗，接触者隔离观察。产妇休息室在哺乳时间应禁止探视，以减少新生儿受感染的机会。

(3) **衣服**：新生儿皮肤又细又嫩，所以要给新生儿柔软、宽松的衣服，旧衣服可能会更好一点，但一定要洗干净。衣服不宜扎得过紧，以防损伤皮肤。

(4) **哺乳**：新生儿娩出后如母体状况良好，应尽可能在产后半小时内给予母子皮肤接触并让新生儿及早吮吸，这不仅使得出生后的宝宝较早地获得营养的供给，同时也可促进母亲乳汁的分泌。

如何护理新生儿的肚脐

宝宝出生后，脐带即被结扎剪断，留下脐带的残端。正常情况下，脐带在出生1天后自然干瘪，3～4天开始脱落，10天以后自行愈合。如果脐部护理不当，细菌会生长繁殖，引起新生儿脐炎。脐部护理很简单，每天给宝宝洗澡后或宝宝大小便不慎弄脏了脐部时，用75%的酒精棉球擦拭脐部。消毒时用左手食指和拇指暴露脐孔，右手用蘸有消毒液的小棉签自内向外成螺旋形消毒，把一些分泌物、血痂等脏东西擦拭干净。这样消毒10天，如果没有感染可以停止消毒。洗澡对宝宝来说是件快乐的事情，不要怕水对宝宝的脐部不利。脐带结扎后,脐带外部的血管基本上已经收缩,水不会进入而引发感染。洗澡后,立即把水擦干净,用酒精棉球擦拭一下即可。

每次护理时,应注意观察脐部的变化。如有脐孔红肿、潮湿、渗血、分泌物增多等现象,应加强消毒。当出现以下情况时应及时去医院就诊:①脐部分泌物增多,有黏液或脓性分泌物,并伴有异味。②脐部潮湿、脐周围皮肤红肿。③脐孔溶血,或脐孔深处出现浅红色小圆点,触之易出血。④愈合时间延长,超过半个月。

如何安抚哭闹的新生儿

初当母亲,看到婴儿哭叫不停,往往不知所措。在此,有一个好方法:把正在啼哭的婴儿抱起来,让他的头部贴着母亲的左胸。这是为了让婴儿听到母亲的心跳声。据说出生后一个月左右的婴儿听到这种声音后,马上就不哭了。

婴儿在母胎内已听到过这种声音。他的听觉功能在胎儿期的后期已开始发育。婴儿在子宫里能听到母体内有各种声音,如心脏跳动的声音、血液流动的声音、胃消化食物的声音。婴儿听惯了这些声音,对此十分熟悉。婴儿出生之后,对这些声音仍记忆犹新。所以,当他哭叫不停时,抱他起来紧贴母亲的左胸、让他听到母亲的心跳声,回忆起自己在胎内时的安详状态。于是,婴儿像着了魔似地马上安静下来,一会儿就入睡了。当然,这时,向婴儿的背部轻拍几下就更好了。因为大动脉通过子宫附近时,婴儿经常感觉到那拍动的声音。另外,抱起来之后,摇动几下也很好。根据对母亲摇动频率测试的结果,一分钟摇动 70 次,对新生儿是最舒服的。遗憾的是,以上所说的方法只适用于一个月左右的婴儿。因为一个月之后,从外界接收到的刺激会不断增加,如亲吻、说话等现实的刺激逐渐进入大脑,而胎儿时期留下的记忆就逐渐地消失了。

新生儿是否需要晒太阳

到户外晒太阳，可以吸收阳光中的紫外线，促使人体皮肤中的7-脱氢胆固醇转化为维生素D，可预防维生素D缺乏性佝偻病。

新生儿要不要晒太阳呢？回答是肯定的！其实新生儿也非常需要户外活动并晒太阳。在夏秋季节出生的新生儿，在生后半个月即可开始短时间、间断地在户外晒晒太阳，接触一下大自然，呼吸一些新鲜空气，对新生儿的生长发育和健康都有一定的好处。满月后再逐渐增加户外活动的时间。

开始到户外时，可在风和日丽的天气，每次活动的时间可稍短一些，待新生儿适应后逐渐延长时间和次数。在夏季不要让太阳直射身体。应在风小的地方晒太阳，能暴露出皮肤的部位尽量多暴露，但不要使新生儿受凉。

在室内可将新生儿的小床放在太阳能照到的地方，打开窗户，让阳光照到新生儿身上，并可使室内的空气流通、新鲜，也非常有益于新生儿的健康。

如何寻找新生儿打嗝的因素

新生儿平素若无其他疾病而突然打嗝，打嗝声高亢有力而连续，一般是受寒凉所致，可给其喝点热水，同时胸腹部覆盖棉暖衣被，冬季还可在衣被外置一热水袋保温，有时即可不治而愈。若发作时间较长或发作频繁，亦可在开水中冲泡少量橘皮（橘皮有畅气机、化胃浊、理脾气的作用），待水温适宜时饮用，则嗝止。

若由于乳食停滞不化或不思乳食，打嗝时可闻到不消化的酸腐异味，可用消食导滞的方法，如胸腹部的轻柔按摩以引气下行或饮服山楂水通气通便（山楂味酸，消食健胃，增加消化酶的分泌），食消气顺，则嗝止。

新生儿打嗝多为良性自限性打嗝，没有成人那种难受感，"打"一会儿就会好的，当然对新生儿打嗝也应该以预防为主。小儿在啼哭气郁之时不宜进食，吃奶时要有正确的姿势体位。吃母乳的新生儿，如母乳很充足，进食时，应避免使乳汁流得过快。人工喂养的小儿，进食时也要避免急、快、冰、烫，吸吮时要慢咽。新生儿在打嗝时，可用玩具引逗或放送轻柔的音乐以转移其情致，减少打嗝的频率。

新生儿便秘要想到哪些病

新生儿便秘首先要想到下列疾病：

(1) **新生儿巨结肠**：出生后有少量胎粪排出，此后即便秘并有呕吐、腹胀，需经灌肠或手指伸入直肠后才有粪便排出，排便后腹胀减轻。

(2) **先天性甲状腺功能低下**：除便秘外，还有严重腹胀、喂养困难、反应迟钝、很少啼哭，经常处于深睡状态，四肢冷、体温低，出生3周后黄疸还未消退。

(3) **胎粪性肠梗阻**：出生后如出现呕吐、腹胀和便秘，应及时拍摄X线片，以明确诊断，积极治疗。

无论宝宝有以上哪一种疾病，均应尽早请医师检查、治疗。

新生儿腹泻怎么办

新生儿腹泻的原因可分为肠道内感染、肠道外感染和非感染性腹泻三大类。

(1) **肠道内感染**：主要发生在人工喂养或混合喂养的新生儿，由于奶具不洁而导致病从口入。最严重的要算新生儿流行性腹泻了，它常常发生在医院里的新生儿室，病菌经过母亲产道时传给新生儿，然后由医护人员的手将细菌扩散开去。此病潜伏期短，症状重，开始时厌食、吐奶、腹胀，继之腹泻呈黄绿色水样粪便，有击拍声，味道腥气奇臭，一天粪便次数可达10次左右，很快出现脱水症状。其他如鼠伤寒沙门菌、轮状病毒、腺病毒等，都可引起新生儿腹泻，严重者常常威胁生命。

(2) **肠道外感染**：主要是由于病原体毒素的影响或神经系统发育不健全，致使消化系统功能紊乱、肠蠕动增加而引起腹泻。这种腹泻一般无黏液、脓血和臭味，次数较少。在新生儿患肺炎和败血症时，细菌有时也可从肠道外或血液中透过肠壁，渗入到肠道内而引起肠炎。

(3) 非感染性腹泻：多数因喂养不当引起的吸收不良，粪便次数增加，有不消化奶块或呈蛋花汤样粪便。一般也无黏液或奇臭，这类腹泻去除病因即可自愈。前两类腹泻应去医院治疗。在未送医院前，可先少量多次补充煮沸过的糖盐水以防止脱水。

正常新生儿一天的睡眠时间有多长

新生儿大脑皮质的兴奋性较低，神经活动过程弱，外界刺激对他（她）们来说都是过强的。因此，新生儿非常容易疲劳，致使皮质兴奋性更加低下而进入睡眠状态。

大多数新生儿爱睡觉，一天中大概有20个小时都在睡觉。小宝宝的大脑还没有成熟，尤其是最高级的大脑皮质部分还没有起作用，它们需要时间慢慢发育。所以，要尊重宝宝的发展规律和需要，不要过多地打扰新生儿，让他好好睡。新妈妈要做的是，当宝宝醒来时，有新妈妈温柔的拥抱，有新妈妈的抚摸和"美味"的乳汁。在他有兴致的时候，帮他运动运动小手小脚。不过，时间要短些，他很快就会累的，宝宝不喜欢太累。

新生儿的睡眠有何特点

刚出生7天内的新生儿大部分时间是在睡觉，良好的睡眠有利于新生儿的生长发育。大部分新生儿在吃饱之后，在一个舒适的环境中，大部分时间是在睡觉，而也有一些新生儿睡觉较少，只要他没有其他毛病，就可以不用担心。新生儿睡觉多少和新生儿的气质也有一定关系，温和型气质的新生儿睡觉较多且有一定的规律，并很容易入睡，醒来也很少吵闹。

睡眠与觉醒都是生理过程的需要。睡眠时大脑皮质处于抑制状态，神经活动减弱，代谢率下降。通过睡眠，可以使人体的精力和体力得到恢复。

由于新生儿神经系统发育不完全，神经系统功能活动较弱，容易疲劳，而睡眠可以使大脑皮质得到充分休息。因此，小儿需要充足的睡眠。在新生儿期，小儿几乎一直在睡，年龄越小睡眠时间越长。

怎样护理睡眠颠倒的新生儿

有些新生儿出生后，由于种种原因导致白天大睡，而晚上则哭闹不止，人们把这种现象称为"睡颠倒"了。这不仅影响家长的正常休息，也不利于孩子身体生长发育。下面介绍一种纠正睡眠颠倒的方法。每晚8～9点钟左右，用43℃左右的温水为新生儿洗澡，洗澡前2小时内不哺乳，洗澡水淹至新生儿胸部，使新生儿在水里手舞足蹈不停，这样持续10分钟左右，然后擦干穿衣，由于此时新生儿口渴且饥饿，喂乳后一会儿就会入睡。一连坚持洗澡3个晚上，就能把睡眠时间纠正过来。在这个过程中必须十分注意一定要保暖，不要让新生儿着凉。

乳儿初到人间，还没有养成睡眠的习惯，而把昼夜搞颠倒了，以致白天很少吃奶，睡得又香又甜，一到晚上却躁动不安，甚至大声啼哭，弄得父母筋疲力尽。遇到这种情况，父母要帮助孩子慢慢纠正，把昼夜颠倒的习惯颠倒过来，不能操之过急，要有耐心。白天要定时给孩子喂奶，尽量减少些睡眠时间，抱着玩一玩、逗一逗，晚上则要减少喂奶和换尿布的次数，以利于乳儿睡眠。如此反复，坚持下去，可逐渐养成夜间睡眠的习惯。有时乳儿夜里不睡可能是尿布湿了，肚子饿了，衣服不舒服，一一予以纠正后，孩子就能入睡了。

为什么不能让新生儿含着奶头睡觉

每年冬季急诊室内总有几例婴儿由于窒息而死亡，多数与婴儿含着奶头睡觉有关。分析造成死亡的原因与以下两点有关。

（1）吃奶后如果有溢奶或呕吐，因为口含着奶头，奶汁或呕吐物不能随口吐出，反流入气管或肺内造成急性窒息。

（2）如果母亲白天劳累，晚上睡得很熟，不自觉地翻身可以压迫睡在身旁含着奶头的婴儿，而婴儿本身又无反抗、自卫的能力，造成窒息而死亡。

因此，建议母亲给婴儿喂奶时一定要抱起来喂，喂完后轻拍背部，待打呃吐出空气后向右侧卧。枕头可略高一些，防止呕吐后引起的窒息。另外，婴儿与母亲不能睡在一个被窝内，防止母亲翻身时压迫婴儿造成窒息。

怎样护理新生儿皮肤

新生儿的皮肤都比较红，大部分新生儿在生后第2～5天渐渐出现皮肤黄染，先见于面、颈部，重者遍及躯干四肢，同时眼巩膜也黄染，一般生后1周达高峰，7～10天渐消退。这属于新生儿生理性黄疸，可不必处理。随着黄疸的消退，皮肤可有轻度脱屑。由于新生儿皮肤对外界环境的适应能力较弱，所以应注意护理。

（1）新生儿皮肤表面有一层薄薄的胎脂，可起暂时保温的作用，不必洗去，可用温湿棉球将血迹轻轻拭去，用细软棉布包裹新生儿即可。新生儿粪便后，可用棉球蘸消毒油脂拭净臀部，皮肤皱褶处，可用棉球吸去水分，不要擦拭。

（2）出生后3～5天，胎脂去净后，即可用温水洗澡。注意选用柔和无刺激的婴儿皂，切不要用肥皂。洗后，必须用水冲洗皂沫，并擦干皮肤。

（3）不要给新生儿皮肤涂油脂，以免堵塞皮脂腺的毛孔和汗孔，影响新生儿皮肤的排泄功能，也影响皮肤的散热。炎热季节可给新生儿身上扑小儿痱子粉。

（4）新生儿的内衣、被单、尿布等，均以细软的旧棉布制作为宜，不要用人造纤维及羊毛制品，以免引起过敏。

什么情况下不宜给新生儿洗澡

由于新生儿抵抗力低，当患某些疾病时，则不宜洗澡。

（1）发热、咳嗽、流涕、腹泻等疾病时，最好别给新生儿洗澡。但有时病情较轻、精神状况及食欲均良好，也可适时地洗一次澡，但动作一定要轻快，以防受凉而加重病情。

（2）皮肤烫伤，水疱破溃、皮肤脓疱疮及全身湿疹等皮肤损害时，应避免洗澡。

(3) 肺炎、缺氧、呼吸衰竭、心力衰竭等严重疾病时，更应避免洗澡，以防洗澡过程中发生缺氧等而导致生命危险。

如新生儿因病暂不宜洗澡，为了让新生儿身体干净舒适，可用柔软的温湿毛巾或海绵擦身。但由于新生儿病期需要更多的休息，所以擦浴时动作一定要轻，从上到下，从前到后逐渐地擦干净。如某处皮肤较脏，不易擦干净，可用毛巾蘸婴儿专用肥皂水或婴儿油擦净皮肤，然后再用温湿毛巾把肥皂水或婴儿油擦干净，以防皮肤受到刺激而发红、糜烂。

总之，擦浴时动作要轻柔，不可用劲搓小儿皮肤，防止把新生儿细嫩的皮肤擦破而导致感染。

怎样清除新生儿头皮垢

新生儿皮脂腺多，其功能已很好，可分泌大量的皮脂。皮脂腺丰富的部位是头皮、前额、发际、耳后、颈部、背部、会阴及身体皮肤皱褶处。尤其是当新生儿从母体内获得较多的雄激素后，皮脂腺短期分泌旺盛，使皮脂分泌增加。开始时，在皮肤或头皮上可见到许多米粒大小的小红疹子，以后形成黄红色斑片，如再沾上灰尘后，可形成厚厚的一层黄痂皮，久之可转变成黑色，并有瘙痒感，在民间称作"舅舅屎"。其实这是一种称为"脂溢性皮炎"的疾病。需要到医院请皮肤科医师进行诊治。

在家庭中怎样清除这些头皮垢呢？在新生儿晚上入睡后，用婴儿润肤油轻轻地擦在有头皮垢的皮肤上，经过一夜的滋润，可使头皮垢变软，第二天可用婴儿洗发精或肥皂和温水将头皮垢洗掉一部分，这样反复几次就可逐渐将全部头皮垢清洗干净。注意千万不可将头皮垢硬撕掉或挖下来，以免损伤头皮。

新生儿湿疹如何护理

湿疹是一种常见的、病因复杂的皮肤炎症，是婴儿期最常见的皮肤病之一。湿疹分为急性期、亚急性期和慢性期。一般认为与遗传、过敏体质、神经功能及物理因素等有关。护理不当，如过多使用强碱性肥皂、营养过剩，以及肠内异常发酵等，均可引起本病。母体雄激素通过胎盘传给胎儿，致使新生儿皮脂增多，亦易致脂溢性湿疹。随着辅食的添加及婴儿的长大，湿疹会逐渐减轻，1岁时大部分消失。

湿疹好发于面颊、额、颈、胸等部位，急性期患处奇痒，呈红丘疹，很快变成小水疱，溃破后流水结痂，渗出后红肿逐渐减轻，进入非急性期则以丘疹为主。由于又痒又痛，宝宝常哭闹不安，甚至影响喂养和睡眠。

(1) 局部护理：急性期水疱破后不要洗澡，局部每天用1%～4%硼酸溶液湿敷、外洗15分钟，外面涂以15%氧化锌软膏。以红丘疹为主时，可以用温水洗澡，但不要使用肥皂或浴液，仍可用1%～4%硼酸溶液外洗，涂以炉甘石呋喃西林洗剂。家长分不清病期时，不要乱涂药，要请医师诊治。

(2) 饮食调理：避免喂食过量的食物以保持消化正常，如疑是牛奶过敏，可将奶煮的时间长些，使其蛋白变性，可以减少致敏物。哺乳母亲也暂停吃鸡蛋，不要吃刺激性食物。如果新生儿有消化不良，给予服用胃酶合剂、乳酶生等。

小儿痱子如何护理

当外界气温增高，湿度大时，汗腺不能及时地挥发，导致汗孔、角质层的浸渍发炎，使汗液排泄不出，留滞于真皮内而引起长痱子。肥胖或穿着过厚、过暖、易过敏的新生儿，在室内通风不良和夏季炎热的情况下更容易长痱子。新生儿长痱子常见于面、颈、背、胸及皮肤皱褶等处。并可见成批出现的红色丘疹、疱疹，有痒感。防治措施是新生儿居室既应注意保暖，又不能过热。夏季居室应通风凉爽，衣着不宜过厚。

(1) 炎热的夏天应避免新生儿大哭，置小儿于阴凉处，以防出大汗。

(2) 用温热水及小儿专用香皂给宝宝洗澡。待皮肤擦干后，再扑上少许婴儿爽身粉，始终保持皮肤干燥。

(3) 如头部生痱子，可将头发全部剃掉，以减少出汗。

(4) 如痱子形成小脓疱，则须立即处理，切不可用手随意挤压，以防脓液扩散而引起全身感染，或发生败血症。早期可用75%的酒精棉签将小脓疱擦破后，再涂上0.5%碘酒或1%甲紫，必要时还可使用一定量的抗生素或清热解毒药。如出现高热、拒吃奶、精神萎靡、不哭等异常情况，则可能发生败血症。这时，必须立即送医院检查及治疗，以防发生不良后果。

新生儿皮肤上为什么会出现红斑

新生儿出生后2～3天，有时皮肤的任何部位都可出现散在的红点，不高出皮肤表面，以胸背部多见。发生的原因尚不清楚，可能系对外界某些因素过敏所引起的，或由于母亲某种内分泌所引起的延迟反应，4～5天即可恢复正常。可用炉甘石洗剂擦洗，或野菊花煎水擦洗。注意不要伤及皮肤。

新生儿皮肤最常见的红斑是一种过敏性红斑，有人又称为毒性红斑，大多发生在洗澡后，可能受光线、空气、肥皂、毛巾或温度等刺激而出现。丘疹四周有红晕，多发于面部、四肢、躯干部，可单个出现，也可融合成片，数小时后就消退，也可不断地出现新皮疹。但小儿一般情况良好，精神正常，不发热，吃奶无改变，不需特殊治疗。该红斑多见于初生2～3天的新生儿，5天后就减少，红斑消失后往往出现有短暂的皮肤脱皮。

怎样避免新生儿皮肤褶缝溃烂

皮肤褶缝溃烂在肥胖的新生儿中较多见，它发生在身体褶缝处和腋窝、颈部、腹股沟、臀沟、四肢关节的曲面。这是由于褶缝处积汗潮湿、局部热量不能散发，相贴的皮肤互相摩擦，而引起局部充血、糜烂、表皮脱落，甚至渗液或化脓感染。所有病变都局限于褶缝处，边缘清楚。由于褶缝内的积液起化学变化而可能发臭，内衣接触褶缝溃烂处有痛苦感。小儿常因疼痛而哭闹不安。

要避免这种情况发生，首先就要保持褶缝处皮肤清洁干燥，肥胖婴儿要勤洗澡，浴后用细软布类将褶缝中水吸干，扑以适量爽身粉，使其滑爽。勤换尿布，保持腹股沟、会阴、大腿根部等处的干燥。如局部发现表皮脱落，则可搽 2%～3%的甲紫溶液。

新生儿脓疱疮如何护理

新生儿脓疱疮一经发现应立即隔离和就医。病情轻者，可以肌内注射青霉素或口服抗生素；病情重者，可静脉滴入抗生素并配合全身支持疗法，局部常外敷 1%～3%黄连素或 0.5%的新霉素软膏，或 1%甲紫溶液，并在患处四周正常皮肤每隔 2～3 小时涂搽 50%酒精，以减少自然接触传染的机会。较重的脓疱疮，大多在头面、胸背、四肢皮肤上，有豌豆大小的疱疹，内含微浑液体，疱疹膨胀到一定程度时可自行溃破，称为天疱疮。处理时除局部皮肤患处涂药外，还应肌内注射青霉素，并给予充分的营养和水分。这种情况，一般都要到医院去诊治，临床需要 1～2 周才会痊愈。若未及时处理，或治疗不当，可发展成新生儿脓毒血症，那就危险了。

为了防止脓疱疮的发生，平时宜避免损伤皮肤，勤洗澡、勤换衣裤。出汗多的要随时用干毛巾或手帕吸干，使皮肤保持干燥清洁。有人主张用 0.5%新霉素油膏或杆菌肽油膏（每克内含 400～500 单位杆菌肽）涂于新生儿脐周围，可以预防皮肤感染。

新生儿尿布皮炎如何护理

尿布皮炎是指婴儿撒了尿尿而又没有及时更换尿布，或所用尿布不干净，致使婴儿臀部受到大小便的浸渍刺激，出现红斑、丘疹、水疱、糜烂渗液等皮损现象。新生儿尿布皮炎的特点是红斑的边缘与正常皮肤分界清楚，多发生在与尿布接触的部位，重者可发生丘疹、水疱、糜烂，如感染了细菌，还可有脓疱、脓痂。这种情况，民间称之为"红屁股"。它的发生与下列原因有关：①尿布上的肥皂没有漂洗干净，刺激皮肤引起反应。②尿布脏了未及时更换，粪便或尿液中的细菌分解尿素，产生氨。氨是一种碱性物质，对皮肤有很大的刺激性。③婴儿腹泻时，粪便中含有的酸质对皮肤刺激也可致尿布皮炎。④真菌引起的真菌性皮炎。

婴儿的粪尿中有一种杆菌，可以把尿液中尿素分解出氨类，刺激皮肤而产生皮炎。有些母亲在尿布外面再包一层塑料布，由于塑料布不通风透气，更容易助长尿布皮炎的发生。如果尿布质地粗糙坚硬或洗尿布时未将肥皂液漂洗清，亦可引起皮炎。

患了尿布皮炎，在早期红斑阶段时，可以洒爽身粉或搽痱子粉。如有糜烂渗液，可用3%硼酸水湿敷，待干燥后再搽痱子粉。

新生儿发热如何护理

新生儿发热主要是由于新生儿的体温调节能力尚不完善所致，尤其初生儿的体温很不恒定，故容易在许多情况下出现发热。

因为新生儿体内含水量多，体表面积相对大，在夏天气温高时，丢失水分多，再加上母亲在生产后头几天奶少，容易发生"脱水"现象而引起"脱水热"。因此，小儿居室的室温不要过高，新生儿如已包裹或穿衣，室温最好在22℃～25℃为宜，如果房间温度过高，应设法降低。夏季门窗不应紧闭，不应将新生儿捂得太严。母乳尚不充足前，可在2次喂奶间补加20～30毫升的温白开水。

对各种新生儿疾病引起的发热，均应以物理降温为主。如因室温过高（高于28℃）或包被过多，则应降低室温、减少包被，以利于散热降温。常用的物理降温法为头枕冷水袋。当体温超过39℃时可用温水擦浴，水温为33℃～35℃。擦浴部位为前额、四肢、腹股沟及腋下，忌用酒精擦浴，以防体温急剧下降，甚至低于正常体温，反而造成不良后果。各种退热药对新生儿易产生毒性作用。

新生儿一旦发生了脱水热，轻者喂哺温水，或5%葡萄糖水，每2小时1次，每次10～15毫升，可自然退热。如不能退热或有其他症状出现，需立即送孩子去医院静脉补液。

一、新生儿保健

如何防止新生儿发热

初生儿体温超过正常称为发热，常见原因有：当夏天气温炎热，可伴随环境温度而升高。若体液摄入量太少，会产生脱水热。此外，如有感染或服用某些药物时也可引起发热。平时应注意小儿是否发热。若有怀疑，可用体温计放在腋下、口腔或肛门进行测量。正常腋温是36℃～37℃，肛温是36.5℃～37.5℃。若超过上述温度，就叫发热。若无体温计，可用嘴唇轻触孩子的额部，有发热感。患儿口腔温度高，哺乳时母亲奶头有灼热感。

对于初生儿发热，不可随便使用退热药，若体温不超过38℃，无须服药，要注意观察。若因室内太热，衣着过厚散热不良，应使室内通风换气，在通风时要给小儿盖好被子，防止冷风直接吹到病儿身上。室温应保持在18℃～25℃之间，适当减少衣被，病儿的体温便可随外界温度降低而下降。若属脱水热，可多喂温开水，或葡萄糖水。

在小儿发热出现烦躁、惊厥时可适当应用镇静药物。要加强营养和护理，当体温超过39℃，要进行物理降温，可将冰袋、冷水袋置于小儿的前额、枕部，亦可用酒精擦浴、温水擦浴等方法辅助治疗。若小儿发热且伴有嗜睡、惊厥等症状，或发热持续不退，应及时去医院诊治。

为什么早产儿需要更多的呵护

由于早产婴儿发育不够成熟，出生后会在医院的新生儿监护中心进行特别护理和治疗。早产儿的不成熟表现在6个方面。

（1）不能维持正常体温，所以早产儿需要在暖箱内进行孵育。

（2）呼吸费力或出现呼吸暂停。不成熟的肺影响了早产儿呼吸，往往需要人工呼吸机和一些特殊药物，以帮助其成熟。

（3）早产儿的肝功能不成熟，所以皮肤黄疸出现早，而且程度较重。不及时采取光疗等措施控制黄疸的进程，会出现大脑的不可逆的损伤——医学上称为胆红素脑病。

（4）早产儿肝功能不成熟还可导致全身出血，特别是脑出血、肠出血。维持早产儿体温稳定、血糖正常、呼吸平稳等，是预防出血的基础。

（5）营养是人类生存的基础。而早产儿往往不能进行正常吮吸，需要一根插入胃内的细管进行喂养。由于正常母乳或配方奶不能满足他的需求，所以还需要在母乳中加用母乳添加剂。

（6）新生儿的免疫系统发育不成熟，早产儿更是如此。全身感染是最容易出现在早产儿身上的病症。注射免疫球蛋白和必要的抗生素可预防及控制感染。

闯过这"六关"后，早产儿就有可能出院回家了。当孩子住院时，全家会为小宝宝担忧、焦急。可得知小宝宝即将出院，全家又会乱作一团、不知所措。原因是家长不知道在家中如何更好地照顾这个瘦弱的孩子。

如何防止新生儿发生意外

（1）卧床喂奶母亲睡着了，乳房压住了含着乳头的新生儿的鼻子，闷住了呼吸，最后缺氧死亡。故卧床喂奶，母亲切记不能睡着。

（2）喂奶后新生儿吐奶，呕吐物吸入气管，可引起呛咳及新生儿吸入性肺炎，重者可窒息死亡。所以，新生儿应侧卧，并应在喂奶后抱起轻轻拍背，使其吐出吸入的空气，可减少呕吐。

（3）保暖使用的热水袋，由于疏忽瓶盖未拧掉，热水流出烫伤皮肤。或由于热水袋太烫、距离皮肤太近而烫伤。所以，热水袋中的水温应低于60℃，热水袋应外包布使用。

（4）新生儿跌伤。由于包被松脱、洗澡时手滑未抱牢孩子等原因，均可引起小儿跌伤，应引起重视。

（5）灯照烫伤。为了使红臀较快恢复，有时采用大电灯泡或红外线灯照射臀部。若灯光太热，照射距离过近，照射时间过长，均易引起局部皮肤充血、起疱，严重者可出现脱皮、坏死。故照射时要守候在旁，光照不要太近，并要不时地移动光圈。在照射中常用手试温度，以免过热。

二、儿童生长发育

宝宝生长发育有什么规律

宝宝总是处在不断的生长发育中，这是一个动态的、连续的过程。生长是指宝宝整体和各器官的长大，可测量出的增加；发育是指细胞、组织、器官本身及功能的成熟，是质的必变。这两者不能截然分开，是密切相关的。宝宝生长发育总的规律是：

（1）生长发育有阶段性，年龄越小，体格增长越快。如宝宝出生后的身长前半年每月平均增长2.5厘米，后半年平均每月增长1.5厘米，而1～2岁每月平均增长0.84厘米。

（2）生长发育是由上到下，由近到远，由粗到细，由低级到高低，由简单到复杂。如宝宝出生后的运动发育规律为：先抬头，后抬胸，再会坐、站、走；从臂到手，从腿到脚的活动；先全手掌拿物，再发展到手指的灵活精细运动等。

（3）各器官系统发育不平衡。大脑的生长发育先快后慢，生殖系统的发育先慢后快，淋巴系统的发育先快后回缩，皮下脂肪的发育先快后慢，以后再稍快，肌肉组织到学龄期才加速发育。

（4）生长发育有个体差异，不能一概而论。如有的宝宝生长发育较快，而有的则较慢，表现为身材矮小、体重偏低等。只要没有疾病因素，都是属于正常的，通过合理喂养均可以改善。

宝宝生长发育为什么需要足够的热能

人们的一切生活都需要热能，宝宝从出生时的34千克左右，长大到55千克左右的成人，需要许多热能。宝宝从食物中摄取营养素，以供给热能，这些热能主要分布在以下几个方面。

（1）维持基础代谢的需要，即维持体温、肌肉张力和各内脏生理活动。约占总热能的50%。

（2）维持宝宝的生长发育，这是儿童所特有的。宝宝生长发育越快，需要的热能越多，如果满足不了宝宝热能的需要，就会发育缓慢，体重降低，影响智力。这部分热能占总热能的20%～40%。

（3）用于肌肉动作，所需热能由于个体差异极不一致。好动多哭的宝宝所需热能比安静的高达3～4倍，一般占总热能的10%～15%。

（4）食物消化、吸收过程中需要总热能的5%～10%来维持食物的动力作用；同时，排泄也要消耗，占总热能的10%。

宝宝要较好地完成生长发育，维持生命活动，就需要足够热能。热能的来源主要是食物中的蛋白质、脂肪、糖通过代谢而产生的。

怎样评价小儿健康状况

评价小儿是否健康，必须从身心发育两个方面来衡量，不能侧重一面而忽视另一面。对小儿健康的评价，一般可从以下几方面衡量。

（1）看小儿的体格发育是否符合年龄标准的要求。包括体重、身长、胸围、出牙顺序、皮下脂肪、皮肤等。

（2）看小儿智力发育情况，2～4岁小儿已能说简单句子，模仿唱歌，会搭积木、折叠纸张等。4～5岁的孩子应初步具有思考、判断、提问和记忆的能力，已能说歌谣，讲小故事，会跳舞。

（3）看小儿的动作发育是否按正常时间出现。坐、爬、站、走、跪，并能做一些精细的动作及一些日常的自我服务劳动。

（4）看小儿的精神状态是否愉快、活泼、天真；有无偏食，食欲正常与否，适应环境的能力是否强；是否很少有病。

（5）看小儿的生理指标是否正常，如血压、血色素、心率等。

总之，对小儿的健康评价要全面，不能单从长的高矮、胖瘦来衡量。

影响孩子生长发育的因素有哪些

孩子生长发育受到遗传特性与生长发育期间环境因素的双重影响。一方面遗传因素决定着体格的差异，如孩子的身高、胖瘦与父母辈有一定的关系。而环境因素则影响着生长发育的速度与所能达到的程度。环境因素既可作用于胚胎时期，亦可作用于婴儿出生以后。

（1）**营养**：营养是生长发育的物质基础，胎儿从孕母获得营养，而出生后则靠自我摄入，合理的营养应有足够和比例适合的热能、氨基酸、维生素和矿物质，以满足新陈代谢和生长的需要。否则会妨碍机体各器官正常的生长发育，导致某些营养缺乏症。

（2）**疾病**：孕母患慢性心、肾疾病及严重贫血，可致胎儿缺氧、缺血而发生生长障碍；感染病毒及弓形体可影响大脑的发育、致畸。出生后在婴幼儿期患慢性疾病的孩子，生长会受到严重的妨碍。

（3）**体育锻炼**：适当的体育锻炼能促进新陈代谢，是促进身体生长发育，增强体质的积极而有效手段。

（4）**合理的生活制度**：安排合适的学习和劳动，定时合理的饮食，积极的休息与充足的睡眠，都能使孩子生活有规律，有节奏，形成良好的生物钟节律和饱满的情绪。情绪不安定会对机体的生长发育有不良影响。

（5）**社会因素**：包括卫生教育、保健设施、居住条件、环境污染、噪声干扰、心理作用等，可使孩子受到综合性的影响。

（6）**季节气候**：一般地说，春季（4～7月）身高增长最快，而秋季体重增加较大。

营养不良对小儿智力发育有什么影响

营养是大脑发育的物质条件，又是智力发育的物质基础。大脑发育的最快时期是在胎儿期，再就是2岁左右。脑的重量出生时约390克，1岁左右约925克，到了4岁达1100克。可见，这一时期脑发育是很迅速的。这一时期小儿脑的发育将为日后的智力活动、记忆、行为的发展打下基础。而这一时期的营养状况又是构筑一个完好健全大脑的保证。

生长中的大脑对营养特别敏感，在脑发育最快的关键时期，如果营养不良，会影响甚至造成脑的发育障碍。在我们周围生活中，类似的情况也并非罕见：1岁左右的孩子因营养不良而患贫血，会造成智力迟钝，并终生难以弥补。需要知道的是，人脑的发育，脑细胞数量的增加，必要的条件就是必须有蛋白质等营养素的充分供应。一些研究发现，如果在小儿发育期间缺乏蛋白质，就会对智力发展造成灾难性影响，严重的甚至还会把这种缺陷传给后代。糖类对人脑健全发育也很重要，人脑所消耗的热能占人体热能的1/5～1/4。另外，一些微量元素如锌和铜，对大脑的发育也有很大的作用。因此，务必保证小儿大脑发育所必需的富含糖类、蛋白质、锌和铜食物的供应，重视的饮食营养，这样不仅使小儿体格健壮，智力也得到高度的发展，健康而又聪明。

微量元素铜对小儿的生长发育有什么影响

铜在人体内是一个极其重要的催化剂，在各种各样的生理活动和代谢过程中表现出一种特殊的功能，在人体内氢和氧化合成水，这就是铜在其中发挥了催化作用的结果。如果体内缺少铜，就可能引起一系列的疾病。如影响造血功能以致发生贫血，少年白发也与人体内铜代谢障碍有关。

儿童每日需要的铜量为0.05～1.0毫克/千克，在贝壳类、动物内脏和豆类食物中的含铜量都比较丰富，所以因饮食引起的缺铜现象十分少见。但牛奶中含铜量较少，如果单纯用牛奶喂养婴儿，容易发生铜的缺乏，同时也易导致贫血和发育不良。

微量元素锌对儿童的生长发育有何影响

锌对儿童的生长发育有举足轻重的作用。锌是酶的一种重要组成成分，它直接影响到核酸及蛋白质的合成，因此具有非常重要的生理功能，对儿童的生长发育起着关键的作用。如果儿童缺乏锌，就会引起生长发育迟缓、味觉减退、食欲降低、厌食、异嗜癖、伤口难以愈合，同时常常发生皮肤溃疡及口腔黏膜溃疡。年龄较大儿童，可致生殖器官发育不良，第二性征不出现，智力发育差，甚至可导致侏儒症。

儿童每天需要锌为 5～14 毫克。对于正常饮食的儿童来说，完全可以从每天的食物中得到满足，但如单纯以谷类食物或豆制品为主食，缺乏动物性食物，则易发生锌缺乏症，食物中含植酸盐或纤维素过多，可阻碍锌的吸收，某些疾病如吸收不良综合征、脂肪泻等也可以使锌吸收量减少。此外，当反复出血、溶血、灼伤，致使锌丢失增加，都可以引起缺锌。预防锌缺乏，首先要鼓励母乳喂养，少吃精制食品，多吃鱼、瘦肉、肝、蛋及乳制品等含锌丰富的食物。此外，贝壳类及核桃、花生、栗子等坚果中含锌亦较高。

微量元素铁对儿童的生长发育有何影响

铁是红细胞中血红蛋白的重要成分，血红蛋白是运输和交换氧气的必需工具。人体中缺乏铁，就会使血红蛋白的制造发生困难，不仅可以引起贫血，也会丧失血液运载氧气的能力。

儿童每天铁的需要量约为 1 毫克，人乳和牛乳中铁质的含量都较少，长期用乳汁喂养婴儿，都可能使婴儿缺铁，即使是足月分娩、体重正常的婴儿，除了喂哺乳汁外，也应另加含铁较多的食物，如鸡、鸭、猪、牛、羊的肝、肠、肾或心脏，还有番茄、桃子、葡萄干、菠萝、杨梅、橘子和桂圆等，多吃这些食物可防止缺铁性贫血的发生。

碘、锰对儿童的生长发育有何影响

碘和锰是人体不可缺少的元素。

碘是甲状腺制造甲状腺素的重要原料，缺乏碘，甲状腺就不能产生甲状腺素，这样不仅可引起甲状腺肿大，还可出现甲状腺功能低下、精神迟钝、智力发育差、身材矮小，而引起呆小病。

儿童每天需要碘50～100微克，一般在食物中即可满足需要。但在妇女妊娠期、儿童发育期有各种感染时，或者某些地区的水、土壤或其他食品中缺碘，就会引起碘缺乏。应多进食海带、海藻和海鱼等含碘食物。

锰在人体内主要集中在脑、肾、胰和肝中，一个健康人体内含有12～20毫克。在人体中，以脑垂体的含量最丰富，而脑垂体是一切生命活动的中心，可见锰对人体的重要性。如缺乏锰，可造成明显的智力低下，特别是孕母缺锰对婴儿影响更大。

儿童对锰的需要量为0.2～0.4毫克／千克。一般来说，以谷类和蔬菜为主食的儿童，锰是不会缺乏的。如仅以乳品、肉类为主食或食物加工过于精细，往往会造成锰的摄入不足，若儿童出现头发变白，应首先考虑有锰摄入不足的可能性，这时应多吃些水果、蔬菜和粗粮，以补充锰的不足。

怎样判断婴儿的体格发育是否正常

判断婴儿体格发育是否正常，可以测量他的身长、头围、胸围、体重，检查囟门和出牙的情况等。其中最主要的指标是体重和身长。

(1) 体重：孩子的体重是否够标准呢？有一个大致的估计，出生时新生儿的平均体重是3.3千克，3个月时加倍。满1岁时为出生体重的3倍。

(2) 身长：孩子身长够不够标准，也有一个大致的估计，出生时新生儿的平均身长为50厘米，前半年增长较快，每月平均长2.5厘米，后半年每月平均长1.5厘米，1岁时身长达75厘米。婴儿时期是人一生中生长发育最快的时期，可以每月测量1次。

以上只是判断婴儿是否正常的一个大致标准，与实际情况可能有出入。婴儿由于受遗传、性别、生活环境、营养等因素的影响，个体差异较大，不可能长得完全一样。其正常波动范围可在10%左右。

儿童体重增长的一般规律是什么

体重的增加与否，反映了营养状况的好坏，也是孩子生长发育良好与否的标志。婴儿期体重增长是个高峰，年龄越小，体重增加越快。

新生儿生后头几天，由于摄入营养不足、胎粪及水分的丧失等原因，可出现暂时性的体重下降，医学上称为"生理性体重下降"，到出生后第3～4天，体重的减轻可达到出生时体重的3%～9%，以后很快恢复到原来水平。如果体重下降过多或生后第十天仍未回升到出生时水平，则应赶快查找原因。1周岁以内婴儿体重的递增是一生中最快的阶段，尤其是最初3个月体重递增更为迅速，每月增加700～800克；第4～6个月每月增加600克；7～12个月每月增加200～400克。婴儿出生3个月时，体重为出生时的2倍；1周岁时为出生时的3倍。第二年全年增加2.5～3千克。2～10岁时体重每年增加约2千克，可用下列公式估计：体重（千克）=（实足年龄×2）+8。

如何在家里为小儿测量体重

体重是反映全身重量的总和，也是反映小儿营养状况最方便的一个指标。也就是说，称一下体重可以知道营养好不好。

（1）每次测量体重时要空腹并排去大小便，一顿奶量有100～200毫升，一次尿量40毫升，一次粪便40克。如果这次吃饱称的体重，下次空腹、排去大小便后称，可以相差0.1～0.4千克。

（2）**要称净重**：为了使小儿不受凉而又称得净重，可以先连衣服、尿布一起称，然后减去衣服等重量。千万不能把连衣称的数值作为净重。

（3）**用杠杆秤**：弹簧秤的结果不够准确，要用杠杆秤，但要注意小儿的安全。

(4) 定期测体重：1岁内每月称1次，把每月称的结果画在小儿生长发育曲线图上，可以看出体重增长的趋势。

为小儿测体重是开展家庭保健的一项重要而有意义的内容，有条件的应该做。

小儿体重增长过多或增长不多怎么办

小儿体重增长过多往往与喂食太多有关，身体内的脂肪细胞在生后第一年内增加最多，如果喂得多，促使脂肪细胞增多并且体积增大，已经增多的脂肪细胞也不会再减少。如果幼儿的体重超过同年龄、同性别平均值的20%，就认为是肥胖；肥胖的小儿将来与成年肥胖者一样，成年后患高血压、糖尿病、高血脂的风险增加，所以长得"越胖越好"是不正确的提法。

体重增长不多，可能是营养不良。最简便的评定方法，即体重低于同年龄、同性别平均值的15%以下。确定幼儿营养不良后，要分析造成营养不良的原因，是饮食因素（如喂养不当、胃口差、挑食、厌食），还是疾病因素（如急慢性疾病、消化道畸形）等。然后，根据病因给予恰当的处理。

如何观察小儿骨骼发育情况

孩子的生长离不开骨骼的发育。通过观察小儿的骨骼、牙齿发育，可以清楚地了解其营养及健康状况。

（1）颅骨的发育，可通过测头围说明问题，还可以根据囟门及骨缝的情况来衡量。前囟出生时1.5×2平方厘米，12～18个月闭合。

（2）新生儿脊柱基本是直的，生后3个月，脊柱出现第一个弯曲——颈椎前凸；到6个月出现胸椎后凸；1岁时出现腰椎前凸。

（3）4～6个月出现头状骨、钩状骨；1岁出现桡骨远端骨化中心，总计3个；2～3岁出现第四个三角骨；4～5岁出现第五个月状骨、大小多角骨、舟状骨；6～8岁出现尺骨远端骨化中心，共计9个；10岁出现豆状骨共10个。

（4）牙齿4～10个月开始长乳牙，最晚2～2.5岁出齐20颗。

二、儿童生长发育

如何从囟门观察宝宝的身体状况

刚出生的宝宝，由于颅骨骨化尚未完成，颅骨相互连接处没有很好连接起来，有的地方以结缔组织膜相连，这就叫作囟门。小儿的囟门有前后之分，前囟为两块额骨和顶骨形成的菱形间隙，出生时为1.5厘米×2厘米大小，随着头围增大而增大，6个月以后逐渐骨化，18个月以前完全闭合；后囟是两块顶骨与枕骨形成的小三角形间隙，出生时有的已闭合或很小，6～8周内完全闭合。我们通常所说的囟门是指前囟门。

囟门对于2岁前的宝宝来说十分重要，它是反映小儿疾病的窗口。如果囟门关闭延迟，提示宝宝骨骼发育及钙化障碍，若伴有出牙延迟、身材矮小、骨龄落后等，可能患有侏儒症、呆小症。若伴烦躁、多汗、夜惊、方颅、肋外翻等，可能患有佝偻病。另外，颅内压增高（如脑积水、脑瘤）也可引起囟门迟闭。

囟门关闭过早，头围明显小于正常，可能为脑发育不良。也有的正常小儿在5～6个月时囟门仅有指尖大小，似乎关闭了，但实际上并未骨化，不能认为是囟门过早关闭。

宝宝生病时，摸一摸囟门有预示意义。如果囟门饱满或明显突起，提示脑积水、脑炎、脑膜炎、硬脑膜下水肿、四环素及维生素A中毒等；如囟门明显凹陷，常见于小儿腹泻引起的严重脱水。此时都应及时请医生诊治。

影响儿童牙齿发育的因素有哪些

关于饮食营养与龋齿的关系，早就引起人们的注意。如果说细菌和致龋性食物是龋齿发生的外因，那么牙齿组织结构发育不良或钙化程度低则是内因。矿物质类和维生素D、维生素A、维生素C等，对于牙齿硬组织的形成与钙化起较重要作用，直接影响到牙齿组织的内在质量。

构成牙齿的主要成分是钙和磷，如果膳食中缺乏或摄入的钙不能被人体吸收利用，就会使牙齿结构变得疏松，容易被细菌侵袭。又如维生素D可帮助钙和磷的吸收，维生素A可以增加牙床的抵抗力，蛋白质和维生素C是形成牙齿硬组织所必需，氟离子构成耐酸抗菌的氟酸灰石。一旦这些物质缺乏，都会间接地促成龋齿。

为了使牙齿组织结构发育良好，钙化程度高而不易被酸腐蚀，有必要在母亲怀孕期就注意营养，在牙齿胚胎期（怀孕6周后）给予足够蛋白质、维生素D、维生素A、维生素C、钙、磷、氟等。到牙齿萌出阶段，要补充适量的氟来增加牙齿的抗龋能力。尽可能食用含氟较多的食品，如鱼、虾、海带、海蜇、紫菜、肉皮、蹄筋等。

哪些是衡量小儿神经－精神发育的指标

神经－精神发育是小儿健康成长的一个重要方面。它是感知——运动、语言、心理社会、认知（学习）等心理活动的发育。例如，运动的发育实际上涉及骨骼肌及其神经调控，所以又称神经运动发育。运动发育有一定的规律性，即由上而下，由不协调到协调、由粗到细地发展。还有一定的程序性，如一（个月）看二听三抬头，四撑五抓六翻身，七坐八爬九扶站等。又如语言的发育，必须先经过叫喊和咿呀发音。一般2～4个月能发出声音，4～5个月能咿呀学语，开始喜欢反复地发同一个音，7～8个月能自发地发"爸""妈"并可重复同样两个音节，如"爸爸、妈妈"，9～10个月能听懂简单的语言，学成人发更多声音。1岁时能有意识地叫爸妈，1岁半到2岁逐步累积单词，用简单语言表达自己的需要。所以表达能力是继理解能力之后而发育的，当孩子能说出第一个有意义的字时，意味着他真正开始用语言作为与人交往的工具。通过语言，小儿逐渐吸收一定文化中的信念、习惯及价值观，这些在小儿的社会性及智能发育中具有很重要的影响。

值得提出的是，孩子对大小便的控制一般要到2岁以后，但大小便的训练则应在早期进行，以养成良好的习惯。

婴幼儿动作发育有什么规律

婴幼儿的动作发育有一定的规律。

(1) 由上向下：又称上下规律，即先会抬头，然后会坐，继而站立和行走。

(2) 由近及远：即先从靠近躯干的动作开始，然后离躯干远处的动作出现，如先出现手臂的动作，再出现手的精细动作。

(3) 由不协调到协调：开始时为了完成某一个动作，如取胸前的玩具，小儿会手舞足蹈，全身肌肉在活动，可是还取不到东西。之后会弯腰，身体向前，轻而易举地取到了东西。

(4) 由粗到细：开始时取物，用手一把抓，然后用拇指与其他手指，最后用拇指与食指取物。

在幼儿动作发育过程中，有些原始的反射到了应该消退的时候而未消退，就不利于动作的进一步发育。如4个月时，手不再握拳，应该手指放松，为取物创造条件。另外，积极的动作可促使幼儿的发育成熟。如首先向前走，然后学会倒退走；先从坐位到立位，经过一阶段后才从立位坐下。

每个具体动作的发育早晚与父母亲的训练有关，但训练应该与幼儿的年龄相符合，这样可促进动作的发育。相反，过早的训练对幼儿身心发育不利。

怎样才能使孩子长得高

孩子长得高与矮受先天因素和后天因素的影响。先天因素往往难以改变，而后天因素可以随着人的意愿而改变。因此，家长应在后天因素上多下功夫。

(1) 要有充足的营养：缺乏蛋白质，人的生长发育就要受到影响，身材很难长高。因此，应该给孩子增加蛋白质的食物，不仅要保证蛋白质的数量，而且要讲究蛋白质的质量。动物性食物，如鸡、鸭、鱼、肉、蛋、奶，以及大豆制品等，都含有优质蛋白质，应该每天给孩子吃一些。钙是骨骼生长的重要物质，据研究，学龄前儿童每天需要钙600毫克，小学生每天需要钙800毫克，中学生每天需要钙1200毫克，所以孩子要多吃些含钙丰富的食物，如豆制品、虾皮、骨头汤和蔬菜等。同时要晒太阳，因为皮肤里的固醇类物质在阳光中紫外线的照射下，能转化成维生素D，促进身体对钙的吸收，有利于骨骼的生长。

（2）积极参加体育锻炼：体育锻炼能加速血液循环，增强新陈代谢，使骺软骨细胞得到充足的营养物质，它就会加速增生、骨化，使长骨增长，人长高。

（3）要有充足的睡眠时间：这是因为孩子在睡眠时，大脑能分泌一种叫生长激素的物质，它能促进身体长高。因此，孩子应该有充足的睡眠时间。

（4）注意卫生，预防疾病：如果孩子不注意卫生，或缺乏良好的饮食习惯，就容易生病或患营养不良症，严重影响身体健康，自然也影响身体的长高。

（5）注意孩子的情绪：情绪的好坏也会影响孩子长高，所以要多给孩子温暖和抚爱，使他们精神愉快，健康成长。

为什么动作发育不宜过分超前引导

婴儿从只会仰天躺着到能站立起来是一个很大的飞跃。仰卧时，他只能看着天花板，一旦能坐起来，视野就开阔多了。不少家长经常扶着小婴儿"学坐"，甚至"学站"，孩子那摇摇晃晃的姿势，常常逗得家长哈哈大笑。殊不知，过早地坐和站对婴儿的健康成长是十分不利的。因为小儿骨骼硬度差，弹性大、容易变形，过早学走不但容易使婴儿下肢发生弯曲畸形，而且经常被家长牵拉的那只小手的肘关节也很容易发生"桡骨头半脱位"。

家长们常认为早一些锻炼孩子坐、站、走，可以防止佝偻病，实际上恰恰相反，佝偻病的孩子骨质疏松，一旦负重过度反而容易引起骨骼弯曲畸形。所以，患有维生素D缺乏性佝偻病的孩子更不能勉强多坐或多站。

一般来说，只要孩子的智力、骨骼和肌肉发育正常，在一般的锻炼下，到了一定的年龄自然会坐（6～7个月），能扶走（1岁左右），能独立行走（15个月左右），家长们不必操之过急，对小儿的动作发育不宜过分超前引导。

三、婴幼儿护理

儿童为什么不宜用成人的化妆品

儿童处于生长发育时期，皮肤真皮中的皮脂腺尚未成熟，表面娇嫩纤细，抗菌力和免疫力都比较弱，对外来刺激反应敏感。如果皮肤保护不好，不仅可使皮肤表面变得粗糙，而且容易染上疾患。所以，家长给孩子擦点护肤品是非常必要的。

然而，有的家长图省事，把成人化妆品随便给孩子擦用，这样不仅无益，反而有害。成人化妆品是根据成人皮肤特点制作的。成人皮肤表层较厚，有较强的抗菌、抗毒和承受刺激的能力，不易产生皮肤过敏反应，即使一些含有有害成分的化妆品，也不会给成人带来危害。但对儿童就不一样了。例如，有些成人使用的香粉含铅量、祛斑霜含汞量、染发剂含对苯二胺量都较高。有些厂家限于技术设备条件和监测手段，难免生产出不合卫生标准的产品，甚至粗制滥造。这些产品一旦给儿童擦用，轻者可产生皮肤过敏，重者则会引起皮肤瘙痒溃烂。

所以，儿童擦用护肤品应选用儿童专用护肤品。

如何保护好幼儿的声带

首先了解声带的基本结构：声带由两片很薄的薄膜组成。发声是气流从合拢的两片薄膜中间挤出来的，声带振动产生了声音。

儿童正处在发育阶段，发声器官不太成熟；容易情绪激动，高兴时大喊大叫，不顺心时又大声啼哭，易引起声带病变，导致声音嘶哑或失声。

由于声带过于疲劳使薄膜发炎，发炎的声带大量充血使其局部薄膜变厚，薄膜不均就闭合不拢，使声音变得嘶哑，久而久之会使咽喉发炎，患声带小结等疾病。所以，家长要随时随地纠正幼儿的不良用嗓习惯，教幼儿用自然柔和的声音唱歌，细声细语地说话。不要教幼儿唱音域太宽的歌曲及成人歌曲，因为成人歌曲的音域不适合幼儿，音调音量超过了幼儿负担的能力，孩子唱不上去叫喊着唱容易损伤声带。

在日常生活中，要注意保护儿童声带，不要让孩子在严寒的冬季顶风奔跑着唱歌，孩子跑得满头大汗时，也不要立即洗澡，以防感冒。酷热的夏季少吃冷饮，别让孩子吃酸、辣等刺激性很强的食物。

幼儿能与宠物接触吗

婴幼儿最好勿与宠物密切相处或接触。婴幼儿本身的抵抗力差且较为敏感，接触宠物如狗、猫、鸟等，可能会产生不良反应。为了婴幼儿的健康着想，最好远离宠物。若实在是难舍不下，可施行如下的方法使他们与宠物和平共处。

（1）**尽可能让婴孩与宠物保持距离**：有的父母常将婴孩放置在学步车内，就去做自己的事，殊不知婴孩的手随时都有去抓宠物耳朵或尾巴的可能，这非常危险，万一碰到宠物翻脸动口，后果不堪设想。

（2）**时刻注意宠物身体的洁净**：包括宠物体毛的梳洗、宠物爪牙的整修、预防疫苗的注射、甚至于宠物睡卧的小窝也必须勤加照顾，以免感染细菌或寄生虫，殃及婴孩。

（3）**不要在宠物面前喂食婴孩**：宠物的嗅觉灵敏，若是你只喂食婴孩，特别是味道浓郁的饮食。让宠物在一旁流口水，难保不会因此引起宠物抢食，让婴孩有被袭击的危险。

（4）**宠物的排泄物应及时处理干净**：避免留滞地面，既不卫生，又容易造成幼儿滑倒受伤。

（5）**勿使宠物在婴孩面前表演刺激的游戏动作**：以免宠物过度兴奋冲撞

到学步车内的婴孩，发生意外。

小儿习惯用左手为什么应顺其自然

人的各种高级神经中枢，分别位于脑子的左右两半球上。习惯用右手的人，是因为大脑左半球占优势；习惯于用左手的人，是因为大脑右半球占优势。这是先天发育决定的。不管哪一侧占优势，并不影响人的正常智力和正常生活。但是，大脑两半球也有分工。语言、逻辑思维神经中枢在左半球而感知中枢在右半球。

左撇子对外界反应更快些，这是因为外界信息总是先传到右半球的感知中枢，惯用右手的人要等信息从大脑右半球转送到左半球，而惯用左手的人却能直接将反应下达到左手。这种差别虽然极其细微，但在极高水平的比赛中就会显示出来，尤其在单手为主的运动中更能表现出来。

据调查，习惯用左手的人约占全人类的1/10。如果强迫惯用左手的小儿改用右手，则占优势的大脑右半球就要与左半球调整功能，这样就容易引起语音与逻辑思维中枢的紊乱，造成口吃，说话不清，写字看书迟钝，以致智力发育受到影响。经有关学者长时期观察表明，强迫小儿改用右手，不仅易发生以上情况，而且长大后精神障碍也会多些。所以，习惯多用左手的小儿还是顺其自然，这样有利于大脑的平衡发育。

孩子步态异常是不是有病

正常情况下，小孩长到1岁至1岁半时就可以从扶物行走逐渐发展到独立平稳地行走。幼儿在行走过程中为防止跌跤走路时常常会两脚分开，以使重心下移，保持稳定，这种现象大约持续到3岁左右便可消失。如果孩子在自己能独立行走后，常出现步态不稳，步态异常等情况，就要引起重视，或许这就是某些疾病的信号。

(1) 剪式步：患者行走时腰背部挺直，常两膝相碰，两脚尖着地，两小腿交叉呈尖刀状。步幅小，严重的双臂活动也受限制。这是脑部或脊髓等中枢神经发生病变的表现。

(2) **鸭步**：走路蹒跚，左右摇晃，挺胸凸肚，下肢缓慢向前移动，姿势像鸭子行走。鸭步常见于佝偻病、大骨节病、进行肌营养不良或先天性双侧髋关节脱位等。

(3) **跨步**：腰部肌腱、肌肉松弛，足下垂，行走时髋关节、膝关节必须抬得很高，才能起步，但步子却又迈得很小，只用足尖擦地而行，多见于神经麻痹和多发性神经炎。

(4) **醉步**：行路时重心不稳，左右摇晃或向一侧倾倒，步伐紊乱，无法保持身体的平衡，此系小脑发生病变的表现。

怎样增强小儿的抗病能力

不少父母源源不断地向宝宝提供各种各样的高级食品；有些父母从宝宝降生那一刻起，就担心宝宝被风吹着，被太阳晒着，被声响吓着，几乎是天天关在屋里，搂在怀中，很少让他们接触外界。有些年轻父母以为药是宝宝的健身丹，孩子出现一点异常就给药吃、给补品吃，甚至没毛病也给吃……这些做法，都属于过分保护，只能使小儿变得像温室里的花草一般弱不禁风，脆弱无力，容易引起多种疾病。其实，人之所以不得病，主要是依靠身体具有的防御能力，俗称抵抗力，医学上称之为免疫力。过分保护的后果就是削弱了儿童的抗病能力，因而在多种致病因子侵袭下各种疾病便由此产生。

为了使孩子的抗病能力不断增强，主要的措施是：

(1) **合理的营养**：让孩子吃多种多样的食物，不挑食、不偏食，也不能营养过剩，肥胖是儿童健康的大敌。

(2) **坚持体育锻炼**：利用空气、水和阳光，让孩子每天都能在室外活动一段时间，游戏更不可缺少，以增强他们的体质，提高抗病能力，使孩子变得更结实有力，以促进智力的发育。

(3) **定期按规定进行预防接种**：这是一种提高孩子对传染病免疫力的有效方法。

(4) **尽量不用药**：不仅小病不用，较重的病也必须在医生指导下正确应用，绝不滥用。

宝宝晚上睡觉常惊醒怎么办

据统计，15%的儿童习惯半夜醒来。这会影响父母晚上的睡眠，并给父母带来忧虑。但不管宝宝夜间醒来多频繁，或怎样烦躁不安，都尽量别让他大哭起来。应马上走到他身边，帮他找出问题所在，给他喝点水，让他排一次尿，或轻轻地拍拍他，也许宝宝马上就会继续睡去。

宝宝夜里睡不实有环境因素和自身因素的影响。周围环境包括温度、湿度、空气新鲜度等。宝宝自身则有饥、饱、渴、尿等需要。此时的宝宝已有思维活动，这样就会做梦，好梦宝宝会笑，噩梦宝宝会哭，还可能爬起来。另外，周岁以内的宝宝还会因缺钙而夜惊、哭闹。因此，睡前不要让宝宝太兴奋，尤其看电视是宝宝夜间做梦、哭闹的主要原因之一。宝宝基础代谢及新陈代谢比成人旺盛，易产生内热。另外，衣着、盖被过厚，也容易使宝宝睡不安稳。

总之，父母在这时应尽量给予宝宝亲切的安慰爱抚，使宝宝能够安心地再次入睡。

宝宝说梦话对身体有害吗

从生理学角度看，梦与睡眠是紧密联系在一起的。说梦话，是由于睡眠时大脑主管语言的神经细胞的活动而引起的。而做梦时的一些动作，是由于大脑神经细胞主管动作部分的活动而引起的。一般来说，宝宝在睡觉时出现一些较轻的动作、言语都是正常的。

通过大量的研究和事实证明，睡眠时做梦与脑的成熟、心理的发生、发展是有较密切关系的，也是有益的。因而，对宝宝做梦不必担心。但应注意的是，一些宝宝在做梦时会出现惊叫、夜游的现象，这主要是由于宝宝大脑神经的发育还不健全，再加上疲劳，或晚上吃得太饱，或听到看到一些恐怖的语言、电影等而引起的。这虽然是功能性的，随着神经细胞发育的成熟会逐渐消除，但家长应注意搞好宝宝的睡眠卫生。如培养宝宝有规律的作息，睡前不要给宝宝讲恐怖故事，饮食上特别注意晚餐不要吃得过饱，白天不要让宝宝过度疲劳、紧张等。这些都有助于宝宝的正常睡眠。

孩子打呼噜就是睡得香吗

睡觉打鼾是一种司空见惯的生活现象，且不说成年人，就是孩子打鼾也不少见。据国外资料报道，打鼾的孩子约占孩子总数的8%。

近20年来的医学研究已证实，打鼾已不再是无关紧要的事，打鼾常和睡眠中的呼吸暂停有关。国外研究发现，在打鼾的孩子中约1/10为睡眠呼吸暂停综合征患者。在婴儿，轻者表现为睡眠动作异常，如呼吸时断时续，手脚乱动，面部、指端间断发绀，重者发育迟缓，甚至猝死。在儿童可表现为激动易怒、攻击性强，睡眠过多，早晨不愿起床，在学校精神不振，学习成绩下降。还可以表现为体重过低或过胖，发育迟缓，夜间睡眠时动作异常，如夜惊、磨牙、夜游、尿床，特殊睡眠姿势及父母发现睡眠呼吸暂停或憋醒。

澳大利亚一家儿童医院的研究表明，打鼾孩子的智商、记忆力和注意力均显著低于无打鼾的孩子，其中以注意力缺陷最为显著。

安贞医院儿科专家提示，对打鼾较重的孩子，家长应带其去医院做相应的检查，及早明确孩子是否为睡眠呼吸暂停综合征患者，以便早期治疗，免除该病对孩子健康造成的严重后果。

为什么婴幼儿不宜在灯下睡眠

现在，有些年轻的父母，他们在晚间活动时，往往习惯于让宝宝在灯光下睡觉。其实，这样做对宝宝的健康是有害的。

研究发现，任何人工光源都会产生一种微妙的光压力。这种光压力的长期存在，会使婴幼儿表现得躁动不安、情绪不宁，以致难于成眠。同时，让宝宝久在灯光下睡觉，会影响大脑网状激活系统，致使他们的睡眠时间缩短，睡眠深度变浅且易于惊醒。

此外，宝宝久在灯光下睡眠，还会影响视力的正常发育。熄灯睡眠的好处，在于使眼睛和睫状肌获得充分的休息。长期在灯光下睡觉，光线对眼睛的刺激会持续不断，眼睛和睫状肌便不能得到充分的休息。这对于婴幼儿来说，极易造成视网膜的损害，影响其视力的正常发育。

忠告年轻的父母们，为了宝宝的健康成长，当他们睡觉的时候，请您务必将室内的灯关掉，这样做要比室内保暖、安静更为重要。

怎样纠正孩子入睡时的坏习惯

孩子入睡的方法是各种各样的。有的孩子喜欢抱着心爱的布娃娃，有的喜欢吮着手指，有的喜欢将被子盖到嘴上。如果仅是这些，大人不用担心，只要白天让小儿玩累点儿就能改过来。然而，有些孩子入睡时有很多毛病，比如，入睡时要咬着枕巾、被角，孩子常咬这些东西容易患口腔炎，所以应当改掉这些毛病。

还有些孩子睡觉时要抓着妈妈的耳朵，或把手指伸进妈妈的嘴里、耳朵里，这些讨厌的坏习惯必须坚决予以纠正。

更有甚者，睡觉时一定要搂着心爱的小毛绒动物玩具，给它盖上被子，把枕头放在自己喜欢的地方才睡，如果不按程序，就不能入睡。出现这种恶习，多是由于家长在育儿过程中出现偏差，如家长在育儿方法等方面出现分歧，致使孩子自身的要求没有得到满足。不过，这种恶习似乎较多地发生在城市里、玩的场所少、没有兄弟姐妹的独生子女身上。只要孩子在外面玩累了，晚上躺下就呼呼入睡，这些坏习惯自然就会改过来的。

婴幼儿便秘怎么办

有的孩子经常出现排便困难的现象，严重时半天解不出粪便来，有时虽解出便来肛门却破裂出血，甚至引发痔疮。

(1) 缓解便秘的主要方法：①改善饮食。给孩子加食粗粮，如玉米面、红番薯；适当吃些粗纤维的蔬菜水果如芹菜、水果，同时注意喝足够量的水。还有的孩子因为食物摄入量不够,肠蠕动能力弱,而排不出粪便来,可适当增加这些孩子的食量。②训练孩子每天定时排便。养成良好的排便习惯。③多做体育运动,有利于促进肠蠕动。

(2) **便秘的一般处理**：孩子便秘时,应鼓励他不要害怕。可将开塞露的头润滑后插入肛门,挤入药水,上药后最好能鼓励孩子稍憋一会儿,再去排便。

为什么小儿有耳屎不要随便挖

外耳道内的皮脂腺分泌物干结后成为耳屎。耳屎医学上称为耵聍,又称耳垢。耵聍中脂肪含量较多,水分蒸发后积聚起来为一层层薄薄的耳屎。有时,油脂不一定干结而呈半固体状态,可自外耳道流出,而被误认为脓液,当作化脓性中耳炎治疗。其实,脓液有臭味,而油状耳垢无气味。不论是干结的耵聍还是半固体状态的耵聍,量多后可以阻塞外耳道使听力减退,或者在耳道内发出"索悉"的响声。

有的家长喜欢用发夹或者火柴梗去抠挖耵聍。虽然在眼睛的直视下进行操作,但毕竟没有像耳鼻咽喉科医生头上带了额镜看得清楚,而且不熟悉耳朵的解剖结构,在看不清耳内组织或用力不当的情况下,很容易将耳道深处的鼓膜刺破;或使外耳道皮肤破损,继发细菌感染,如外耳道疖肿或者外耳道炎。

为此,建议年轻的家长,如果认为有耵聍,可配3%的碳酸氢钠药水,每日2～3次,滴入外耳道内,连续3～4天,待耵聍软化后再由五官科医生在额镜、耳镜配合下直视取出,这样比较安全、有效。

小儿经常用手挖鼻孔怎么办

鼻腔是呼吸道的前哨,鼻腔与上呼吸道和肺脏有密切的关系。鼻腔内有一层红色的黏膜,黏膜上分布着血管、腺体及鼻毛。当吸入外界干燥、寒冷的空气时,鼻黏膜具有温暖、湿润和过滤空气的作用。空气中的灰尘、细菌进入鼻腔后,鼻毛可阻挡它们,腺体分泌的黏液可将它们粘住,从而清洁了吸入的空气。

有的小儿总爱用手指挖鼻孔，这样会损伤鼻黏膜，破坏鼻分泌物黏附空气中尘土及鼻毛阻挡异物的作用。手指还可能将细菌带进鼻腔，导致呼吸道感染。

挖鼻孔是一种不良行为，须尽早纠正。首先，要查明小儿挖鼻孔的原因。鼻腔干燥、鼻子堵塞、鼻腔发痒等，都可能会引起小儿挖鼻孔。室内空气干燥可造成鼻腔干燥，这时可在地面上洒些水，或用空气加湿器，保持室内一定的湿度。小儿鼻堵塞时如为鼻痂所致，先擤鼻子，如无效，可试用柔软的手纸卷成1厘米长的细卷，轻轻将纸卷伸进鼻腔转动几下再取出，常可将鼻痂带出。如为炎症造成的鼻堵塞，可用0.5%新可麻滴鼻液滴鼻，以减轻症状。如果小儿经常鼻堵塞应去医院检查。

为避免小儿用手指挖鼻孔，家长要为小儿准备一块手帕随身携带，告诉他有了鼻涕或鼻干发痒时，可用手帕擦鼻子或揉鼻子，而不要用手挖鼻孔。手帕要经常换洗。此外，家长要注意言传身教，因为有的小儿最初只是看大人挖鼻孔感到好奇而进行模仿，以致最后形成习惯的。

孩子的喉咙进了异物怎么办

随着幼儿的活动范围扩大，他们已经能够自己伸手拿东西吃。因此，在日常生活中要预防孩子被卡了喉咙，家长应注意以下几点。

（1）经常教育孩子不要随便将手中东西放入口中，也不要将一些较小的东西放在小孩子身边，以免小孩子放入嘴里。

（2）家长给孩子喂食时尽量把坚硬的东西弄碎让孩子吃，如花生、豆类、瓜子等；在喂食时不要逗孩子笑或打骂孩子。

（3）不要让孩子在动笔时将笔帽、橡皮、弹珠塞入鼻腔和口中，以防突然说话时误吞异物。

（4）儿童发生异物哽咽喉后，家长不要盲目地去取。因为如果不得法，将会使异物进入更深，应立即去医院让医生来取。

如何培养小儿爱清洁、讲卫生的好习惯

清洁卫生直接关系到小儿的身心健康。幼儿期是习惯养成的重要时期，此时培养良好的卫生习惯会收到事半功倍的效果。

1～2岁的幼儿接触外界的机会比婴儿期多了。他们好奇心强，常常摸摸这个，动动那个，似乎对什么都感兴趣。尤其喜欢捡地上的小石头、小木棍、小纸片，喜欢玩沙、玩土，这样一来，小手时常弄得脏兮兮的。如果用小脏手揉眼睛，易引起眼睛感染；用小脏手拿东西吃，易造成腹泻或肠寄生虫病。因此要培养小儿饭前、便后洗手，从外面回家来要洗手，弄脏手后随时洗的习惯。不用手或衣袖擦鼻涕，教会小儿用手绢儿擦鼻涕和眼泪。

脸虽不像手那么容易弄脏，但至少每天早起、晚睡前各洗1次。洗脸的水温要适宜，洗脸时手要轻柔，使小儿感到很舒服，这样小儿一般会愿意洗脸的。洗脸时避免把水或肥皂溅到小儿的眼、鼻中，以免使小儿对洗脸产生恐惧或反感。

晚上入睡前要养成洗脚、洗屁股的习惯。每次排便后也要洗屁股，这样可防止大小便刺激外阴皮肤黏膜，引起局部瘙痒。入睡前，还应养成刷牙的习惯，保持口腔卫生，预防龋齿。开始可用棉棍蘸温开水擦洗小儿牙齿的各个面，2岁后可试着用牙刷刷牙。

头发长了及时理发，指（趾）甲长了及时剪。夏季坚持每天洗澡，其他季节每周洗2～3次。当幼儿还不会自己洗漱时，可让大人帮助安排洗漱的时间，准备需要的物品，如毛巾、肥皂、盆、小凳等。洗手的动作比较简单，开始成人可以帮助洗，逐渐可让幼儿试着自己洗，成人在一旁稍加指点，最后过渡到自己洗手。

习惯的培养应循序渐进，坚持不懈。不要因"特殊"情况破坏已养成的习惯，更不要"三天打鱼两天晒网"。

小儿入睡时有坏习惯怎么办

良好的睡眠习惯应从一出生就开始培养。有的家长不注意，一见小儿哭闹不睡，就又拍又摇，或干脆抱着睡。更有甚者，让小儿嘴里叼着乳头、橡皮奶头或毛巾入睡。长此以往，使小儿养成了不能自然入睡的习惯。

小儿入睡时的坏毛病要及早纠正，否则形成顽固的习惯就很难改正了。为了便于纠正小儿的坏习惯，首先让小儿睡小床，不要与大人在一张床上睡，更不要与大人合盖一床被子。入睡前设法分散小儿的注意力，如放一些轻松的音乐给他听；或讲故事给他听，通过讲故事让小儿明白睡觉时咬着东西既不卫生，时间长了还会使小嘴和牙齿变得很难看的道理。白天让小儿多活动，适当增加运动量，晚上困倦时再让他上床睡觉，这样小儿会很快入睡而戒除坏习惯的。

戒除小儿坏习惯需要一个过程。刚开始因小儿对坏习惯已经产生了依赖性，管教时会哭闹得很厉害。此时家长千万不要妥协，不要因可怜小儿而放弃管教。如果家长的态度坚决，纠正小儿坏习惯的时间会相对短些。小儿在改正坏习惯的过程中，可能会出现反复，如小儿已经有几天不咬毛巾睡觉了，这天又要咬毛巾才肯入睡，这并非意味着家长的努力白费，此时只要坚持管教，小儿便会逐渐改掉入睡时的这个坏习惯。

"春捂秋冻"的说法对吗

春天气候渐暖，小儿仍穿着厚厚的冬装在外面玩耍，有的鼻尖渗出了汗珠，有的热得小脸红扑扑的。年轻的家长遇到这种情况会毫不犹豫地给小儿脱掉外罩衣，可年岁大的爷爷、奶奶却认为春天捂着点儿好，免得生病，硬是不让给小儿减衣服。春天到底该不该"捂着"点呢？要回答这个问题应具体情况具体分析。入春后虽然总的气温转暖，但有时也会出现寒流，使得气温骤降，因此给小儿减衣服要慢慢减，并注意气温变化。当气温下降时，应及时添加衣服，但也不要不管小儿热与不热，一味地捂着。通常小儿手心、后背或鼻尖有汗时，说明应减衣服。

　　金秋来临，尽管白天还比较热，但早晚会感到一丝凉意。秋雨过后，气温会明显下降。此时不要一感到有点凉，就给小儿穿得很厚，如果小儿手脚不凉就不必添加衣服。当然不管气温高低，为了让小儿"冻着点儿"不给添加衣服也不可取。

　　总之，小儿穿衣服应根据气候的变化适当增减。此外，还要考虑小儿是否在活动。一般小儿穿衣的多少与成人差不多。不过小儿活动较多，总是跑来跑去。当小儿不停地跑动时，可以穿得比成人少些，因为小儿活动时易出汗，穿多了一遇风吹，反而容易着凉感冒。

幼儿迟迟不出牙怎么办

　　出牙实际上是指乳牙的萌出。出牙是孩子一生中的一个重要变化。出牙意味着食物的变更，从只能吃奶到能吃固体食物。这一变化使消化系统的功能得以进一步发挥，孩子开始了食物的咀嚼及在口腔中的初步消化。

　　正常的乳牙萌出一般自小儿6～8个月开始，早自生后4个月或晚至10个月，如小儿1岁还不出牙，就应视为异常了。

　　乳牙晚出的原因比较复杂。其中应该考虑全身性疾病，如佝偻病、甲状腺功能低下的可能，故应做详细的内科检查。还可拍X线片，了解牙床里是否有乳牙的牙胚。有的小儿由于出生到1岁很少或根本没有接触过固体食物，牙床表面得不到应有的刺激，使得牙齿萌出较晚。而乳牙萌出越晚，牙床表面的黏膜长得越坚固，使牙齿萌出阻力越大，越不易萌出。此时如证实确有牙胚存在，也可在牙床表面划一小口，就可促进牙齿尽早萌出。当然，这要由口腔科医生来做出决定。

怎样为小儿选择牙刷、牙膏

　　市售的牙刷种类很多，有成人型、儿童型、幼儿型；有国产的、进口的；有普通的、保健的，到底选择哪种合适呢？

3~4岁小儿应选用供6岁以下儿童使用的牙刷。进口的牙刷价格昂贵，一般家庭难以接受。国产的保健牙刷价格适中，有些质量也不错。在购买时应大致挑选一下，先看牙刷头，其大小要适中，在口腔中转动灵活；牙刷头有2~3排毛束，每排由4~6束组成，毛束之间有一定距离，易于清洗和通风；毛质要柔软，每根刷毛尖部应经过磨圆处理而呈圆钝形，未经磨圆的刷毛对牙齿不利。

在使用牙刷时，应注意每次用后把牙刷清洗干净，甩干后将牙刷头向上，放在口杯里，以保持刷头干燥，减少细菌滋生。应定期更换牙刷，夏季最好1个月换1次，其余季节也要3个月换1次。如果刷毛卷曲，应马上更换，以防擦伤牙龈。

氟化物是目前公认的预防龋齿最好的药物，它通过增强牙齿的抗酸能力，促进牙齿再矿化，起到保健牙齿、预防龋齿的目的。使用含氟牙膏刷牙是最简单易行的保健牙齿的方法之一。因此，应为小儿选购含氟特别是含活性氟的牙膏。

幼儿看电视要注意什么

小儿看电视要根据小儿的年龄特点，帮助他选择观看一些既看得懂又能长知识的电视节目。1岁以内小儿一般对电视不感兴趣，有时只注意颜色和光彩。1岁半以上的小儿，随着眼界的扩大和知识的增长，逐渐喜欢看"动物世界"等节目。2周岁以上小儿喜欢看小朋友节目。小儿看电视应注意以下几点。

（1）小儿眼睛与荧光屏距离要合适，荧光屏距离眼睛越近，眼睛的调节度也越大，眼睛易疲劳，时间长了会形成近视。一般电视与眼睛距离以1.5米左右为宜。同时室内应有弱光照明，这样可减轻荧光屏亮度与周围黑暗背景的强烈对比，有利于保护小儿视力。

（2）白天看电视比晚上看好，因白天有自然光作为陪衬，可以起到保护视力的作用。

（3）连续看20~30分钟，就应休息一段时间，以免眼睛疲劳。

(4) 小儿睡前不宜看容易引起兴奋的电视节目，这样容易兴奋，不易入睡，有时睡不安稳。

如何让孩子自己睡觉

让孩子重新回到床上，并让闹钟1分钟以后响，告诉孩子铃响之前你会回到他的房间看他。如果你回来时他好好躺在床上，就抚摸他的后背作为奖励，以后逐渐延长看他的时间。必要时把钟调好，给他读故事直到他入睡。

给他准备一个口袋，放上他可能需要的各种东西；手电筒、他最喜欢的玩具、录音机和收音机等。

2～3岁的幼儿需要睡在有栏杆的小床上。如果你已经是第四次给小宝宝盖被子，吻他和道晚安了，那么，不管他怎么哭闹，都要等上20分钟再进去（除非他可能真有什么事），如果他20分钟后还在哭，进去告诉他该睡觉了，吻他，说告别的话再离开他；如有必要，等20分钟再进去看他。每天都这样做直到他明白自己的计谋没有用处为止。注意，如果他停止了哭闹，你要多等一会儿，让他睡着后再进去，否则你不得不再次哄他睡觉。

使用表格。这个方法对3岁以上的孩子有效。让孩子用得到的分数换取想要的奖品。开始时，他在床上待上5分钟就可得分，以后逐渐延长得分的时间。如果你的方法仍不见效，你可能有必要使用一些处罚办法，例如，剥夺孩子第二天做一些活动的权利或要让他提前上床睡觉等。

哪些情况下孩子不宜洗澡

儿童洗澡是一种很好的皮肤锻炼。特别是天暖后，皮肤容易大量出汗，应经常给孩子洗澡。但出现下列情况时，要暂停给孩子洗澡。

发热、呕吐、频繁腹泻时，不能给儿童洗澡，因为洗澡后全身毛细血管扩张，易导致急性脑缺血、缺氧而发生虚脱和休克。

儿童打不起精神，不想吃东西甚至拒绝进食，有时还表现出伤心、爱哭，这可能是儿童生病的先兆或者是已经生病了。这种情况下给儿童洗澡势必会导致儿童发热或加剧病情的发展。

发热经过治疗退热后不到两昼夜（即 48 小时）以上者，是不宜洗澡的。因为发热儿童抵抗力极差，很容易导致再次受外感风寒而发热。

若遇儿童发生烧伤、烫伤、外伤，或有脓疱疮、荨麻疹、水痘、麻疹等，不宜给儿童洗澡。这是因为儿童身体的局部已经有不同程度的破损、炎症和水肿，马上洗澡会引起感染。

高热患儿如何护理

高热是指体温超过 39℃。它可由多种原因引起，高热可以是一般感冒的症状，也可以是严重疾病的一个症状。因此，高热时首先应到医院检查，尽可能弄清原因。如果是一般疾病引起的，可以在家治疗，在护理上要注意以下几方面。

（1）要遵照医生的吩咐，按时按量服药。

（2）要注意病情变化，有无新的症状出现。

（3）要注意体温情况，每 4~6 小时测一次体温。超过 39℃时应及时用退热药及物理降温法降温。同时加用些镇静药，防止高热抽风。

（4）室内温度和湿度要适宜，室温及湿度太高时，散热困难，高热难降；室温及湿度过低，容易受凉感冒。

（5）保证营养和水分。高热病人新陈代谢加快，热能的需要量增加，同时，由于呼吸加快，排出水分增加，出汗又多，因此水分供给必须充足。病儿饮食要富于营养，但不宜吃太油腻的食物，应多吃些蛋白质和糖类。要勤喂水，满足身体需要。

（6）高热病儿嘴里常有臭味，要注意口腔清洁卫生。因出汗多，还要经常擦浴，勤换衣服，保持皮肤清洁。

如何让患儿多呼吸新鲜空气

空气的新鲜程度，是指含氧和含病菌数量的多少。如果空气不新鲜，含氧量过低，孩子就会感到气不够用，出现头晕、呼吸困难、咳喘、脸色发青、烦躁不安、吃饭不香、睡眠不实等症状；如果空气新鲜，含氧量充足，上述症状就可能消失或减弱。这就是新鲜空气对病人的好处。

空气中存在着许多可以使人致病的细菌和病毒，其含量的多少与空气新鲜的程度有关。在冬季，孩子得了病，家长怕再着凉，把窗户关得紧紧的，室内的温度虽高，空气却不新鲜，为细菌和病毒的繁殖提供了条件。

由于病儿的抵抗力低，就更容易受到细菌和病毒的感染，以致使本来的轻病变成重病；或本来只是细菌感染，又加上病毒侵袭，造成双重感染。例如，感冒发展成肺炎，腹泻又加上感冒，麻疹又合并了肺炎等，这些都会给治疗带来更大的麻烦。

如果经常通风，空气新鲜，就会使细菌和病毒繁殖受到抑制，从而减少了感染的机会。这就是新鲜空气的防病意义。

最适合宝宝的室温是多少

室内温度过高或过低，对宝宝都是不利的。

(1) **室温过高**：可使宝宝的新陈代谢增强，呼吸循环量增高，氧气的需要量增多，从而引起呼吸加快和出汗量增多，造成体内水分缺少、体热发散困难和头晕心烦、胸闷憋气等症状，这就增加了宝宝机体的额外消耗和负担。

(2) **室温过低**：能使宝宝新陈代谢减弱，呼吸循环变慢，皮肤血管收缩，加速体热发散，使宝宝感到寒冷，造成皮肤和整个机体抵抗力降低，容易受寒着凉而并发其他感染。

理想的室温在冬季为16℃～18℃，夏季为24℃～26℃；适宜的室温在冬季为16℃～20℃，夏季为21℃～32℃。

室温的调节，可通过遮阴、通风和取暖措施来实现。

室内湿度多少对宝宝更适宜

人们对室温比较重视，其实湿度对人的健康，特别是宝宝影响很大。平常,我们所说的相对湿度,是指在一定温度下空气中所含水分的相对百分比,一般用百分数来表示。

当空气中相对湿度低于30%时,空气干燥,上呼吸道黏膜的水分就会大量损失,皮肤和呼吸道干燥,咽喉发干,鼻腔出血,致使呼吸道的防御能力减低,容易感染疾病。同时,相对湿度过低,还可使患有呼吸道疾病患儿的痰变得黏稠而不易咳出,堵塞呼吸道,加重呼吸困难,减少气体交换。如果相对湿度达到80%以上,则空气潮湿,机体水分蒸发变慢,影响正常的体温调节,使人感到胸部受压,憋闷。如果患儿遇到高温高湿的环境,机体蒸发散热的功能就要受到阻滞,造成皮肤呼吸不畅,高热不退,呼吸困难加重,甚至发生中暑。如患儿遇到低温高湿的环境,则体温散失加速,皮肤黏膜的血液循环减慢,抗病能力降低,使患儿感觉寒冷。因此,在重视室温的同时,也要注意室内的相对湿度,两者密切相关,必须协调。

在适宜的室温下,冬季合适的室内相对湿度应为30%～40%,夏季为30%～70%。测量湿度的理想的办法是用湿度表。没有湿度表时,可凭自身感觉来体验。

调节湿度的办法,夏季是多通风,地面上洒水;冬季可在取暖设备上放置盛水器,借以蒸发水分,家中装一台加湿器也是应该的。

小儿生痱子要注意什么

一忌搔抓或挤压,否则易引起细菌感染,变成痱毒或脓疱疮。应给幼儿勤剪指甲,以防皮肤被抓破后感染。

二忌光着身子。小儿整日光着身子,皮肤少了一层保护,更易受不良刺激,使痱子只增不减。

三忌用冷水洗澡或擦身,否则皮肤受冷水刺激,汗毛孔立即闭塞,会影响汗液蒸发,使痱子加重。

四忌用热水和碱性皂洗澡。小儿生痱子应该用温水和中性皂洗澡。

五忌吃油炸辛辣刺激性或过热食物,而应多食富含维生素的蔬菜和水果,以及绿豆汤等解暑饮料。

六忌用成人痱子粉和痱子水。小儿与大人用的痱子粉、痱子水有别，成人用品对皮肤刺激较大，不适合儿童使用。

为什么要在婴幼儿时期建立良好的饮食习惯

专家建议，所有的胖子在减肥之前都应回想一下自己婴幼儿时期的情况，以及什么时候开始发胖的。如果是在1岁前、5～6岁或青春期开始时发胖的，那就意味着当时已经生成相当多的脂肪细胞，它们是折磨人一生的肥胖根源。健康主要取决于生活习惯。但是，很少有人知道健康的饮食习惯是在出生后的第一年养成的。许多做母亲的人抱怨说，孩子不吃蔬菜，这往往是因为没有正确地喂养，而是强迫孩子吃东西。

（1）不能强迫喂食：孩子食欲不佳，绝大多数情况是因为硬要他吃下定量的食品，使其情绪过分压抑。这会引起他强烈的生理反应，使他感到恶心，拒绝进食。常常会发生这样的情况：孩子拒绝吃一种东西，但是半小时之后他又会主动要求吃这种食品。

（2）饮食越简单越好：有些妈妈想方设法地给孩子变换饮食品种，精工细做，天天有鱼、有肉、有虾。其实用不着这样，尤其是冬天，用不着非得买温室里长的各种细菜，家常菜就好，各种菜都吃才能保证营养均衡。

（3）需要教孩子咀嚼：当孩子开始出牙时，应该给他们咀嚼的机会，鼓励宝宝咀嚼。当宝宝开始尝试用手抓东西吃时，不要制止他，就让他拿着一块饼干或水果吮吸和啃咬好了。但一定要把宝宝的手洗干净，宝宝可能吃得满脸满身都是食物渣，这非常正常，妈妈必须有足够的耐心。

为什么要用流动水给孩子洗手

"饭前便后要洗手"这是幼儿园孩子都会唱的卫生常识，但对婴儿的小手，家长却不太重视清洗，以为婴儿一切由家长照顾，活动范围又小，小手不会有什么清洁问题。

事实上，小婴儿生长发育快，皮肤排泄物也多，他们的小手经常紧握成拳，较易发臭。时间久了，指缝间皮肤会发白糜烂。婴儿多爱吃手，三四个月开始便会拉身边的衣物，逐步会在地上爬动，抓大人手学走路，吃饼干，玩玩具，所以小手并不能保持清洁。有的家长为了让婴儿喜欢洗手，利用婴儿都喜欢玩水，在脸盆里放上水，再放几只小船、小鸭边洗边玩。但为了把细菌彻底冲洗干净，我们建议最好还是用流动水。而家庭中的洗手池位置往往偏高，所以最好家长用左臂环抱婴儿，左手拿住孩子小手，右手涂上肥皂搓揉孩子小手。家长用手涂肥皂给孩子洗要比用毛巾或海绵更轻柔细微，孩子愿意接受。冲洗前要尽量捋高孩子袖管，冲洗时可允许孩子自己冲水玩水。最后用清洁毛巾擦干，冷天可外涂婴儿凡士林润肤剂。

单用手帕或餐巾纸干擦拭小手只能除去看得见的污渍，不能取代用流动水洗手。

指甲缝内是最易藏污纳垢的场所，而婴儿也无耐心安静地任你仔细操作，所以最好在孩子睡眠时，在充足的光线下用婴儿小指甲钳慢慢剪除，当心弄破皮肤，最后别忘了醒来后给小手再来一次冲洗。

为什么爽身粉不宜常用

爽身粉有爽身、防痱子、润滑等作用，用后会使人感到凉爽、舒适。故在炎热的夏季，一些妇女在洗澡后喜欢在身上扑一些爽身粉并给婴幼儿使用。但是，长期过多地使用爽身粉，对妇女及婴幼儿却有不可低估的隐患。

爽身粉主要原料是滑石粉，而滑石粉具有明显的致癌作用。近些年国内外一些医学家发现，女性阴道长期接触滑石粉与各种卵巢肿瘤的发生有密切的联系。美国医学家从大量病理检查中发现，约有75%的卵巢恶性肿瘤患者，在其组织切片中可见到2微米左右的滑石粉颗粒。临床流行病学调查也表明，大多数卵巢癌患者都有阴部接触滑石粉多年的历史。国内有关专家通过调查研究后也发现，如果妇女长期在会阴等部位用爽身粉，可使卵巢癌发病的危险性增加3.8倍。

滑石粉中含有一种称为苄丙酮豆素的物质，可以通过婴幼儿柔嫩的皮肤吸收进入血液，引起血液中维生素K的含量急剧下降，发生贫血、黄疸等疾病。

因此，妇女及婴幼儿应尽量少用爽身粉，以及使用滑石粉为原料制成的痱子粉、香粉等。

怎样使宝宝的头发更健美

头发丰满秀丽是人体健康的反映，也是美观大方的标志之一。爱美之心人皆有之，谁不希望自己有一头秀发。头发健美应从儿童时期做起，正确洗发、梳理和修剪是促使头发健美的措施之一，当然还有其他许多措施。

头部生长头发是正常生理现象，每个人长多少头发因人而异，成年人一般有10万~14万根头发，女性的头发比男性的多一些。其实一个人长多少根头发，从胚胎6个月时就决定了。头发的结构相当复杂，露在皮肤外边的部分称为毛干，埋在皮肤里边的部分称为毛根，毛根的最深部肥大膨胀称为毛球。毛球的里边有一层层生长头发的细胞，一个个细胞接起来慢慢长成一根头发，所以毛球是生长头发的源泉。毛球在母体的胎儿时期就形成了，它的数量多少决定于遗传因素，所以婴儿出生以后头发的数量就不能增添了。但是，后天的因素可以影响头发的质量，增强头发的抵抗力，阻止不正常脱发。

保持秀发首先要注意营养。这要从胚胎时期开始，妊娠期要供给足够的蛋白质和维生素。出生后要继续注意营养，多吃一些含蛋白质和维生素A、B族维生素与维生素C丰富的食物。这些营养物质可以通过血液循环供给毛根，使头发长得秀丽结实，防止脱发。

其次，要注意防病，特别是各种传染病，如肝炎、痢疾、伤寒、结核等。这些病对全身各个部分都有危害，也可影响头发的正常发育。疾病可以通过神经系统和末梢血液循环影响毛根，最后导致脱发。

要让宝宝养成良好的生活习惯。按时睡眠、休息和活动，定时定量进食，培养宝宝良好的卫生习惯和生活习惯，防止宝宝经常哭闹。这些有利于身体健康，也有利于头发的正常生长发育。

脱发是影响头发健美的重要因素。一旦宝宝脱发要请医生诊治，找出原因加强治疗。脱发分为正常和不正常两种情况。头发有一定寿命，长到一定时间和一定长度，头发寿命到了，就会自动脱掉，所以梳头时要掉一些头发，这是正常现象。寿终的头发脱掉了，新的头发又从原地发出来，在一般情况下脱去的和长出的头发一样多，保持数量平衡。可是，过多脱发，甚至头发越来越少，这就值得注意。此时要请医生帮助找出异常脱发的原因，并对症治疗。一般来说，宝宝一时性过多脱发，经过治疗是可治愈的。

婴幼儿是否应该每天排便

许多家长以为，婴幼儿应该每天排便一次，否则就是便秘，这种担心是不必要的。每个人排便规律不同，喝牛奶和吃母乳的婴儿排便次数也不一样，只要排出的粪便是软的，排便不困难，2～3天排便一次也不能称其为便秘。

那出现什么情况才算婴幼儿便秘呢？如果婴幼儿排便时攥拳咬牙，甚则大汗淋淋，痛苦异常，排出的粪便坚硬成球，这就是便秘。婴幼儿便秘，不仅可以出现食欲不佳、恶心、腹胀、腹痛、烦躁不安等症状，而且会引起肛裂、痔疮、脱肛等病症。如不加以重视，不及时采取预防和治疗措施，便秘可能会持续一生。如何预防便秘呢？最重要的一点，是要养成定时排便的良好习惯，从孩子出生后3个月，就开始定时把屎。从小养成其定时排便的习惯，孩子将受益终生。其次是要合理的饮食结构，不能偏食，但有些孩子只吃肉蛋奶，不爱吃水果蔬菜，这样食物中纤维素含量不足，引起肠蠕动缓慢而容易引起便秘。所以，平时要给小婴儿喝菜水、果汁。一旦发生婴幼儿便秘，一定要孩子多饮水，添加少量蜂蜜，以软化粪便。如实在便干难下，可用小儿甘油栓（开塞露）少许挤入肛门，以解燃眉之急。如果便秘顽固，用上述方法皆不奏效，或出现脱肛、肛裂等并发症，就应去医院就诊，在医生指导下进行治疗。

如何对待小儿生长痛

生长痛是近些年来提出的新观点，其定义为儿童生长期间歇性发作的下肢疼痛。在2～8岁的小儿中发生率很高。表现为小腿骨或肌肉疼痛，偶尔也发生于足部或大腿。疼痛一般在晚上卧床后出现，甚至入睡后突然疼醒，常反复发作，令家长惊恐不安。此种疼痛与其他腿部疾患的最大区别在于疼痛来得突然，好得也快，白天能跑能跳，玩耍自如，腿部外观不红不肿，没有伤痕，X线检查和化验也无异常发现。

生长痛是怎样产生的呢？现代研究认为，处于生长发育期且发育较快的小儿，骨骼（尤其是长骨）在增长时，附着于骨骼上的肌肉被牵拉，传至痛觉神经而产生疼痛的感觉。由于人的生长激素绝大部分是在睡眠时分泌的，因此，小儿的生长性疼痛就有了白天不痛夜间痛的特点。

生长痛是一种生理现象，预后良好，不需治疗，随着年龄的增长，疼痛发作会逐渐减少、减轻和消失，不会落下什么后遗症。发生生长痛的小儿除暂时减少活动外，还要注意腿部保暖，注意膳食营养，多吃一些含钙质、蛋白质的食物。疼痛严重时，可用轻柔的手法进行按摩，尽量不用镇痛药物。

此外，还有部分孩子膝关节疼痛，但外表不红不肿，这是因孩子活动过度，引起的疲劳性膝关节痛，适当休息即可缓解。

为什么不能让幼儿憋尿

孩子神经系统发育未完全，自制能力差，下课后光顾玩得开心，往往忘了上厕所，等到上课时才想起小便。说吧，又怕老师批评，同伴笑话，于是便憋住。孩子膀胱容量小，贮尿功能差，实在憋不住就会解在裤子里。

经常憋尿对孩子身体健康和心理发育都不利。尿液在膀胱潴留时间太长，可导致括约肌松弛，产生尿失禁，反复如此，便可导致习惯性遗尿。经常性尿湿裤子，容易受凉生病，还会受到同伴讥笑，往往会伤害其自尊心，使之产生自卑、胆怯心理。

因此，从小就应培养孩子养成良好的排尿习惯，建立合理的生活制度。老师和家长应注意提醒幼儿下课后先去上厕所。对那些因为忘了上厕所、尿胀难受，显得思想不集中、坐立不安的幼儿，老师要注意观察，及时发现，以适当方式安排他们上厕所。一旦发现他们尿湿裤子，要及时更换，切不可粗暴训斥，要照顾他们的面子，提醒孩子以后注意。

怎样给孩子补水

水是人体维持生命不可缺少的营养物质之一，水的生理功能主要有以下几点。

(1) 参与代谢过程：由于水的溶解性及流动性均较大，很多物质都可以溶解于水中。水参与体内各系统的新陈代谢并加速化学反应，有利于营养物质的消化、吸收、运输和排泄。

(2) 调节体温：由于水的比热高，体内大量的水代谢过程中产生的热容易被水吸收，体温不会升高。水易蒸发，体内只要蒸发少量的水便可以散发大量的热。水导热性强，使体内各组织各器官的温度一致，维持体温的正常。

(3) 维持血容量：体内细胞内外及血液中都含有水，而血液中水量平均为80%，大量失水可使血容量减少，引起低血压，影响各器官活动。

(4) 维持腺体正常分泌：各种腺体分泌的都是液体，缺水时分泌量少，妨碍腺体功能及人体正常活动。

怎样给孩子补水呢？按每日每千克体重计算，1岁以内孩子每日每千克体重约需水150毫升，如孩子体重为6千克，一天需水量为900毫升，再减去一天的牛奶量，假定为750毫升，那么其余150毫升为应补充的水分。补充水的时间应安排在两次喂奶之间。对于1岁以上的孩子，由于乳量减少，再加上活动量增大，因此每日饮水量应相应增多。

四、婴幼儿喂养

为什么母乳喂养有利于骨骼发育

因为母乳中的钙质最容易吸收,吃母乳的孩子骨骼发育较好。而好的容貌与骨骼的发育有很大的关系,骨骼的发育决定了脸型及体型。那些窄小而紧缩的脸、拥挤的牙齿、凸起的前额、几乎没有下巴、圆的肩膀、凹陷的胸部,都是钙质吸收不足所造成,非常影响一个人的外貌。而且,现在的饮食大多是精制的食物,也容易造成我们的后代牙床畸形、牙齿过于拥挤。

在一项研究中,仔细测量327个人的脸部骨骼,他们骨骼发育的情形,与哺育母乳的时间长短有关,从来没有吃过母乳的人脸部的发育最差。只吃过3个月母乳的人比完全没有吃过的人好一些。吃母乳的时间愈长,脸型的发育愈好。这些科学家们强调,一个人即使超过25岁,吃母乳的优点仍然很明显。他们的结论是:出生后6个月内吃母乳可以决定日后的脸型。他们指出,吃母乳的孩子必须用力吮吸,脸部的肌肉运动量大,因此脸型比喝牛奶的孩子发育得更好。

高品质母乳哺育的6～9个月以上婴儿,双臂的力量可以把自己吊在一根横杆上,具有运动员的雏形。丰润的双颊能容纳更大量的氧气。挺直的鼻梁,使呼吸更为顺畅,这种优势使其一生都受用无穷。

妈妈尚未开奶时宝宝怎么办

一般情况下,在宝宝出生后1～2周后妈妈才会真正下奶。但在宝宝出生的第一周必须让他多吮吸、多刺激妈妈的乳房,使之产生"泌乳反射",

四、婴幼儿喂养

才能使妈妈尽快下奶，直至足够宝宝享用。如果此时用奶瓶喂宝宝吃其他乳类或水，一方面容易使宝宝产生"乳头错觉"，不愿再费力去吸吮妈妈的奶，另一方面因为奶粉冲制的奶比妈妈的奶要甜，也会使宝宝不再爱吃妈妈的奶。这样本来完全可能母乳喂养的妈妈会因宝宝吮吸不足，而造成奶水分泌不足，甚至停止泌乳。

那么，宝宝一时吃不饱，会不会饿坏呢？不会的。因为宝宝在出生前，体内已贮存了足够的营养和水分，可以维持到妈妈开奶，而且只要尽早给宝宝喂奶并坚持不懈，那么少量的初乳就能满足新生儿的需要。千万不能因奶水暂时不多就丧失母乳喂养的信心啊。

怎样给新生儿喂奶

把新生儿斜放在膝盖上或抱在怀里，头略仰起，是最理想、最符合自然规律的喂奶方式。在这种姿势下新生儿和父母亲相对而视，还可增加相互间的亲密感。喂奶前应按要求将奶粉配制好，然后将牛奶慢慢地喂给新生儿吃。由于新生儿有天生的吮吸条件反射，当奶嘴接触口唇时，新生儿则会发生吮吸动作，将奶吞咽入胃中。大多数新生儿以吃饱为止，但有些新生儿在吃到一半时就不肯再吃，这时要将新生儿斜抱起，轻拍背部，让胃中的空气排出后再喂。如仍不肯吃，则应查找原因，是真吃饱了，还是由于身体不舒服而不想吃。

有些家长有时因忙不过来，就让新生儿躺在床上，然后将奶瓶斜垫、奶嘴放在新生儿口中，让新生儿自由地吮奶，这种喂奶方法极其危险。因为在这种情况下，如新生儿吮奶过猛，可发生吐奶现象，家长若不能及时发现，呕吐的乳汁就有可能被吸入气管而导致窒息。因此，这种喂奶方式不可取。

每次吃剩下的奶一定要倒掉，不能留到下一餐再吃。因为，牛奶是很好的细菌培养基，剩下的奶留到下一餐再吃时很可能已被细菌污染，新生儿吃后可能会发生腹泻、食物中毒等疾病，特别是在炎热的夏天更应注意。

喂奶的注意事项

(1) 喂奶的次数：一般每次喂奶的间隔时间为 3～4 个小时，如早上 7 时喂奶一次，上午 10～11 时方可喂第二次。在两次喂奶的间隔期，应当给孩子喂些开水，将 200 毫升水分次在喂奶的间隙喂给孩子。夜间，为了妈妈和孩子都能休息好，应当停喂一次奶。

(2) 喂奶之前的准备：要将奶具消毒好备用。奶装入奶瓶后，将瓶中的奶滴一点在成人的手背上，如果不感到烫手，就可以喂孩子了。

(3) 使用奶瓶喂养的姿势：喂奶时应奶嘴低、瓶底高，使奶没过奶嘴部位，以避免将空气喂进婴儿胃里。如果婴儿吸入较多的空气，就容易吐奶。

(4) 喂奶后的处理：每当喂完奶，要将婴儿抱起来，将其头轻轻地靠在大人的肩上，用手轻轻地拍拍婴儿的背部，帮助婴儿排出吸进的空气。

(5) 奶量的调整：父母要密切观察婴儿的反应，如孩子喂奶后间隔的时间不长就哭闹，可以适当地增加一些奶量。相反，如果孩子吃不了计算出的奶量，可以少喂一些奶。对人工喂养的孩子，要定期进行体重的测量，根据体重来调整奶量，也是可行的方法。

如何为宝宝挑选奶瓶

如何为宝宝选择合适的奶嘴、奶瓶，是每位年轻父母必须好好研究的课题。目前，面市的奶瓶已比过去有相当大的进步，但质量仍参差不齐。如果父母选择不适宜的奶瓶，将会给宝宝造成无法弥补的伤害。年轻父母在选购奶瓶时应关注以下几点。

(1) 选购附加透气孔、活塞的奶瓶：在奶嘴底部设置透气孔及活性塞，作用在于避免因通气孔太大造成奶水外溢，也可避免因吸入空气造成宝宝吐奶或呛奶的现象。

(2) 带有防塌陷设计：在奶嘴基部设计环布式契合倒流点，可预防因吮吸造成奶嘴吸头扁缩而阻塞出口。

（3）细分不同尺寸及吸头种类：选择适合宝宝年龄及吸孔功能范围（如圆孔、十字孔、Y字孔）的奶瓶。

（4）选购附有流量节器的奶瓶：好的奶瓶在奶嘴基部内与瓶颈之间都附有一块小薄片，此功能是使奶嘴内充满奶水，可避免婴儿因吸入过多空气而造成胀气。

喂奶时乳母用药为什么要慎重

药物大都是一种可溶性小分子的化学物质，可以经过血液循环进入乳汁中而传递给婴儿。药物在治病的同时，也不可避免地对机体产生轻重不一的不良反应。

如何减少药物对婴儿的影响，是年轻妈妈们十分关心的问题。关键是要掌握好用药剂量和时间。一般来说，由于药物在乳汁中的浓度较低，婴儿通过乳汁吸收的药量只占母亲服药量的1%，对婴儿不会有很大的影响。但是，由于婴儿各组织器官的发育尚未健全，对药物的敏感性高，耐受性小，如果乳母服药量较大或用药时间较长时，就会使婴儿吸收的药量过大，导致不良反应。因而哺乳期用药量不宜过大，用药时间不宜过长，应在医师指导下进行。禁用不良反应较大及从乳汁排出量多的药物，如抗癌药、抗结核药、氯霉素、四环素、甲硝唑、红霉素、磺胺类和镇静药等。如果病情严重必须服用时，应停止哺乳。

科学选择哺乳时间。乳母必须服药时，可在喂奶以后服，也可在下次喂奶4小时之前服，每日1次的药，最好是在孩子入睡前的喂奶之后服用。

为什么孩子补充营养以自然食物为好

面对琳琅满目的商品，以下几点原则供父母参考。

（1）确定宝宝是否需要额外的营养补充品：与儿科医师一起对照讨论，了解孩子真正缺乏的是什么，有无其他方法可提供较多量的自然食品还是根本就不缺。我们常发现有些儿童的生长曲线还在正常区间内，或父母本身就属于瘦小型，家长却一味地认定孩子营养不良。

(2) 了解营养品的内涵与宝宝的体质：例如，有的宝宝可能有乳糖不耐症，此时含高乳糖的营养品可能就不适合；某些蛋白质过敏的宝宝，也不能随意的进食高蛋白补品；更甚者，某些商品可能含有激素、兴奋药等，目的虽为增加食用者的胃口，但其后续的不良反应却是相当大的。

(3) 先排除有无疾病：如心脏、肺脏、肾脏等，都会引致成长迟缓，应先确定并加以适当的治疗。

(4) 不要被广告及其标志所迷惑：首先，许多广告文字的标志并不可信，其次是有的强调高蛋白，吃多了反而会影响到宝宝的肾功能，或不利于体内的新陈代谢；有的添加钙，如果宝宝同时已从其他食物摄取了足量钙质，则钙质过多，可能会有意想不到的不良后遗症，如食欲缺乏、肾结石、精神差等。

(5) 营养品尽量取自天然：农畜产品的组合若有添加药物时（包括复合维生素），就得小心其含量。

(6) 浓缩补品的定量与稀释：使用浓缩补品时，切记要定量且加以稀释，否则长期使用对宝宝的肝脏、肾脏反而是一种毒害。

宝宝经常溢奶怎么办

刚刚做妈妈的你，看到宝宝常在喂奶之后不久就开始溢奶，或几乎将全部的奶都吐出来，一定非常着急。

宝宝溢奶是怎么回事，是不是像老话说的"喂奶喂多了，消化不良"，其实不是。医生说，宝宝溢奶是一种称为"胃食管反流"的疾病，由于新生儿食管下端的括约肌功能不全，无法有效地阻挡胃内容物的反流，尤其是在喂奶后，胃内容量增多，压力增大，则更容易反流。因而，新生儿食后出现的溢奶，应该首先考虑是胃食管反流，也可进行胃食管的反流监测，以便确定食管反流的程度。

小儿食管反流的发生率偏高，国内报道新生儿检出率高达60%以上，其中有20%会出现溢奶、吐奶或呕吐等症状。

虽然胃食管反流在婴幼儿期常被认为是生理性的，大部分患儿的症状可在12～18个月内消失，但如没有得到治疗，就可能引起许多并发症（如吸入性肺炎、呼吸暂停、窒息，以及营养不良、体重不增加和贫血等）。所以，对于小儿胃食管反流，还是应该早期认识并加以治疗。

对于溢奶频繁或伴有吐奶的婴幼儿，都应该选择体位、饮食和药物疗法。"体位治疗"是指当患儿睡眠时，适当抬高其头部，并使头部保持侧位；"饮食治疗"的要点是少量多餐，可增加喂奶次数，但每次不可喂得过饱（人工喂养儿可在牛奶中加入米糊，使奶汁黏稠）。

怎样防止宝宝吐奶

宝宝吐奶现象较为常见，因为宝宝的胃呈水平位，容量小，连接食管处的贲门较宽，关闭作用差，连接小肠处的幽门较紧，而宝宝吃奶时又常常吸入空气，奶液容易倒流入口腔，引起吐奶。妈妈第一次看到宝宝吐奶时可能会很担心，不知所措。其实只要注意以下几方面的问题，就可以防止宝宝吐奶。

(1) 采用合适的喂奶姿势：尽量抱起宝宝喂奶，让宝宝的身体处于45°左右的倾斜状态，胃里的奶液自然流入小肠，这样会比躺着喂奶减少发生吐奶的机会。

(2) 喂奶完毕一定要让宝宝打个嗝：把宝宝竖直抱起靠在肩上，轻拍宝宝后背，让他通过打嗝排出吸入胃里的空气，再把宝宝放到床上，这样就不容易吐奶了。

(3) 吃奶后不宜马上让宝宝仰卧，而是应当侧卧一会儿，然后再改为仰卧。

(4) 喂奶量不宜过多，间隔不宜过密。

宝宝吐奶之后，如果没有其他异常，一般不必在意，以后慢慢会好，不会影响宝宝生长发育。宝宝吐的奶可能呈豆腐渣状，那是奶与胃酸起作用的结果，也是正常的，不必担心。但如果宝宝呕吐频繁，且吐出呈黄绿色、咖啡色液体，或伴有发热、腹泻等症状，就应该及时去医院检查了。

给新生儿配制奶粉为何不宜太浓

新生儿问世后，母乳尚未分泌或母乳不足，可用全脂牛（羊）奶粉喂哺，但不要配制太浓。

目前全脂奶粉或强化奶粉均含有较多钠离子，如不适当稀释，可使钠摄入量增高，增加血管负担，使血压上升，可引起毛细血管破裂出血、抽风、昏迷等危险症状。强化奶粉还补充了加工制作中损失的维生素和牛奶中容易缺少的元素，更应加以稀释，才能适用于新生儿。

此外，奶粉中的蛋白质虽经过高温凝固，相对较牛奶蛋白质好消化，但新生儿的消化能力差，奶粉如过浓，仍不好消化，故必须稀释才可代替母乳。

将奶粉按重量以1∶8，按容量为1∶4的比例稀释，则得到的为全奶成分。按重量较为精确；按容量"虚"与"实"差别很大，不好掌握。

调制的具体方法是先将所需奶粉放入锅内，把计划好所需水的一小部分先倒入，调成糊状，再倒入全部的水，搅匀，即为所需全奶。然后根据新生儿周龄，适当加水稀释（生后1周加水1/2，2周为1/3，3周为1/4）。煮沸消毒后，加入5%～8%的糖，待温度适宜即可喂哺。

怎样给宝宝添加辅食

宝宝出生以后，主要吃乳类食物，但随着宝宝的长大，只靠母乳或牛乳一种食物已不能满足他们的全部营养需要了，因此必须及时地给宝宝添加辅食，以提供宝宝生长发育所必需的营养素。那么，应该怎样添加辅食呢

（1）要根据宝宝的月龄按期添加。一般地说，6个月添加的辅食有菜泥、烂米粥、鱼松、蛋羹等；7～9个月添加的辅食有肉泥、肝泥、豆腐、面片、菜粥等；9～12个月添加的辅食有龙须面、烂饭、馄饨等。

（2）添加的量要由少到多。如6个月时添加蛋黄，开始时是蚕豆大小，服3～4天后，未出现消化功能紊乱，可增添至1/4个，以后每周增加1/4个，可增加到1个。

(3) 添加辅食后要注意观察宝宝的皮肤，看看有无过敏反应，如皮肤红肿、有湿疹，应停止添加这种辅食。此外，还要注意观察宝宝的粪便，如粪便不正常也应暂停添加这种辅食，待其粪便正常，无消化不良症状后，再逐渐添加，但量要小。

(4) 注意卫生。给宝宝添加的辅食最好现吃现做，如不能现吃现做，也应将食物重新蒸煮。添加辅食的用具要经常消毒，以防病毒侵入宝宝体内引起疾病。

添加蔬菜应注意什么

随着婴儿年龄的增长，母乳营养相对不足，需要补充必要的辅助食品以满足婴儿生长发育的需要。下面介绍一下6个月龄后婴儿用添加辅食补充营养的方法。

6个月的婴儿，体内储存的铁已基本消耗，母乳中所含铁又不足，缺铁严重时会造成婴儿贫血，此时应及时补充富含铁的食物。这段时间除要循序渐进给孩子添加蛋黄、米粉、面片、粥外，还要补充富含铁的蔬菜。菠菜、胡萝卜、藕等含有较丰富的铁质及叶酸、β胡萝卜素，对红细胞、骨髓、消化道及呼吸道黏膜的生长有促进作用。可以将这些蔬菜加工成菜泥；也可选择合理配置的菜粉，每日2袋调在奶或流质饮食中给孩子吃。

7个月后的婴儿已经可以吃些肉末、肝泥、鱼糜及碎菜。孩子逐渐学会咀嚼，消化功能加强。可以吃的蔬菜品种也多起来。同时，每日可补充2～3袋蔬菜粉，可以起到强化补充维生素的作用，平日蔬菜摄入量少的大孩子也可以经常补充些蔬菜粉，以保持营养的均衡。

为什么不宜定时给婴儿喂奶

以往人们习惯于定时给婴儿喂奶，使婴儿同成年人一样定时定次的吃奶，专家研究表明，这种传统的定时喂奶对婴儿和母亲都不利，应做到按需喂奶，婴儿想吃就喂，母亲奶胀就喂，这样可满足母婴的生理要求。

刚刚出生的新生儿吮吸力很强，这是让他学习和锻炼吮吸能力的最佳时刻，不必拘泥定时喂奶。如定时喂奶，他可能入睡不吃，而不喂奶时，他又想吃，哭闹不得。因此，硬性规定喂奶时间和次数，就不能满足其生理要求，必然会影响其生长发育。

按需喂奶、勤喂奶，还能促进母乳分泌旺盛，有利于婴儿吃饱喝足，可加快婴儿生长发育。试验证明，每天喂6次奶，乳汁分泌平均每日为520毫升，如每天喂奶12次，每天平均分泌乳汁725毫升。同时有利于消除奶胀，减少患乳腺病的机会。

为了实现按需喂奶，婴儿生下来就应和妈妈同床或母婴同室，这除了能保证随时喂奶有利于母婴外，还便于增强母婴关系，较快地提高母亲抚养婴儿的能力和使新生儿多接触母亲。

为什么婴儿辅食不宜过早添加

婴儿辅助食品又称断乳食品，主要用于在充足母乳条件下的正常补充。在母乳喂哺4～6个月至1岁断乳之间，是一个长达6～8个月的断奶过渡期，此期应在坚持母乳喂养的条件下，有步骤地补充婴儿所接受的辅助食品，以满足其发育的需要，顺利进入幼儿阶段。过早或过迟补充辅助食品都会影响婴儿发育。

新生儿和婴儿早期消化系统的发育和功能还不成熟，辅食添加过早会引起消化紊乱，增加胃肠道负担，还可能引起婴儿吃母乳的数量和次数减少，使母乳分泌减少，导致母乳不足。

母乳完全可以满足新生儿从出生到6个月以前生长发育的需要，其间不需要添加任何辅食。

乳类、谷类、肉类添加早的婴儿生长发育快，这些食物含蛋白质、热能较多，对生长发育有促进作用。但是，供给量过多，过量的蛋白质代谢会对婴儿肾脏造成负担。另外，过早添加这些食物，特别是谷类对生长发育，尤其是对婴儿形体的影响要引起注意。从对辅食添加早的一些儿童动态发育的观察结果看出，这些儿童1岁之内的生长发育很好，之后其速度减慢的程度大。在对中小学生肥胖原因调查中，也得出了辅食添加过早与儿童肥胖有着很大关系的结论。婴儿辅食的添加是必需的，但要适时进行，最好在4～6个月龄，不可添加过早。

母乳和奶粉交替喂好吗

母乳中含有极丰富的营养，是配方奶无法取代的。目前，哺喂母乳的人口越来越多，但是不少妈妈仍有许多有关母乳喂养的问题不明白。如有的职业妇女只在坐月子或产假期间喂母乳，日后如果让小孩改喝奶粉，不知是否会造成幼儿适应不良，是否可以交替喂食母乳和配方奶粉等。

专家认为，满月后改喂奶粉并不会有太大的困难，但为了宝宝的体质着想，建议母亲仍要继续喂母乳。对上班族妈妈而言，喂食母乳确实是一个重大的挑战，因此有许多妈妈因为工作因素，不得不放弃喂食母乳，改以配方奶替代，但这对宝宝和妈妈而言，都是一个遗憾。毕竟，母乳对于宝宝的种种好处，绝非配方奶所能轻易取代的，这点值得所有的妈妈们三思。其实，上班族妈妈可以利用事先挤奶的方式，将母乳保存下来。上班时将奶水挤出冷藏后带回家，下班时再请家人或保姆稍微加热后喂食，等到回家后，再亲自喂奶。

当母乳不足时，可以与婴儿奶粉交替喂食。不过，还是应找出母乳不足的原因，因为有时候母乳的分泌需要6周后才会完全充足，宝宝在适应上应该不会有什么困难，但吮吸的能力将会因为人工喂养的增加而减弱。喂母乳时，可以喂完一边的乳房后再喂另外一边，但每次开始喂的乳房应该轮流。

宝宝吃奶时有干呕现象怎么办

如果宝宝从小就吐奶，可能是在吃奶的过程中把空气也吃进去了，如含乳头方法不对而将空气也吃进去。宝宝胃的容量本来就不大，空气要出来，必然要把气上面的奶带出来，所以很容易呕吐，这是比较常见的。宝宝在吃奶之前急躁、大哭，也会容易吞进很多气。

另外，可能小宝宝贲门肌肉发育不是很好，有贲门松弛的现象，吃完的奶很容易反流出来，会小口地吐，不会大口地喷，像前面说的第一种原因会大口喷。随着年龄增长，呕吐的状况就有所好转了。如果宝宝现在一直还在吐奶，偶尔几天影响不大，如果吐得比较频繁，而且宝宝生长发育受到了影响，建议到外科看看。因为有很多外科疾病会导致宝宝呕吐。

如果胃里有空气，就把宝宝抱着直拍，对贲门食管松弛的孩子，吃完奶可以多抱一会儿，抱15～30分钟，放下的时候向右侧卧，因为胃的形状是从左到右，吃进的奶随着重力从左往右就下去了，可以把上半身稍微抬起一点。比如，后面垫一个靠背或一个枕头。这样就会好多了。

为什么奶嘴不卫生易患鹅口疮

口腔鹅口疮是由于新生儿免疫功能低下而引起的口腔真菌感染，严重者真菌可以蔓延到下消化道，引起真菌性肠炎。

奶嘴或奶瓶消毒不干净，可造成幼儿长鹅口疮。鹅口疮一般是经过产道感染或因奶瓶、塑胶奶嘴消毒不严，或用不洁之物揩擦口腔而感染，也可经不洁之母亲奶头而感染。

轻者仅在口腔两颊黏膜上可见白色点状或片状物，很像奶凝块的模样，严重者遍及全口腔黏膜，影响吃奶。

虽然饥饿，哭闹觅食，但吃奶时却因疼痛摇头拒食、不肯吸吮。这时应耐心用小匙慢慢喂奶，以保证营养。

治疗鹅口疮，用制霉菌素涂抹，一般几天就可治愈。万万不可用布擦，以免继发细菌感染。

预防鹅口疮，首先对产妇的阴道真菌病应积极治疗，对所用食具应严格进行煮沸消毒，不要随便揩擦口腔，以免黏膜损伤引起感染。服用抗生素时间过长，致使新生儿肠道内菌群紊乱，也是鹅口疮的发病原因，因此对新生儿不能乱用抗生素。

过量补充维生素 D 会导致幼儿发热或中毒吗

时下给孩子补充维生素 D 和钙成风，而含维生素 D 的强化奶粉、VD 钙奶、麦乳精、鱼肝油，以及众多的含维生素 D 和钙的食品及保健品充斥市场，更起到了推波助澜的作用。其实，给孩子过量补充维生素 D 会引起发热或中毒，这是什么原因呢？

小儿正处于生长发育阶段，神经系统发育尚未完善，尤其是自主神经系统的调节功能较差，以至于体温易受各种因素的干扰而发生变化。如果给孩子吃含维生素 D 和钙的食品过多，甚至还给孩子打维生素 D 针，势必造成体内维生素 D 过量，促使小肠对钙的吸收增加。当血钙持续升高时，交感神经发生兴奋，加上小儿血管壁对血管紧张素的敏感性增强，皮肤血管收缩，难以排汗，导致体温调节障碍，体内热量散发不出去，积蓄过多，进而引起发热。

小儿因食用过量维生素 D 引起的发热有其特点，孩子的体温晚上比白天高，24 小时的温度变化超过 1℃，四肢温度较头部和躯干的温度低，面色苍白，皮肤无汗或少汗。有的孩子还伴有烦躁、口渴、多尿、纳差等症状。作为家长，一旦发现孩子发热时，应及时带孩子去看医生，经检查如果是因维生素 D 引起的，要立即停止维生素 D 和钙剂的补充，体温可逐渐恢复正常。最后奉劝家长，给孩子补维生素 D 和钙剂，应去请教医生。

为什么给婴儿添加鱼肝油要适当

首先，要认识到鱼肝油不是滋补药品，不是用量越多越好，相反，过多摄入维生素 A、维生素 D 有中毒的危险。因此，无论是用来预防还是治疗佝偻病或夜盲症，都要征求医生的意见，在医生的指导下和监护下进行，正确选择剂型、用量及使用期限，以防过量。

其次，由于维生素 A、维生素 D 的摄入及需要量受多种因素的影响，添加鱼肝油的量要根据小儿月龄、户外活动情况，以及摄入的食品种类进行调整。一般来说，早产儿应提早添加鱼肝油。太阳光中的紫外线照射皮肤可产生维生素D，户外活动多者可以少用鱼肝油。另外，一些婴儿食品如亨氏婴儿营养米粉系列，已强化维生素A、维生素D，有规律食用这类辅食可以减少鱼肝油用量。

再者，鱼肝油同时含有丰富的维生素A、维生素D，两者的功能及不良反应又各不相同，在治疗佝偻病或夜盲症时，因用量较大，时间较长，应分别使用单纯的维生素D或维生素A制剂，以免导致其中一种维生素中毒。在国内，维生素A的急、慢性中毒以大城市6个月或3岁的婴幼儿发病率最高，多因长期给小儿服用鱼肝油所致。

婴儿只吃奶不吃饭怎么办

奶类，尤其是母乳，只是婴儿一段时期内的主要食品。生后至4～6个月，婴儿只吃母乳就可以满足生长发育的需要。随着年龄的增长，奶类所提供的营养素已无法满足小儿生长发育的需要了，必须接受其他食品。如果只吃奶，拒绝其他食品，必将导致生长发育迟滞。婴儿只吃奶，不吃饭的纠正方法如下。

（1）每日的进食时间固定，先喂饭，后喂奶。进食时间固定，可形成有益的条件反射，使婴儿进食前就产生饥饿感（即使这是由吃奶而建立起来的也无妨），然后，先喂饭。此时已经感到肚子饿了，他就有可能接受除奶以外的食物。在开始加饭时应从少量开始，使他有个适应和品尝的过程，不能操之过急。

（2）食物的制作要精细，颜色适当调配，要适合婴儿消化系统的发育水平，使之能够接受。婴儿对色彩鲜艳的东西有较高的兴趣，在提供食物时可利用这一心理特点，将饭菜的颜色调配适当，使他更容易接纳这种食物。切忌把食品做得颜色很深，那样会引起反感。

（3）正确的方法是，先从少量开始每天只喂一次，而且在小儿饥饿时，让他逐渐适应碗勺喂的方式。如果孩子喜欢吃甜食，辅食可以从甜食开始，如果爱吃咸味的，可以稍加少量菜汤、肉汤。这样试喂二三天，小儿适应了，就可以喂他一餐的全量，还可以变换辅食的种类和花样。如粥类、面食类，可以加菜泥、肉泥、鱼泥、肝泥、蛋羹等，但需要一定的时间、耐心。通过调换食品，使小儿对辅食感到新奇，增加了对辅食的兴趣，这样坚持1～2个星期，小儿会产生一种印象，凡用小碗、勺哺喂的辅食都是美味的，他就会高兴接受辅食了。当小儿能接受辅食后，父母应注意提高烹调技术，如做肉泥、菜泥、鱼肝、虾泥的粥、面食、小薄面片、龙须面等，也可买多种类型的饼干、蛋糕、面包等变换花样喂，既营养全面又使小儿爱吃。如果孩子实在不适应碗勺喂，也可用筷子喂稠粥、软饭，一般8个月的孩子见大人用筷子吃饭，会接受筷子喂辅食。总之，父母应有耐心，想方设法培养孩子高兴进食，让他们始终在心情愉快的气氛中用餐。

人工喂养应注意哪些事项

由于某种原因母亲没有奶，或母亲患了某些不宜喂奶的疾病，如急性肝炎、活动性肺结核等疾病，不得不断奶时，可用代乳品喂养，称之为人工喂养。最常见的代乳品为牛奶和奶粉。在喂奶过程中，首先注意奶具的清洗消毒，奶瓶、奶嘴每次用过后均应煮沸消毒。奶的温度要适中，喂奶前可滴几滴于自己腕背侧，以不烫为度。喂哺时间一般为10～20分钟，如果婴儿吃得太快或太慢，均应检查奶头孔的大小是否适合，太大需换奶嘴，太小了应予以扩大。孔大小应以乳液能自由滴出而不流出为最合适。出生1～2个月婴儿每日喂哺次数为上午5时、8时、11时，下午2时、5时、8时、11时，晚间休息6小时；2～3个月每日6次，即上午6时、9时半，下午1时、4时半、8时、11时半，晚间休息6小时；3个月起每日喂哺5次，即上午6时、10时，下午2时、6时、10时、晚间休息8小时。但时间也不应掌握太死板，还应根据具体情况而定。喂哺也应将乳汁充满乳头，避免小儿因吸入空气而引起溢乳或腹痛。喂哺要规律，量不宜过多也不能太少。乳液不宜过分稀释，以免蛋白质含量太少，引起营养不良，抵抗力低下。另外，有人用米粉冲成糊来喂养小儿，是不适宜的。因米粉中多是淀粉，蛋白质及脂肪含量极少，其质与量都不能满足小儿生长发育的需要。这样喂养的婴儿看上去可能很"胖"，但肌肉松弛，面色苍白，抵抗力差，容易感染。因此，米糊不能作为代乳品来喂养婴儿。

怎样进行混合喂养

妈妈在分娩后，经过尝试与努力仍然无法保证充足的母乳喂养，或因妈妈的特殊情况不允许母乳喂养时，可以选择一些适当的代乳品加以补充，例如，新鲜牛奶、婴儿奶粉等。这种仍然保留母乳喂养，同时附加一些代乳品的喂养方法，称为混合喂养。

在混合喂养中应当注意以下几点：

第一，每次哺乳时，先喂母乳，再添加其他乳品以补充不足部分，这样可以在一定程度上维持母乳分泌，让宝宝尽可能多的吃到母乳。

第二，严格按照奶粉包装上的说明为宝宝调制奶液，不要随意增减量和浓度。

第三，如果给1个月内的宝宝喂鲜牛奶的话，应根据浓度加适量水稀释，以粪便正常、无奶凝块为正常。

第四，混合喂养的宝宝，应该在两餐之间适当地补充水。

怎样给孩子选择代乳品

孩子断奶后，父母一般都会给孩子选择代乳品；有些孩子由于某些特殊的原因，出生后不久就不能得到母乳喂养，父母也要给他选择代乳品。父母能否给孩子选择合适的代乳品，对保证孩子的营养至关重要。可选择不同种类的由鲜奶加工制作而成的奶粉，它们都有各自的特点。全脂淡奶粉可基本保存鲜奶的各种营养成分，未加糖；甜奶粉是加过糖的；脱脂或低脂奶粉是将鲜奶中的脂肪全部或部分去掉，含脂肪较低；人乳化奶粉是将奶中的营养成分进行了部分调整，使之更接近母乳；强化奶粉则是有目的地增加其中某种营养成分的含量，以预防某些营养缺乏性疾病，如铁强化奶粉等。对孩子来说，最好选择人乳化或全脂淡奶粉，甜奶粉中糖的含量往往较高，不适合孩子食用；脱脂或低脂奶粉中脂肪含量较低，会影响能量和脂溶性维生素的供给和吸收，不宜让孩子长期食用。

有些父母喜欢用麦乳精、巧克力或甜炼乳作为代乳品，这是不科学的，因为它们的营养成分远不如奶制品。麦乳精的主要成分是糖，它所含的蛋白质和脂肪大约为奶粉的一半；巧克力所含的蛋白质更少，即使是牛奶巧克力，它的蛋白质含量也只有10%；炼乳是由鲜牛奶蒸发到它原体积的2/5，再加40%的蔗糖制成的，不适宜喂养孩子。

为什么不应只给婴幼儿喝汤不吃肉

对小儿生长发育最重要的营养物质是蛋白质，小儿蛋白质的需要量比成人相对要高。1岁小儿每日每千克体重需要3.5克，200毫升牛奶中才提供7克蛋白质，而米面中的植物性蛋白被吸收后的利用程度低，所以应由肉类食品提供动物性蛋白质。

一些父母认为，鱼汤、肉汤的营养价值比煲汤的肉高，儿童只要喝汤，不要吃肉，营养也足够了。其实不是这样的，动物性食品的主要营养成分是蛋白质，也就是小儿生长发育最重要的营养物质。鱼、鸡或猪肉煲成汤后，确有一些营养成分溶解在汤中，如少量氨基酸、肌酸、肉精、嘌呤基、钙等，增加了汤的鲜美味道。但肉类主要营养成分蛋白质，遇到高热就变性凝固了。所以，绝大部分蛋白质仍留在肉里，而汤里的蛋白质很少。根据化验检测，汤里含有的蛋白质只是肉中的3%～12%，汤内的脂肪只是肉中的37%，汤中的矿物质含量仅为肉中的25%～60%。总之，肉经过煨煮后，大部分蛋白质、脂肪、矿物质还留在肉中。

因此，鸡、鱼、猪肉煨汤后，父母不仅要给孩子喝汤，更要紧的也要让他们吃肉，这样才能保证生长发育的营养成分。

五、儿童饮食营养

小孩何时使用筷子为好

儿童从 3～4 岁时就可以练习使用筷子。

儿童肌肉的发育是不平衡的，大肌肉发育较早，小肌肉发育较晚。使用筷子就可以充分活动手部小肌肉，孩子往往是四肢已经灵活自如了，而还不会拿筷子。从儿童骨骼发育来看，手腕骨要到 13 岁才能全部发育完成，孩子运用手部骨骼与肌肉的精细活动，年幼时不易准确地进行，经过练习可以促进骨骼和肌肉的发育，但要适量，不能过于繁重以免引起疲劳。

用筷子吃饭，孩子是很喜欢的，可以先练习夹大块较软的食物，逐渐练习夹小块的较硬的食物。使用筷子，既可以促进手部肌肉骨骼的发育，又可以为握笔写字打基础，并且有助于脑的发育。

为什么应少给孩子吃糖葫芦

街头叫卖的冰糖葫芦，是孩子们最喜爱吃的食品之一，也是他们常吃的食品，因为它味道酸甜可口，色泽鲜艳，很能吸引小顾客。殊不知，多吃糖葫芦，会给孩子的健康带来隐患。

制作糖葫芦的色素，是从石油或从煤焦油中提炼的化工原料，用化学方法合成的食用染料，有一定的毒性。目前，我国只允许使用苋菜、胭脂红、日落黄、柠檬黄、靛蓝 5 种合成色素。其使用量控制极严，一般每千克不得超过 0.1 克。

虽然科学证实，摄入上述 5 种允许使用的食用染料并不立即引起任何临床可见的反应，但是，它们却会消耗体内的解毒物质，干扰了体内一系列的代谢反应，使正常的生理过程发生改变。主要表现在体内亚细胞结构受到损害，以及干扰多种活性酶的正常功能，从而使糖、脂肪、蛋白质、维生素和激素等的代谢过程受到影响，出现胃部不适、腹痛、腹胀、消化不良等症状。近年来，国内外有关专家发现，食用染料会干扰神经元之间依靠乙酰胆碱、5-羟色胺等神经介质的作用，从而影响神经冲动，引起儿童多动症。

为此，奉劝家长们不要给孩子多吃像糖葫芦类的着色强的彩色食品。

小儿吃柿子要注意什么

一是缺铁性贫血患儿不宜食用。柿子含有鞣酸等物质，容易与儿童体内的铁质结合，妨碍人体肠道对铁的吸收，贫血患儿吃柿子会加重病情。

二是空腹时不宜吃柿子。空腹时人体胃酸多，而柿子中含有14%胶酚、7%果胶及鞣酸等物质，与胃酸相遇后易凝结成小块，小块又可逐渐凝聚成大块硬物，形成"胃柿石"。胃柿石小者如杏核，大者如鸭蛋。胃柿石与食物残渣相积聚，越积越大，使小儿胃痛、恶心、呕吐、厌食，严重者会引起消化道出血、胃穿孔、肠梗阻。

三是不宜与红薯同吃。吃柿子时不宜同时吃红薯，因红薯中含有"气化酶"和粗纤维，在人体胃肠中产生二氧化碳气体，刺激胃酸分泌，使胃酸增多，会促使胃柿石形成。

为什么儿童不宜吃削皮后变色的苹果

大家知道，苹果削皮后放置一段时间就会变色，这种情况，梨及一些蔬菜（土豆、山药、茄子等）也有。这是因为苹果削皮后，植物细胞中的酚类物质便在酚酶的作用下，与空气中的氧化合，产生大量的醌类物质。醌类物质能使植物细胞变色。如苹果削皮后放置时间过长，植物细胞在空气中氧化分解作用加剧，使苹果外层的营养物质分解较多，果胶物质在酶的作用下进一步分解为果胶酸和甲醇，使果肉变味、变质、腐烂，产生有毒物质，儿童食后对身体不好。因此,苹果及一些变色的水果、蔬菜都应在削皮后及时食用,以免搁置过久,吃了影响身体健康。

为什么儿童不宜多吃橘子

橘子性温、味甘,能补阳益气,为理气、芳香辛温之物。橘子中糖及维生素C等营养成分的含量在水果中是较高的。橘子中还含有维生素B_1、维生素E、维生素A、苹果酸、柠檬酸等物质。橘子食用后产生的热量高于苹果、梨、桃等水果,橘子每200克可产生288千焦的热能,和吃米饭20克或猪肉15克产生的热能差不多,如果连续吃较多橘子,产生的热能既不能转化为脂肪贮存在体内,又不能及时消耗掉,就会积聚在体内而引起"上火",表现为燥热,伤津,唇干,咽痛。"上火"会使小儿抵抗力降低,维生素B_2等缺乏,出现舌炎、口腔溃疡、牙周炎、咽炎等炎症。因此,儿童不宜多吃橘子。

婴儿吃香蕉好不好

有些人认为婴儿不可吃香蕉,否则会引起痢疾,其实这是没有道理的。香蕉是一种淀粉质的食物,这种淀粉质经过化学作用(也就是成熟后),就会变成糖,因此香蕉是具有淀粉质和水果两种优点的食物,如食用过多会引起肥胖,不过对婴儿来说却是理想的食物。香蕉本身虽容易消化,但其中所含的糖分却容易发酵,所以不宜过多食用。此外,香蕉损伤的地方容易繁殖细菌,因此给婴儿食用的香蕉应挑选完好无损的,并且要少吃一点。香蕉被误认为是导致痢疾的"祸首",一方面可能是不讲卫生造成的;另一方面也可能是香蕉损伤部位细菌繁殖的原因,与香蕉的成分是无关的。

为什么儿童不宜多吃山楂

山楂性微温、味酸甘,具有消油腻、化内积、调和脾胃的功效。饭后食滞内积、胸腹胀满、脾胃不和、消化不良,适当吃些山楂及制品有益于身体健康。但是，有的家长为了给孩子"开胃"，把山楂拿去给孩子当零食吃，这种做法是错误的。

医学研究表明，山楂开胃、消积化滞的作用是通过促进胃液和胆汁分泌来起作用的。儿童空腹时吃山楂，则会促进胃液大量分泌，造成胃酸过多、胃肠功能紊乱，从而引起胃及十二指肠溃疡等疾患。另外，儿童正处于生长发育时期，山楂或山楂制品中含有较多的糖分，长期把山楂当做零食吃，易造成龋齿。还有，山楂具有收敛作用，儿童多吃山楂会产生便秘。更要特别注意的是，目前有些见利忘义的食品加工者，用淀粉加入柠檬酸，甚至以非食用色素做染料，加工制成所谓的山楂片，在市场销售，儿童吃后是有害身体健康的。所以，山楂不能给孩子当零食吃。

为什么婴幼儿食物不宜太咸

年轻的妈妈们给自己的小宝贝调剂食物时，都习惯以自己的口味为标准来校正咸淡，然而，长此下去是十分有害的。婴幼儿食物中食盐含量高，将来他们长大了很容易患高血压或脑卒中。在美国，有人把市场上出售的30种婴幼儿食用的咸味食品喂食小白鼠，喂食到第四个月时，这些小白鼠纷纷发生了严重的高血压。而喂食没有加盐的同样食品的鼠，到第四个月时，依然健康地成长。美国一个医学组织还对一些学龄儿童进行调查，发现吃盐过多的儿童有11%～13%患有高血压。过多的盐之所以对孩子有害，这主要是其中的钠在作怪。婴幼儿的肾脏和他们身体的其他器官一样，远远没有达到成熟阶段，所以没有能力充分排出血液中过多的钠，因此吃盐过多很容易受到损害。

1岁半以内的婴儿，无论是吸食母乳或牛奶，其奶品中的含钠量已足以满足甚至大大超出婴儿本身对钠的需要量，因此在辅助食物中完全可以不另加盐。从一岁半到五岁的幼儿，一般食物中的钠也可维持身体正常需要，但为了调味，可以放点淡盐，千万不宜过咸。

为什么儿童不宜早晨空腹喝牛奶

牛奶确实是一种含有丰富蛋白质、脂肪等营养物质的食品，对儿童的生长发育有很大帮助，但不少父母让儿童早晨空腹喝牛奶，有的孩子仅喝牛奶就上学去了，这是不符合营养要求的，也是不科学的。牛奶中水分占较大比重，一瓶牛奶230毫升，水分占87%，固体物质占13%，包括蛋白质、糖、脂肪及矿物质、维生素等，总产热能为666.5千焦。一般来说，早餐应占一天总热能的20%～30%。7岁儿童每日需要总热能为7560千焦，早餐应获得1512～2258千焦，而一瓶牛奶仅能提供1/3的热能；再者，7岁儿童每日需蛋白质60克，早餐至少应提供15～20克，而一瓶牛奶仅提供8.05克。所以，早餐只喝一瓶牛奶是不符合儿童营养要求的。

由于水在牛奶中占较大比重，空腹喝较多的牛奶，稀释了胃液，不利于食物的消化和吸收。另外，空腹时肠蠕动很快，牛奶很快在胃肠通过，存留时间很短，其营养成分往往来不及吸收，就已进入大肠。所以，空腹喝牛奶是不符合营养卫生的。

理想的早餐，应是高蛋白、高热能的膳食，数量不少于全天食量的1/4。如果早餐要喝一瓶牛奶，可先吃米或面食50克，再加上一个鸡蛋和少许酱菜、豆腐干，然后再喝牛奶，使牛奶在胃中与其他食物混合，在胃中停留时间延长，有利于营养成分的消化吸收。这样对孩子的健康是十分有好处的。

为什么儿童忌食未煮熟的豆浆

豆浆含有丰富的蛋白质，其蛋白质的质量也好。豆浆的营养价值并不亚于鲜牛奶，而且其铁的含量还优于鲜牛奶。但是，必须把豆浆煮透，否则就会引起中毒。一般在食后半小时至一小时内发病，开始出现食管及胃部烧灼感，并伴有恶心、呕吐、腹胀、腹痛、头晕、头痛，少数病人有腹泻。严重的可引起全身虚弱、痉挛。引起中毒的原因是生大豆含有一种苷——皂素，对消化器官的黏膜有强烈的刺激作用，可引起局部充血、肿胀及出血。此外，还可能含一种破坏红细胞的毒素。煮豆浆开始出现泡沫沸腾时，水温只达80℃～90℃，此时皂素等毒素均未被破坏。因此，豆浆初步沸腾应改用小火继续煮，必须煮到100℃再持续数分钟，方能破坏毒素。

儿童喝豆浆应注意下列问题：①忌冲鸡蛋。鸡蛋中的黏液性蛋白质容易和豆浆中的胰蛋白酶结合，两者结合可产生一种不能被人体所吸收的物质而失去营养价值。②忌冲红糖。因为红糖里的有机酸能够与豆浆中的蛋白质相结合，产生变性沉淀物，而白糖却没有这个问题。③忌装保温瓶。豆浆中的皂素能除掉保温瓶里的水垢，时间长了可有细菌繁殖，而使豆浆变质，对人体不利。④忌喝的量过大。一次喝豆浆过多容易引起腹胀、腹泻等不适症状。

为什么婴幼儿不宜多吃动物油

脂肪是人体重要的组成部分，它是提供机体热能的最主要来源。对婴幼儿来说，脂肪可提供给35%左右的热能。同时，脂肪还是脂溶性维生素的介质，例如，维生素A、维生素D、维生素E、维生素K均溶于脂肪，因此脂肪有促进这些维生素的吸收、利用的功能。

从物理形态看，脂肪可分为油与脂两大类。凡是在室温（20℃）呈液体状的称为油，如豆油，菜籽油，香油等；呈固体状的称为脂，如猪油，羊油等。无论油或脂均由脂肪酸和甘油组成，植物油所含的脂肪酸多数是不饱和脂肪酸（亚油酸、亚麻油酸、花生四烯酸），这是人体不能合成的"必需脂肪酸"。而动物油所含脂肪酸多数是饱和脂肪酸。

制订幼儿膳食时，应注意不饱和脂肪酸的供给，因为不饱和脂肪酸是神经发育、髓鞘形成所必需的物质。食物中不饱和脂肪酸供应不足，既可影响神经发育，也会导致幼儿体重下降。因此，调配婴幼儿膳食时须注意多用富含不饱和脂肪酸的食物，多用植物油。

人乳含不饱和脂肪酸较多，以亚麻二烯酸和亚麻三烯酸为例，人乳、脂肪中每100克各含9.0克和3.4克，而牛乳中则分别含1.8克及微量，显然人乳比牛乳好。婴儿在6个月以内以乳类为主食，以母乳喂养为首选，在无母乳的情况下，才选用牛乳喂养。6个月以上，逐渐增加辅食。1岁至1岁半逐渐过渡到能吃成人食品，但均应以植物油为主，不宜多用动物油。

学龄前儿童的营养素需要量是多少

学龄前小儿的乳牙已出齐，咀嚼能力增强，消化吸收能力已基本接近成人，膳食可以和成人基本相同，并可与家人共餐。但营养需要量仍相对较高。热能每日每千克体重需90千卡，每日需要1400～1700千卡。各年龄儿童需要差异较大，因此热能的供给要适量，同时各种营养素的分配也必须平衡。蛋白质供给量较婴儿期稍低，每日每千克体重需要2.5～3克，一般每日供给量50～55克，占总热能的10%～15%，且应注意蛋白质的质量及所含氨基酸的组成。脂肪主要供给热能和脂溶性维生素，供给量应占总热能的25%～30%。糖类需要量应在每日每千克体重15克以上，约占总热能的60%～70%，应注意品种多样化，此期摄入比婴幼儿期高，粮食摄入量逐渐增多，成为热能的主要来源。4岁以上的小儿蛋白质、脂肪和糖类的供给量比例应为1∶1.1∶6。维生素保证儿童的生长和身心发育。维生素A供给量为每日500～700微克视黄醇当量，多选肝、肾、鱼肝油、奶类与蛋黄类食物。维生素B_1每日0.8～1.0毫克，存在于肝、肉、米糠、豆类和坚果中。维生素B_2易缺，每日供给0.8～1.0毫克，多存在动物内脏、乳类、蛋类及蔬菜中。维生素C每日需要40～45毫克，主要在山楂、橘子等新鲜水果蔬菜中，维生素D每天需要10微克，只有鱼肝油、蛋黄、肝中含量较高，矿物质中的钙、磷、铁、碘、锌、铜等微量元素均应摄入足够，以保证骨骼和肌肉的发育。

总之，家长应根据这一期儿童生理心理发育的特点、营养素的需要量，安排平衡的膳食，保证全面的营养供给，以促进儿童健康成长。

孩子如何喝水才科学

小儿处于生长发育阶段，代谢旺盛，对水的需求量大，因此家长应该注意科学地给他们补充水分。

最好的饮料是白开水。不少家长用各种新奇昂贵的甜果汁、汽水或其他饮料代替白开水给孩子解渴，这不妥当。饮料里面含有大量的糖分和较多的电解质，喝下去后不像白开水那样很快的消化，而会长时间滞留胃部，对胃部产生不良刺激。孩子口渴了，只要给他们喝些白开水就行，偶尔尝尝饮料之类，也最好用白开水冲淡再喝。

饭前不要给孩子喂水。饭前喝水可使胃液稀释，不利于食物消化，喝得胃部鼓鼓的，也影响食欲。恰当的方法是，在饭前半小时让孩子喝少量水，以增加其口腔内唾液的分泌，有助于消化。

睡前不要给孩子喂水。年龄较小的孩子在夜间深睡后，还不能完全自己控制排尿，若在睡前喝水多了，很容易遗尿。即使不遗尿，一夜几次起床小便，也影响睡眠。

不要给孩子喝冰水。孩子天性好动，活动以后又往往浑身是汗，十分口渴。此时，有的家长常给孩子喝一杯冰水，认为这样既解渴又降温。其实，大量喝冰水容易引起胃黏膜血管收缩，不但影响消化，甚至有可能引起肠痉挛。除此之外，家长还要教育孩子喝水不要暴饮，否则可造成急性胃扩张，有碍健康。

为什么生长发育期的孩子不偏食也要补充维生素

正在生长发育的孩子，除了需要足够的蛋白质、脂肪和糖类之外，还应补充足够的维生素，以满足他们生长发育的需要。每种维生素都有其独特的功能，有些维生素的功能还有协同作用。

好动是孩子的天性，活动量增加，消耗热能势必增多。接受运动训练的孩子，消耗的热能更多。所以，要及时增加与营养代谢相关的各种维生素。这些维生素的需要量与消耗的热能成正比，通常每消耗4184千焦的热能需要维生素B_1、维生素B_2各0.4毫克，烟酸4毫克。

与成人相比，生长发育期的孩子对维生素的相对需要量更高。从这个意义来说，即使孩子不偏食，也需适量、平衡补充各种维生素。

一些孩子白白胖胖，体重超过平均体重，似乎健康得很，但是很容易发热感冒，检查后发现血红蛋白低，也存在贫血。在治疗贫血时，除了供应蛋白质和铁之外，还应同时补充维生素 B_{12} 和叶酸。

在补充各种维生素时，剂量必须保持平衡。过量摄入一种维生素，可以引起或加剧其他维生素缺乏。如饮食中缺乏 B 族维生素时，单独给予大量维生素 B_1，则可加重烟酸缺乏的程度。因此，在补充维生素时，最好同时给予多种维生素，这是合理而且也是很必要的。

儿童缺乏微量元素的常见原因有哪些

(1) 饮食搭配不当，摄入量不足：如果长期缺乏动物性食物，或长期食用加工不当的食品，都会引起微量元素不平衡。食品加工精制过程中可使微量元素大减，如食糖（黄糖）含锌量高，加工后丢失锌达98%；小麦、精大米、粗面粉加工后含锌减少。小儿喂养不当，形成不良饮食习惯，从小挑食、厌食等也容易缺乏微量元素，特别是容易缺锌，缺锌可反过来影响食欲，导致微量元素和其他营养素摄入不足。大米是高磷低钙的食物，以大米为主食，常造成钙磷比例失调，以此为主食的人群更易缺钙。

(2) 需要量增加：人从母体到出生后，整个生长过程都离不开微量元素。随着人体的生长发育，需要量不断增加，骨骼、牙齿的迅速发育也需要大量钙、磷等矿物质作为骨骼矿化的材料。

(3) 吸收障碍：植物性食物含有植物酸盐，可与锌结合成难溶的复合物而影响锌的吸收。不良饮食习惯可影响消化功能，会降低对锌的吸收作用。

(4) 丢失过多：慢性长期腹泻、反复失血、溶血、尿排泄增多等，都会造成微量元素丢失过多。

儿童服用铁剂应注意什么

铁是合成血液中血红蛋白的基本原料，一旦人体内缺少铁元素，就会发生缺铁性贫血。由于儿童体内储铁不足，而生长发育又快，对铁的需求量大，如果这时饮食中含铁量不足,就会发生缺铁性贫血。在治疗中,除注意补充含铁量高的食物外,还需在医生指导下使用铁剂药物治疗。为保证药物的疗效,孩子在服用铁剂时,应注意以下几点。

(1) 婴幼儿宜服10%枸橼酸铁铵或10%硫酸亚铁,每日每千克体重1毫升,与维生素C同服。但此药如放置过久,会影响疗效。年长儿可服硫酸亚铁片剂,每日0.3～0.5克,饭后服,并与稀盐酸及维生素C同服。稀盐酸有助于促进机体对铁的吸收和利用。铁剂应一直服到血红蛋白正常后1～2个月,以增加体内铁的储备。

(2) 使用硫酸亚铁时应注意,如研碎后,要立即服用,不可在空气中放置过久,否则空气会将低价铁氧化为有毒性的高价铁。如服药后出现呕吐、腹泻等胃肠道刺激症状,会影响铁的吸收。此时可采用肌内注射铁。服硫酸亚铁时,会使粪便呈黑色,不必担心。

(3) 应避免与牛奶、茶水同时服。因牛奶中含磷酸较高,可影响铁的吸收;茶中含有鞣酸,可使铁变成不溶性铁,难以被人体吸收。服药期间应多吃水果,因为水果中含丰富的维生素C,能帮助机体对铁的吸收。

为什么儿童不宜多吃鱼松

鱼松,由海鱼加工制成,富含蛋白质、钙、磷等营养物质,这些物质都是人体不可缺少的。然而,近来研究表明,鱼松中的氟化物含量高得惊人,遥遥领先于其他食品。如长期大量食用,就可能酿成不良后果。

氟也是人体必需的微量元素之一,人体每日需氟1.0～1.5毫克。一般情况下,每人每日可从饮食中摄入2.5毫克的氟,其中65%来自饮用水,35%来自食物。但人体摄入氟的安全阈值为每日3.0～4.5毫克,如超过此值,氟化物在体内蓄积,就可导致食物性氟中毒发生。一旦发生中毒,7岁以上的儿童可出现氟斑牙,牙面粗糙无光泽,有白垩样的斑点或条纹,有的出现黄色、褐色、黑色等色素沉着。严重的,牙齿出现片状或大块缺损,甚至牙齿早脱,更严重的,会像成人一样出现氟骨病。

试验表明,人对鱼松中氟化物的吸收率为80.3%。以这样的吸收率计算,一个儿童一天食用鱼松10～20克,他就会从鱼松里吸收氟化物8～16毫克,如再加上从饮水和其他食品中摄入的氟化物,那么一天食入的氟化物就相当可观了。偶尔如此,无关紧要;天天如此,后果就严重了。这么多的氟化物长期大量进入人体,势必会在体内蓄积。

为什么不能给孩子吃汤泡饭

有些家长为了增大孩子的饮食量,或者因时间关系,加快孩子的进餐速度,常给孩子吃汤泡饭,这样做是不符合饮食卫生标准的,因为吃食物时,总要先在嘴里初步加工,大块食物经过牙齿的切磨,变成细小的颗粒,同时唾液腺不断地分泌唾液,舌头也在不停地搅拌食物,使食物和唾液充分混合拌匀之后,唾液中的淀粉酶,就可以和食物中的淀粉发生化学作用,把淀粉变成麦芽糖,便于胃肠进一步消化吸收。另外,当舌头在搅拌食物的时候,食物中的滋味能刺激舌头上的味觉神经,味觉神经立刻传到大脑,大脑支配胃和胰脏产生消化液,做好接受食物的准备工作。吃汤泡饭却破坏了这一套工作程序,俗话说"汤泡饭,嚼不烂",就是这个道理。因饭和汤混在一起,往往不等嚼烂,就滑到胃里去了,这样吃进的食物没有经过充分地咀嚼,唾液分泌得少,和食物拌和得也不匀,淀粉酶又被汤冲淡了,再加上味觉神经没有受到充分的刺激,胃没有收到信号,分泌的胃液也少,而且也被汤冲淡了,这样一来,消化系统的各道工序都被打乱了,天长日久,就会引起胃病发生。

怎样为孩子进补

从营养学的角度讲,人们的饮食应注重长期的合理性和科学性,即经常讲究吃的"质"和"量",而不主张临时性的突击"进补"。一个平时营养好,聪颖体健的孩子,即使不再给予额外的"补",也会健康成长。

切忌用单调的甚至是油腻的食物给孩子"硬塞硬补",这样易引起孩子厌食或消化不良。如果饮食的营养结构本来就不够合理,结果不仅营养未补上,还会导致适得其反的效果。

五、儿童饮食营养

孩子的脑力消耗大，应注意饮食的改善和适当摄入含优质蛋白质（以动物蛋白为主）的食物是需要的，但平衡膳食的最佳原则是除了适当提高优质蛋白质的数量，所有必需的营养素也应"配套供应"。不能有偏废，不能用鸡、鸭、鱼肉的副食来代替米面的主食，每天必须吃一定数量的新鲜蔬菜或水果。也要多注意选择一些健脑食物，如动物的脑、鱼、鱼子、蛋黄、野兔、麻雀、鹌鹑、核桃、芝麻、大豆、花生、金针菜、海带、香菇、松子、白瓜子和含亚油酸丰富的植物油等。另外，应注意荤素酸碱性食物的合理搭配。

为什么不要把维生素当补养品

现在大多数人都知道，人体的生长发育需要维生素，其中以维生素A、维生素D为首。此外，B族的一些维生素在人体细胞内与蛋白质结合，可产生正常代谢所需要的酶。当人体缺乏维生素时，生长发育受到影响，新陈代谢也就不能进行了，随之会出现一系列的维生素缺乏症。这时补充相应的维生素和鱼肝油是必要的。但是，长期大量服用维生素并没有好处，滥用维生素不仅是浪费，而且会使孩子产生毒性反应，甚至出现严重的中毒症状。比如，维生素D中毒时轻者或早期表现可有低热、烦躁、厌食、恶心、呕吐、腹泻、便秘、口渴无力等。重者或晚期可出现高热、多尿、少尿、嗜睡、昏迷、抽搐等症状，严重者还可因高钙血症和肾衰竭而致死。又如，给孩子每日服5万~10万国际单位的鱼肝油，连用6个月就会发生中毒。

维生素C是防止坏血病的，同时也能促进铁的吸收，可防止感冒、冠心病、肝炎、癌症等。但是大量服用维生素C也有害处，能引起腹痛、腹泻、糖尿病和胃结石等，还可破坏维生素B_{12}，导致巨细胞性贫血等。所以说，当给孩子补充维生素时，一定要请医生诊治，遵医嘱缺什么补什么，缺多少补多少，切不可随便购买维生素和鱼肝油给孩子服用，以免发生中毒，损害他们的健康。

为什么无病儿童不宜进补

(1) **儿童吃补品易早熟、早衰**：人参、蜂王浆等补品中都含有促进性腺激素或有促进性器官发育的成分，儿童长期食用会发生性早熟。医学研究认为，一个人的自然寿命是他发育成熟年龄的 5～7 倍。有例为证：发育成熟早的热带居民平均寿命大大低于其他地区的居民。"早熟导致早衰"可以说是一条自然规律。所以"人为地促进生长发育"并不是好事。

(2) **一种营养素的过多必然影响其他营养素的吸收，甚至引起中毒**：长期大量摄入维生素 C，会使维生素 B_{12} 的吸收和利用率降低 50% 以上，有造成机体贫血和神经系统功能紊乱的可能；赖氨酸在食物中含量过高，会影响人体其他必需氨基酸的消化吸收。长期服用鱼肝油，会出现头痛、厌食、呕吐、嗜睡、高热等维生素 D 中毒症状。

(3) **无病吃药反而生病**：中医学认为，正常人体内阴阳、寒热是相对平衡的，而中药都有寒、凉、温、热四性和升降、浮沉、归经等性质。如果无病吃药，就会打破这种平衡状态，造成从本脏腑、气血经络功能活动的紊乱。尤其儿童的身体正在发育之中，脏腑娇嫩，易寒易热，易虚易实，任何一种偏寒或偏热的药物都容易引起气血紊乱和气机失常而出现病态。许多儿童吃补品后出现流鼻血或口腔黏膜溃疡等"上火"症状，就是这个原因。

为什么孩子不宜多吃熏烤羊肉串

烤鸭、烤鸡、熏鱼、火腿、腊肠等熏烤食物确实另有一番喷香扑鼻可口的特殊滋味，尤其孩子最爱吃，特别是近年来，从新疆流传内地的风味小吃，它以色、香、味吸引着孩子。但是，烤羊肉串不宜多吃。因为熏烤食物中含有一些致癌物质，经常而大量地吃熏烤食物，可能是罹患胃癌、肠癌的诱发因素之一。

原来，熏烤的鱼、肉及"烤煳""烧焦"的米面中，都含有一种化学物质——多环芳香烃。这类化合物目前已发现 200 种左右，其中很多种具有致癌性，

"3，4-苯并芘"就是其中之一。熏烤食物中还同时存在另一种致癌物质——亚硝胺，它是由仲胺和亚硝酸盐在人的胃中"相遇"后在酸性条件下形成的。仲胺的来源很多，食物中蛋白质熏烤受热分解便可产生大量的仲胺，而亚硝酸盐则是食物中的常客。

油炸食物如果烧焦，产生的致癌物质的致癌活性还要大。另外，一些小贩烤羊肉串的串条通常是用旧的废铁条，还有的用旧自行车条串制，自行车条含铅，经过烤制后车条中的铅可渗入到食品中，危害人体健康。因此，尽量不要给孩子吃熏烤羊肉串。

为什么小儿夏天不可过食寒凉食品

盛夏之季，天气炎热，气温升高，直接影响了人们的消化功能，致使不少人食欲减退。小儿尤其明显，整天不吃饭，但冰棍、雪糕不离口，甚至从家里冰箱拿冰块吃，这样做的结果反而使小儿更加不思饮食，久之，变得面黄肌瘦。

小儿正值生长发育期，与成年人相比肠胃消化功能本来就软弱，对饮食的要求也较高，如果过多食寒凉食物则可影响消化液的分泌，进而影响胃肠消化功能，小儿就更加不思主食，而以冷饮食品当饭。这样恶性循环下去，寒冷→不吃饭→更寒冷→更不吃饭，久则出现面黄肌瘦等症状。此外，消化功能的减弱可影响身体健康，使小儿全身抵抗力下降，容易患病，更进一步影响了小儿身体的正常发育。

因此，暑夏天，冷饮上市之时，寒凉之品，虽可饮用但不可过量。此外，冷饮服用最好在饭后或午睡后，不要空腹或饭前饮用，这也是要注意的一个问题。

儿童吃冷饮的注意要点是什么

盛夏酷暑，孩子们特别喜欢吃冷饮，年轻的父母应注意以下几点。
（1）各种冷饮，大多为糖、牛奶、奶油、可可等原料制成，吃多了势必会影响孩子的正常饮食量，同时也会增加胃肠道负担，可引起呕吐、腹泻、腹痛等。热天吃冷饮，虽有降温解渴的作用，但无法补充由体内出汗所丢失的盐分。如一次吃得太多，其中的糖分还会使体液的渗透压增高，促使体液更快通过肾脏从尿中排出，反而导致口渴。

（2）清晨和睡觉前不要让孩子吃冷饮，饭前吃冷饮也不符合卫生要求。吃冷饮的时间宜在孩子午睡之后，既有利于降温消暑，又是一餐点心。

（3）有肝胆病的孩子，最好选择不含或少含奶油的冷饮，如冰棒、橘子水等；有胃炎、胃溃疡的孩子，不宜吃冰冻酸梅汤；某些哮喘病孩子吃冷饮后，会引起发作，要少吃或不吃冷饮。

给小儿喝茶有坏处吗

茶叶中含有许多有益于人体健康的成分，如咖啡因、可可豆碱、茶碱、鞣酸、多种维生素，以及少量烟酸、维生素B_1、叶酸、蛋白质及矿物质等。喝茶虽然有好处，但应适量，尤其是年龄小的孩子，不能过量、太浓，也不能喝凉茶。饮茶过多，可使孩子体内水分增多，加重心脏和肾脏的负担；喝的茶过浓，会使小儿过度兴奋，心跳快，尿频，失眠。孩子正处于生长发育阶段，各系统的发育尚未完全成熟，若经常使小儿处于过度兴奋状态，以及使小儿睡眠时间减少，将会使孩子过于疲劳而影响发育。泡久了的茶，鞣酸溶出增多，会使消化道黏膜收缩。鞣酸与食物中蛋白质结合形成鞣酸蛋白而凝固沉淀，会影响小儿食欲，以及消化吸收，导致身体消瘦。喝太浓的茶，还可造成维生素B_1缺乏，影响铁质吸收。所以，给孩子喝茶，要以清淡、适量为好。

为何儿童不宜喝咖啡

有的父母买雀巢咖啡给儿童喝，殊不知，咖啡中的咖啡因对儿童身体发育是有不良影响的。

咖啡中含有咖啡因、蛋白质、脂肪、纤维素、蔗糖等9种营养成分，咖啡因含量为 0.8%～1.8%，某些速溶咖啡中咖啡因含量为 4.8%。

咖啡因是一种类生物碱，它有提神、利尿、强心、助消化等作用。如摄入过量，则有许多毒性作用。成人一次服用 1 克，可产生躁动不安、呼吸加快、肌肉震颤、心动过速、期前收缩、失眠、眼花、耳鸣等症状，少量也会刺激胃黏膜，产生恶心、呕吐、眩晕、心慌等症状。婴幼儿对咖啡因更为敏感，饮用咖啡后易兴奋、发脾气、吵闹、失眠、记忆力降低。另外，咖啡中含有一种能和钙结合的生物碱，服用后使钙从大小便排出体外，所以小儿饮用后会发生血钙减少。咖啡因还可破坏维生素 B_1，长期饮用会引起维生素 B_1 减少症，轻者烦躁、食欲下降、记忆力减退、便秘；重者可发生多发性神经炎、心脏扩大、四肢水肿。所以，儿童不宜饮用咖啡。

儿童喝水有什么学问

人体每天所消耗的水分约 2 500 毫升，除了体内物质代谢氧化生成 300 毫升水外，每天至少要补充 2 200 毫升水。这些补充的水分安排在三餐前半小时至 1 小时喝为宜。因为食物消化过程离不开消化液，即唾液、胃液、胆汁、胰腺液、肠液，而这些消化液中主要成分是水。饭前空腹饮水，水在肠胃停留时间很短，便被小肠吸收进入血液，1 小时左右便可以补充到各组织细胞之中。从而满足了消化腺体分泌消化液时所需的水分，有利于食物的消化吸收。三餐前饮水分配量并不完全一样。一般来说，早餐进水量要多些，中、晚餐要少些。这是因为清晨人体经过一夜的睡眠，体内散失水分较多之故。空腹饮水以温开水为宜，不宜饮浓茶和盐水。因为茶水有利尿作用，从而影响人体的水平衡；盐水能进入血液和组织中，却不能进入细胞。

在生活中，人们都是习惯以口渴与否来决定喝水，实际上这是不科学的。因为口渴表示人体水分已失去平衡，细胞已开始脱水，当达到一定程度时才会通过神经系统传递到大脑，这时中枢神经才"下达"饮水令，此时饮水实际已晚。

六、儿童五官保健

怎样发现新生儿视力异常

新生儿的视力发育特点是有光感，可注视眼前 20 厘米左右较明显的目标。在新生儿末期，还可追随移动目标片刻。根据这些特点，可用下面的简单方法对新生儿的视力做定性检查，以及早发现新生儿的视力异常。

（1）可在小儿睡觉时，突然用手电筒晃他的眼睛，如引起小儿皱眉、身体扭动甚至觉醒，说明有光感；如反复检查几次，小儿均无任何反应，应引起注意。

（2）在小儿满月时，可用 1 个直径约 10 厘米的红绒球放在小儿眼前约 20 厘米处，小儿可注视红球，并可随球的移动跟随片刻。此检查应在小儿觉醒不哭时做，并应反复做几次。

锻炼能保护视力吗

近视是视力缺陷的一种。近视只能看清近处的东西，看不清远处的物体。近视是因眼球的晶状体和视网膜的距离过长或晶状体折光力过强，使进入眼球的影像不能正好落在视网膜上，而是落在视网膜前造成的。我国学生近视率占世界第二位。调查表明，学生课业负担过重，用眼卫生习惯不良，看电视、玩游戏机的时间未能有效控制，到户外从事体育锻炼的时间减少，是造成近视眼患病率较高的主要原因。锻炼能防治近视的道理在于：①消除眼肌疲劳。②提高眼肌的协调性。

人的视力还有一种快速正确地捕捉运动着的物体的能力，即动体视力。比如，打飞蝶和棒球比赛中的击球，就要求运动员准确地用眼睛捕捉住飞行的飞蝶或来球，此时正是动体视力在发挥作用。对动体视力的研究，目前处在探索阶段。日本学者研究报告表明，7～8岁的少儿已经具有捕捉一定速度的目标的能力，这种动体视力反复使用，可明显地促进神经系统的发育。视觉神经和大脑有直接的联系，让7～8岁的孩子常用眼睛捕捉飞鸟，或打乒乓球、棒垒球、掷飞盘等练习，不仅可预防近视眼，还会给神经系统和大脑的发育带来非常好的效果。

200度以下的低度近视，可选练任何体育项目，200～600度的中度近视，可练周期性项目。600度以上的高度近视，除选练部分周期性项目外，不能练跳水，以防视网膜脱落。快速消除眼肌疲劳，可转动眼球、连续眨眼、搓热手心捂眼、热敷眼睛，收效快捷。

怎样给婴幼儿检查视力

对5～6个月的婴儿即可以测其视力。如用鲜艳的玩具逗引，看孩子能不能有把握地抓住；或者把东西不停地移动，看他眼睛是否跟随物品转动，这样测一下，可以大致了解孩子双眼视力的好坏。

但是，对一眼视力差的孩子，这样试法还难以测出。必须用干净的布带蒙上一只眼测试视力，5～10分钟后蒙上另一只眼再试。如盖上一眼时，孩子表情自然；而蒙上另一只眼时，孩子用手抓带子或立即哭闹挣扎，这意味着被蒙上的眼是好眼，而先遮盖的眼视力有严重障碍，必须及时请眼科医生检查治疗。

要注意观察学龄前儿童在读书时眼睛是否贴近书本；是否斜眼看书；看电视时是否离得很近；是否眯着眼看远处物体；是否经常眨眼和看不清黑板上字体；是否经常头痛……发现上述情况，应立即找医生诊治，切勿延误。

对疑有遗传性眼疾的孩子或测试视力有困难的儿童，应用视觉诱发电位(VEP)测试，能准确科学地测定患儿的视力，对早期防治儿童眼病很有裨益。

学龄前后的儿童，可以用视力表来测视力。经常测试孩子的视力是否正常，如果发现视力下降，应及时去医院诊治。因为，儿童在学龄前眼球发育较快，学龄后眼球发育则逐渐减慢，视力发育基本停止，所以有些眼疾（如斜视、弱视、遗传性眼疾等）务必在学龄前治疗，才能获得良好的治疗效果。

如何吃才能让孩子的眼睛更明亮

眼球视网膜上的视紫质是由蛋白质和维生素A合成的，缺乏时便会引起夜盲症、白内障等疾患。因此，要补充各种含蛋白质较多的食物，如瘦肉、鱼类、乳类、蛋类和大豆制品等。

（1）维生素A充足，可增加眼睛角膜的光洁度，使眼睛明亮，看上去神采奕奕。胡萝卜素即维生素A原，可在体内转化为维生素A。这两种物质在鸡、羊、猪肝、鱼肝油、奶类、胡萝卜、韭菜、蒜、香菜、油菜、菠菜、鸡毛菜等食物中含量较高。

（2）维生素B_1、维生素B_2也是参与视神经在内的神经细胞代谢的重要物质，并有保护眼睛睑结膜、球结膜和角膜的作用。维生素B_1、维生素B_2缺乏不足时，易使眼睛干涩、球结膜充血、眼睑发炎、畏光、视物模糊、视力疲劳，甚至发生视神经炎症。维生素B_1、维生素B_2含量丰富的食物有花生、豆类、小米、肉类、蛋类、鱼类、米糠、青笋叶、动物内脏、豌豆、金针菜等。

（3）维生素C是眼球晶状体的重要营养成分，摄入不足会使眼球晶状体混浊，并且是导致白内障的重要原因之一。含维生素C丰富的食物有鲜枣、猕猴桃、柑橘，以及其他新鲜水果和深色蔬菜。

此外，体内有些含量不足体重万分之一的微量元素，如锌、铬、钼、硒等也参与眼睛内各种物质的合成，调节其生理功能。

为什么多看绿色有益眼睛

自然界各种物体的颜色，对光线的吸收和反射水平是有差异的。如红色对光线反射是67%，黄色反射的65%，绿色反射47%，青色只反射36%。红色和黄色对光线反射比较强，容易产生刺眼的感觉。绿色和青色对光的吸收和反射的程度都比较适中,对人的神经系统、大脑皮质和眼睛里的视网膜都无不良的刺激反应。

据观测研究,青色、绿色的树木和草丛不仅能吸收强光中对眼睛有害的紫外线,还能减少强光对眼睛产生的耀眼程度,使眼睛紧张度适当缓解。因此,让孩子多看看绿色的树木、草地和农作物,对眼睛大有益处。

阳光明媚,气温适宜,树木蓬勃生长的季节,家长应尽量多带孩子去户外绿地多的地方玩,除有益于眼睛外,还能更多地呼吸新鲜空气。见见阳光,能增强身体的抵抗力,还能促进体内产生维生素D,预防佝偻病。

为什么儿童斜视宜早治

斜视是妨碍儿童视觉发育的严重眼病之一,据统计,我国3亿多儿童中,患有斜视的儿童有390万左右,其中有一些将因治疗不及时而影响儿童的身心健康。

斜视,人们常称其为斜眼,最常见的斜视为内斜或外斜。俗称的"斗鸡眼"也属斜视的一种。

由于一些家长缺乏医学知识,认为儿童斜视只是外观不好看,过一段时间就会自愈,使得患有斜视的儿童没有及时得到治疗。一般认为,视觉发育自出生后要延续到10岁左右,2岁以前属视觉发育关键期,7岁以前为敏感期,因此,儿童斜视防治的最佳年龄应不超过12岁。否则会影响儿童的视力发育,最终导致弱视。

因此,儿童斜视要早期发现。检查儿童有无斜视的方法很简单,让小儿双眼向前看,如果发现两眼中有一眼向内偏斜(内斜视)或向外偏斜(外斜视),便说明有斜视。

预防儿童斜视要从婴幼儿开始,在婴儿所及的视野范围内不宜放置强烈吸引其目光的物品,要注意用眼卫生,以免长时间注视而造成斜视。其次,要注意维生素、钙、蛋白质的补充。一旦发现儿童斜视,应及早到医院就诊。

儿童眼睛受伤时应如何急救

眼睛受钝挫伤后，应根据损伤部位和病情做不同处理。

（1）眼睑挫伤对视力无影响时，如果是红肿早期，可以先用冷水毛巾或冰块冷敷，让其周围血管收缩，1～2日后可改为热敷，以促进红肿吸收；同时可口服些抗生素药物，促进炎症消退。

（2）结膜挫伤时，如果只是少量出血可自行吸收，同时局部滴抗生素眼药水；如损伤较重影响视力，应到医院做结膜黏膜移植修补术，以防睑球粘连。

（3）角膜上皮擦伤时，应局部涂油膏将患眼遮盖，一般24小时即可愈合；角膜水肿者可用50%葡萄糖高渗液滴眼。

（4）虹膜睫状体挫伤可以分为几种情况，瞳孔散大、变形时，可带黑色眼镜避光；前房积血者，双眼应遮盖，半卧位休息，应去医院治疗；如果出现复视，应立即去医院诊治；局部使用抗生素及降眼压药物，以防止继发性青光眼的发生。

（5）眼眶挫伤、晶状体损伤、视网膜及脉络膜挫伤，以及视神经挫伤时，应立即将患眼用消毒纱布遮盖后送往医院救治。

如何治疗近视眼

戴眼镜是矫正近视的传统方法，但有很多弊端，对工作、学习、生活带来诸多不便。长期戴隐形眼镜，对角膜会有一些损伤，有潜在的危险性。因此，数以万计的近视患者渴望摘掉烦人的眼镜。随着科学技术日益发展，治疗近视的方法已有很多。

（1）晶状体摘除、人工晶体植入术：方法是摘出透明的晶状体，再装入计算好度数的人工晶体。由于白内障手术方法很先进，故晶状体摘除风险很小。

（2）表面角膜镜术：是在角膜表面移植不同度数角膜板层片。

（3）角膜板层成形术：通过切除角膜下一定厚度角膜，达到矫正近视的目的。

（4）准分子角膜手术：这是现今最先进的方法。

戴眼镜会越戴越深吗

有一些儿童有近视，远处看不清，上课时必须坐在前排，否则看不清黑板上的字。家长总是希望能治好，不戴眼镜，因为他们认为戴了眼镜就摘不下来，并且越戴眼镜，近视程度会越加深。事实上完全不是这样，这种看法是不科学的。

近视是由于眼球前后轴长度比正常要长，外来光线不能聚焦在眼的视网膜上。为何眼轴变长，其原因至今尚不清楚，可能与遗传因子、外界环境等很多因素有关，就如人有的长得高些，有的人长得矮些一样。戴近视眼镜后可以使外界光线聚焦在视网膜上，看物体就清楚。摘了眼镜，又恢复至原先状态。由此可见，眼镜只是将外界光线改变其聚焦点，而不是改变眼球长度，因而对眼睛并不造成不良的影响。

眼球的长度如果继续增长，近视就会增加，所戴眼镜度数也适当加深。如果不验光，就不知近视有多少度，即使近视加深，只是感到远视力更模糊些，自己并不知加深的情况。而戴眼镜后，如果近视加深，经过验光，可以知道近视是在加深或未加深，如加深，也可知道加深多少度。这不能说戴眼镜会加深近视，而是因为眼的近视加深而所需眼镜也应适当的加深。正如人长高了或胖了，衣服也相应地加长加宽一样。一般到了成年后，近视不再加深，因为眼球不会无限制的增长。

戴眼镜后提高到正常视力，看外界物体不论远近都很清楚，当然戴眼镜比不戴为好。而近视眼是不能经过治疗而将眼轴变短的，所以总是近视，也就是说，总是需要戴上合适的眼镜，这就是为什么戴上眼镜就摘不下来的原因。

如何留意孩子的双眼

(1) **怕光**：常说的怕光，指孩子的眼睛不愿睁开，喜欢在阴暗处。这个症状最常见于"红眼病"、麻疹、水痘、风疹和流行性腮腺炎等疾病的初期。

(2) **发红**：眼睛的白眼球及眼皮发红，并伴有黄白色分泌物。这一症状最常见于麻疹初期和流行性感冒；风疹，红眼病和猩红热在发病过程中，也会有不同程度的红眼现象。

(3) **流泪**：眼睛自然流出泪水，时多时少，这常见于各种上呼吸道感染性疾病。如流行性感冒、麻疹、风疹等，都会因并发炎症，阻塞泪管而出现流泪。鼻炎、鼻窦炎也可出现流泪不止。

(4) **眨眼**：孩子频繁地有意识地眨眼，应考虑有异物入眼的可能；沙眼、眼睑结石、角膜轻微炎症，亦会产生这种现象；频繁眨眼并牵动面部肌肉，同时还伴有精神不集中，应从小儿多动症方面考虑。

(5) **眼睑下垂**：如果孩子眼睑下垂，就要考虑是否患有重症肌无力，应及时到医院诊断。

(6) **无神**：孩子的眼睛应该明亮有神，如果眼神黯淡，应考虑其体质虚弱，多伴有消化不良、贫血、肝炎和结核等慢性消耗性疾病；假性近视也可出现眼神无力的现象。

另外还有一种情况值得提及，孩子的眼睛瞳孔变大，发生黄白色的反射光，似猫的眼睛在黑暗中发亮一样，俗称"猫眼"。这是恶性肿瘤即视网膜母细胞瘤的早期信号，应及时到医院诊治。

如何注意用眼卫生

眼睛是人体最重要的器官之一，从小就要让孩子懂得用眼卫生。

（1）不能长时间看电视。家长不要把电视当成哄孩子的工具，为了不让孩子捣乱，就把孩子往电视机前一放，然后忙自己的事情。

（2）看书要掌握距离和姿势，不要太近，坐车时或躺在床上都不要看书。

（3）看书时要光线充足，在进行早期教育时一定要考虑孩子的身体发育特点，3岁内的孩子一次学习时间不超过20分钟。

（4）让孩子有足够的室外活动时间。但要注意，阳光太强要戴草帽，雪天不要在雪地中长久玩，预防"雪盲"。

（5）补充维生素A。

（6）学习乐器时，乐谱应清楚，符号要大。否则易引起孩子视觉疲劳，出现近视。

（7）不要让孩子用脏手揉眼睛，在家里也不要混用毛巾等物。

（8）不玩锐利玩具，少做扔掷性、格斗的游戏。

（9）坚持做眼睛保健操。

眼睛外伤的主要原因有哪些

眼睛是人体最重要的感觉器官，人们有80%的信息是通过眼睛接收的，人们把眼睛比喻为"心灵的窗户"。因此，从儿童时期开始，就要爱护好、保护好自己的眼睛。除了儿童自己有意识地保护眼睛，眼眶的骨组织、眨眼及眼睑防护性的反射动作，也在自然地保护着眼睛。眼睛一旦受到伤害，轻的经过治疗即可痊愈；重者，尤其是外伤所致的伤害，如果救治、处理不当将会造成感染，最后导致失明。一只眼睛的感染往往会造成另一只眼睛的感染和失明，影响学习及今后的日常生活，造成终生遗憾。

保护好眼睛是家长和儿童的责任，在日常生活中，要预防眼睛受到伤害。那么，引起儿童眼睛外伤的主要原因有哪些呢？

（1）交通事故，发生车祸时，车子前座上的儿童被玻璃片伤及眼睛。

（2）运动所致，如跌伤、撞伤等。

（3）异物进入眼睛，如灰尘、木屑、飞虫、金属碎片等。

（4）灼伤造成，碱性物质和酸性物质，如氨水、苏打水等。

（5）紫外线、红外线照射，可引起角膜炎、结膜炎。

（6）儿童观看电焊光引起角结膜灼伤。

（7）打架拳击眼睛造成的眼睛挫伤。

(8) 在幼儿园上手工课时或在家庭使用锐利器械时不小心刺伤眼睛。

少年近视如何防度数加深

一些家长以为，近视眼配戴眼镜后会越戴越深，或者说配镜度数越浅越好。其实，这些观点都是不正确的。近视患者配戴眼镜后度数加深有多方面原因，要根据自己的眼睛及近视度数等情况进行分析，从而找出确切的病因，做出相应的处理，才能阻止近视度数进一步加深。调查表明，导致近视患者戴镜后视力又下降的常见原因有如下几方面。

(1) 配戴眼镜后不注意用眼卫生：一些青少年以为配了眼镜后就万事大吉了，写作业或看书时仍然距离很近，加之照明光线时强时暗，阅读时间太长，甚至躺着看书，乘车看书，边走路边看书，近距离看电视，长时间玩电子游戏机等，时间久了，睫状肌过度调节，如此一来，近视度数就必然会加深。

(2) 配的近视镜不合适：有不少青少年近视眼，他们并未到医院经散瞳验光，他们的眼镜是从商店或街边随便买的。如此戴镜后由于眼睫状肌调节暂时增强，虽会比原先看得清晰，但时间一久，终会因眼镜配得不合适而使睫状肌处于疲劳状态，导致眼睛酸胀不适，从而引起视力下降。

(3) 眼镜时戴时摘：一些青少年朋友把戴眼镜当作一种负担，有的则不好意思，怕人笑话。于是，有时戴，有时不戴，或上课时戴，其他时候不戴。如此一来，眼睛则经常处于不稳定的调节状态，久而久之，近视度数非但没有变浅反而不断加深了。

(4) 高度近视者（尤其是青少年）：虽然经常戴着眼镜，度数也会逐渐加深。这种眼镜度数加深与家族遗传有关，临床上称为病理性近视。这种视力若不戴眼镜，度数反而会加深得更快。

眼睛近视的前兆有哪些

人们一直认为，视力减退是悄悄地降临的，等到发现视物模糊时，则已经晚了。其实，在视力减退之前，近视眼的发生是有先兆、有信号的。

有些高年级的小学生或中学生，看书时间一长，字迹就会重叠串行，抬头再看面前的物体，有若即若离、浮动不稳的感觉。有些人在望远后再将视力移向近处物体，或望近后再移向远处物体，眼前会出现短暂的模糊不清现象。这些都是眼睛睫状肌调节失灵表现，是由眼疲劳所致。另外，有的少儿会反复发生睑板腺囊肿、睑腺炎或睑缘炎。这些儿童视力虽然可达到1.0以上，其实已经开始有了近视的征兆。

在发生眼疲劳的同时，许多人还伴有眼睛灼热、发痒、干涩、胀痛，重者疼痛向眼眶深部扩散，甚至引起偏头痛，亦可引起枕部、颈项肩背部的酸痛，这是由于眼部的感觉神经发生疲劳性知觉过敏所致。

原来成绩好的孩子对学习会产生厌烦情绪，听课时注意力不够集中，反应也有些迟钝，脾气变得急躁，对喜爱的东西也缺乏兴趣，学习成绩下降。晚上睡眠时多梦、多汗，身体容易倦怠，且有眩晕、食欲缺乏等症状。这些变化也是即将发生近视的信息。

眼科医生把上面的症状称之为"近视前驱综合征"。从中可见近视前首先出现的并非视力下降，而是神经系统方面的症状。近视眼也并不单单是眼睛的问题。而是与全身变化息息相关。据眼科专家统计，近视眼发生的前兆症状，40%先表现在敏感的三叉神经系统和自主神经系统。

可见，近视是有信号和前兆的。及早发现近视前兆，就能及早防治近视。

如何选配近视眼镜

要选配一副合适的眼镜，首先要进行眼部检查，排除眼内外各种影响视力的疾病以后，再进行验光配镜。验光检查的第一步是散瞳，12岁以下的儿童用1%阿托品溶液，验光前3天，每天滴眼3次，共用9次；13～16岁的儿童最好在验光前1小时开始双眼滴2%～5%后马托品溶液，每5分钟1次，共滴4次；16岁以上则可用复方托吡卡胺散瞳，用法与后马托品相同。散瞳的目的是使眼内的睫状肌麻痹，除去儿童因为调节力过强引起的假性近视，这样，散瞳验光所获得的数据就是真性近视的度数。有了散瞳验光获得的度数以后，应该给孩子挑选一副合适的眼镜。

配镜时应注意以下几点：①眼镜的度数一定要与验光单上的数据相同。②根据孩子脸型大小及瞳孔距离，挑选合适的镜架。③双眼镜片的几何中心距离应与瞳孔距离一致，镜片要质地透明、没有裂纹及斑点。④眼镜戴好后，应与面部呈 10°~ 20°的倾斜角，这样既便于看远处物体，又利于阅读。

预防近视如何进行穴位按摩

采取坐式或仰卧式均可，将两眼自然闭合。然后依次按摩眼睛周围的穴位。要求取穴准确、手法轻缓，以局部有酸胀感为度。

(1) 揉天应穴：用双手大拇指轻轻揉按天应穴（眉头下面、眼眶内上角处）。

(2) 挤按睛明穴：用一只手的大拇指轻轻揉按睛明穴（鼻根部紧挨两眼内眦处）先向下按，然后向上挤。

(3) 揉四白穴：用双手食指揉按面颊中央部的四白穴（眼眶下缘正中直下一横指处）。

(4) 按太阳穴、轮刮眼眶：用双手拇指按压太阳穴（眉梢和外眼角的中间向后一横指处），然后用弯曲的食指第二节内侧面轻刮眼眶一圈，由内上→外上→外下→内下，使眼眶周围的攒竹、鱼腰、丝竹空、瞳子髎、球后、承泣等穴位受到按摩。对于假性近视，或预防近视眼度数的加深有好处。

儿童护眼有哪些方法

儿童正是长身体、长知识的时期，也是用眼最多的时期，对眼的养护尤为重要，这里介绍几种简单易行的护眼方法，不妨一试。

(1) 养目：平时注意膳食均衡，做到粗细搭配、荤素搭配，保证微量元素和维生素的补充，多吃新鲜蔬菜、水果及海产品等，少吃糖果及甜食。

(2) 极目：早晨在空气清新的地方，自然站立，两眼平视远处的一个目标，再慢慢将视线收回，到距眼睛35厘米的距离时，再将视线由近而远转移到原来的目标上。如此反复数次，然后再进行深呼吸运动，对调节眼肌功能有一定好处。

(3) **熨目**：每天早晨或睡前，取坐姿或立姿，闭目，两手掌快速摩擦发热，然后迅速按于双眼上，这时眼睛会感到有一股暖流。如此反复数次，可通经活络，改善眼部血液循环。

(4) **浴目**：以热水、热毛巾或蒸气熏浴双眼，每天1~2次，每次5分钟左右。也可结合洗脸、喝热水时进行，也可单独将菊花、竹叶之类的中药水煎取汁，趁热熏眼部，待水温后再以药水洗眼，有清热明目之功效。

(5) **运目**：站立于窗前，顺时针方向或逆时针方向依次注视窗户的上、下、左、右四个窗角，可舒筋活络，运转眼球，改善视力，每日早晚各做5~10分钟。

(6) **补目**：中医学认为，肝开窍于目，肝得血而能视，可用以形补形，以脏补脏，因此多吃动物肝及眼，可有效地保护眼睛。如猪肝鸡蛋汤、洋葱炒猪肝、枸杞炖动物眼、瘦肉炖猪眼、香菇鱼头等，可以经常食之。

近视眼是怎样形成的

大多数中、低度近视眼的发展与眼球发育期视近过度有关。近视在12~18岁为高速发展期，而这正是青少年求知欲强烈，看书多、作业多，又因长时间看电视、玩电脑，户外活动明显减少，长期处于近视状态。更有人忽视用眼卫生，阅读时不注意距离与姿势，不注意照明和时间，造成与眼球发育阶段同期的这一年龄用眼不卫生、视近过度。在这种状态下，睫状肌长期持续收缩，先形成调节痉挛，以后进一步发展成为近视眼。调查显示，以这个年龄段课外阅读时间2小时的近视患者数为基准的话，课外阅读时间3小时的近视患者数是其 2.1倍，可见视近过度是形成近视眼的最主要原因。这时如果适时滴用营养眼液，因其具有营养、润滑、抑菌、止痒的作用，可使疲劳的睫状肌活跃，有效缓解视疲劳，预防近视眼的形成。

占第二位的是遗传因素。据统计，如以父母无近视眼的近视患者数为基准的话，父母之一有近视眼的近视患者数为其2.6倍，父母双方都有的为其3.8倍。而中高度近视眼中，遗传倾向更明显。

某些疾病也可因改变晶状体或角膜的屈光度而形成近视眼，如糖尿病、白内障早期、青光眼、圆锥形角膜及晶状体移位等。

儿童斜视几岁做手术效果最好

（1）先天性机械性因素所致的斜视，如果是韧带或肌肉筋膜异常，手术越早越好。

（2）多数学者认为，婴儿型斜视在生后6～18个月内手术对建立双眼视功能最好。有人则认为24个月时是手术的理想年龄。

（3）单眼性内斜视不急于手术，先用遮盖法使其变为交替性注视后再行手术。

（4）小度数的斜视、间歇性斜视及斜视角不稳定的儿童斜视，要密切观察其变化规律，不必急于手术。

（5）有单眼弱视的斜视，必须先治疗弱视，待双眼视力平衡时方可手术，如匆忙手术会因一眼视力不好而再度出现斜视。

（6）发病较晚的，如发生在2岁以后的斜视应在3～6岁期间进行手术。

近视眼该不该戴眼镜

总有一些近视眼患者，宁可看不清东西，也不愿戴眼镜。也有人有顾虑，怕戴上眼镜近视度数会越来越深，以后再也摘不掉眼镜。这两种情况都不正确。由于近视眼使进入眼内的平行光线在视网膜前聚焦成像，造成看远处的东西不清楚。如果我们在眼睛前面戴上一副合适的凹透镜，就可以把在视网膜前的成像向后移动，正好落在视网膜上，看东西就清晰了，这样给生活、工作、学习都带来极大的便利。

近视眼患者看书、写字或工作时，常喜欢离得近一些，近视度数越大，目标离眼球越近。为了使两眼都能看清眼前的东西，必须把眼球向内转，眼球内转靠眼内直肌收缩来完成，称为集合作用，距离越近，集合作用必然越强。近视眼患者如果戴上合适的眼镜，就不必把东西放在离眼很近的地方，过度的集合因而得到缓解。同时，也不会由于眼外肌长期压迫眼球，使眼球前后径继续加长。所以，近视眼应该戴眼镜。

近视眼有什么症状

近视眼除看远模糊外，一般无其他特异表现，尤其是单纯性近视眼。从未戴过矫正眼镜的近视患者，对看远模糊已经习惯，认为是自然现象。近视的孩子，由于看远不清，大多不喜欢室外活动，而对看书、绘画等室内活动兴趣较大，这也是促使近视加深的一个因素。青少年患近视后，不易看清黑板上的字迹，常影响课堂效果。

中度以上的近视容易发生玻璃体混浊，患者自觉眼前有黑影飘动。黑影形态多样，可呈点状、线状、网状或云片状等，还有如蚊子或苍蝇飞动的感觉，数量不一，时多时少，亮光下更为明显。此类症状在青年期即可出现，并不一定进行性发展，一般不影响视力。如果短期内黑影明显增多或固定于一个方向并不飘动，应及时就诊，可能是一种病理现象。高度近视也可发生视疲劳症状，因为高度近视阅读距离过近，这时，过度的集合作用，促使过度的调节，以致发生调节痉挛。有些患者为了避免视疲劳而放弃集合作用，使一眼形成潜伏性或显性外斜视。外斜视的近视程度常较另一眼深，最后导致弱视。此外，高度近视眼的一系列眼底病变常使患者视力发生严重障碍。

经常用眼的近视患者还可出现其他一些感觉异常，如畏光、眼干、眼痒或异物感、眼皮沉重、眼痛及头痛等。

为什么近视眼容易发生外斜视

一般情况下，双眼注视近处物体时，为保证双眼单视，增强视觉效果，双眼进行调节，同时产生集合及瞳孔缩小，这种联动的关系是在第Ⅲ对脑神经的支配下完成的近反射。对于近视眼的人来说，完成这个近反射所需要的调节仅是正视眼的人的半量，但集合的量却和正视眼的人相同，这就造成调节和集合的失调。为克服这一失调，双眼就主动采取两种方法以求平衡，一是增加调节以求接近集合，二是减弱集合以求与调节相对称，减弱集合就会导致外斜位。开始可能是外隐斜、间歇性外斜，时间久了，为克服外隐斜和间歇性外斜所引起的视力疲劳，有可能放弃一只眼的集合作用，使眼位成为恒定性外斜位。

学龄儿童如何防治屈光不正

人的眼睛如同最现代化的自动立体彩色照相机，这种功能是由它的解剖生理特点决定的，具有屈光和调节两种功能。当平行光线在眼睛不用调节的情况下，经过屈光系统（角膜、房水、晶状体和玻璃体）曲折后，所形成的焦点正好落在视网膜上，这为正视眼，否则为屈光不正。屈光不正有3种，即远视、近视和散光。近视眼为学龄期儿童的常见眼病，防治近视，学校老师和家长教育必须做好以下几点。

（1）看书、写字姿势要端正，不能趴在桌子上歪着头学习。也不能躺着或坐车时看书。

（2）平时阅读或写字时，书本和眼的距离应保持30厘米左右。

（3）光线要充足、柔和，不要在阳光直射下学习，光源应在左前方。

（4）防止眼肌疲劳，学习时间不要太长，每次40分钟为宜。休息10分钟，看看远处物体，做做眼睛保健操。

（5）如患有屈光不正，应及时佩戴合适度数的眼镜。

怎样预防近视眼

（1）**注意环境因素**：教室光线要明亮，桌面、黑板不要反光过强，左右两侧都应有窗户，不要太高、太小，以坐在教室任何位置都能看到窗外为宜，并定期调换座位；孩子在家的书桌应放在外面无遮挡物的窗前，台灯应放在左前方，光线要柔和，如为白炽灯，最好为25～40瓦之间，位置以不直接照射眼睛为宜；电视距离眼睛最好在3米以上。

（2）**改变游戏方式**：现代城市儿童游戏方式多以室内自娱式为主，如个人玩具、游戏机、电脑、电视等，已很少见儿童自发的室外集体游戏，如捉迷藏、攻城堡等，这样孩子在已少得可怜的一点课余时间里也几乎足不出户，每天很少有机会能脱离视近环境。为此，家长及老师应鼓励孩子改变游戏方式，多做室外活动。

（3）减轻学习负担：眼球发育一般在18～20岁前停止，近视在12～18岁为高速发展期，这期间正是学习压力最重、功课最忙、作业最多的时期，使青少年户外活动明显减少，长期处于近视状态。为此，应减轻学习负担。

（4）注意用眼卫生：要教育青少年注意用眼卫生，阅读时注意眼睛与书的距离，姿势要端正，不能躺着看书或边走边看；注意阅读的照明光线要充分，阅读写字连续40分钟应休息、视远，不能过多地沉溺于游戏机、电视之中。

（5）注意眼睛保健：坚持每天做眼保健操、晶状体操（有节奏的快速交替看远看近）；自我穴位按摩（睛明、攒竹、鱼腰、丝竹空、承泣、四白等）；雾视疗法（戴+1.50D的眼镜视远）。

（6）视力下降应及时到医院检查、治疗。

斜视儿童验光配镜应注意什么

应有客观准确的验光结果，即屈光状态和屈光程度的结果，为此患儿都必须麻痹睫状肌散瞳验光。

复验时（瞳孔恢复正常以后的验光复查称复验）结合斜视性质给出眼镜处方，原则是提高视力和矫正眼位。不同斜视及不同的时间，眼镜的侧重点为同。单纯为矫正屈光不正、提高视力和同时矫正斜视所配的眼镜因戴镜目的不同，处方的度数也就不同。矫正内斜的远视镜，可能矫正视力还不如裸眼视力，处方还是以矫正斜位为目的。视力在调节逐渐松弛后会日益好转，终达正常。

有远视、近视或散光的外斜视患儿，均以提高视力为主要目的。为预防外隐斜视成为外显斜视要及早戴近视眼镜。忠告患儿的家长，孩子验光配镜一定要到医院在医生的指导下完成，因为患儿所戴的眼镜是治疗斜视的措施，相当于医生给病人开出的药，戴了不合适的眼镜就像用错了药，后果不堪设想。这一点家长要特别注意，不能图省时间到街上随便配一副眼镜，虽能矫正视力，但没有治疗眼病的作用，以致延误了弱视的治疗时机。

要坚持每半年或1年检影验光1次，检查患儿屈光状态的变化及斜视的改变。矫正屈光度也要改变，尤其注意调节性内斜的远视度，开始要按第一次检影给足度数。

家长应该如何配合医生治疗孩子的弱视

弱视的疗程比较长，平均需要1～2年的时间，而且无须服用药物或注射药物，也无须手术治疗。除了医生的及时指导之外，家长及患儿的配合，特别是家长的配合非常重要。因为患儿年幼，缺乏主动配合医生治疗的能力，如果没有家长的配合，很难完成弱视的治疗。对年幼的患儿来说，延误治疗机会，会造成终生遗憾。一旦医生确诊孩子患有弱视，家长就应该明确以下两点：一是弱视能够治愈。只要坚持治疗，最终视力都能够达到正常儿童的水平。二是弱视治疗时间长。一定要说服或监督孩子，遵守医生的嘱咐，坚持戴矫正眼镜，坚持遮盖疗法，坚持弱视训练。戴镜是弱视治疗的关键环节，只有坚持戴镜，才能提高弱视眼的视力。1年或半年重复散瞳验光1次。必要时调整眼镜的度数，重新配镜。

按照医生的安排，严格遮盖健眼。为了早日治愈弱视，适当放弃学习，也要坚持。家长不仅自己督促患儿，还要请幼儿园或学校的老师督促患儿遮盖健眼，只有这样才能达到预期的效果。

家长应该主动为孩子安排弱视训练。患儿做精细作业的时候，最好有家长陪伴，督促他们认真操作，按时完成。如果医生根据病情安排其他治疗方法，如红色滤光片法、光学药物压抑疗法、后像疗法等，家长都应该遵照医生的安排治疗，积极配合，还应当遵照医生的嘱咐，让孩子定期到门诊复查。

怎样做好孩子的口腔保健

口腔病是常见病。儿童生长发育时期，牙齿的好坏会影响全身健康和面部发育。因此，重视口腔卫生，预防儿童口腔病是极其重要的。

家长要教育孩子养成早晚刷牙，饭后漱口的好习惯。很多家长只注意让孩子早上刷牙，忽视了晚上刷牙。实际上，晚上刷牙比早上刷牙更重要。因为人入睡后口腔内处于静止状态，唾液分泌减少，缺乏冲刷作用，食物残渣滞留在口腔中，致病微生物会大量生长繁殖。睡前刷牙，可将食物残渣和细菌刷净，使口腔较长时间处于清洁状态，对于预防龋齿、牙周病很有必要。

刷牙是保持口腔卫生的主要方法，应教育孩子掌握。正确的刷牙方式即竖式刷牙法，也就是顺牙齿的长轴刷牙缝，像平时刷头一样。刷牙时，将牙刷毛端横放在牙面上，将刷毛顺着牙龈稍压一下，然后转动牙刷柄，上牙从上往下刷，下牙从下往上刷，反复进行，约3分钟。平时不少人用横式刷牙法，牙缝里食物残渣不易刷掉，反而把牙颈部刷成三角形的缺损，造成牙痛或牙龈炎。

对牙膏也应适当选择。氟化物牙膏有防龋齿作用，儿童用效果更佳，目前已得到各国学者的公认。

此外，应注意饮食习惯。为预防龋齿，应适当限制儿童食用含糖量高的食物，如蔗糖、果糖等，因这些东西有很强的致龋性。睡前或半夜不应给小儿进食可发酵糖类，如糖果、饼干、点心等。

为什么龋齿要早发现早治疗

牙痛大多由龋齿引起，如何才能早点发现和治疗，避免让它越来越严重呢？

龋齿是牙齿表面的细菌分解食物中的糖分，产生酸性物质，腐蚀牙齿的结果。它会逐渐发展，从开始的敏感症状发展到后期的疼痛症状，最终会侵犯到牙髓，导致疼痛剧烈的牙髓炎，甚至发展到牙根根尖区域，形成疼痛更为剧烈的根尖炎。

开始时的敏感症状指的是吃酸甜或过冷过热的食物时，牙齿产生酸痛的感觉，这个时候就已经是中期龋齿了。更早期的龋齿位于牙齿表面的釉质内，患者一般无明显症状。不过，根据龋齿发生部位的不同，如果仔细观察，也会发现一些蛛丝马迹。如果龋齿发生在牙齿表面的沟窝部分，表现为相应区域色泽变黑，黑色素沉着区下方为白斑，用细针探查时有粗糙感；如果发生在牙齿彼此相邻的表面，则一般表现为白色斑点或黄褐色斑点，用牙线清洁邻面时，牙线易折断。

龋齿症状越重，治疗越复杂，费用越高。因此，有了龋齿最好早点发现、早点治，这样不仅痛苦小、费用低，效果也好。除了定期接受牙科检查外，平时刷牙要仔细，学会使用牙线清洁牙齿邻面，一旦有不适症状好及时发现。

牙齿为什么发黄

正常情况下，乳牙是白色的，恒牙是淡黄色的，有几种异常情况会使牙齿变黄．

（1）四环素牙：最多见的因服用四环素所致。

（2）氟牙症：这是因为在饮水中氟的含量过高而损害牙釉质（牙齿表层硬组织），使牙齿表面呈白垩状或黄褐色斑块，严重的全口牙均为黄褐色。由于胎盘的屏障作用和母乳中氟含量较少，所以乳牙的氟牙症很少见，多发生在恒牙。

（3）釉质发育不全和钙化不良：在小儿牙齿发育钙化时期，如患有严重的全身疾病、营养障碍等，均会影响牙齿的发育，轻者牙釉质失去光泽、变黄，重者整个牙面呈蜂窝状，甚至无釉质覆盖，左右对称，由这种原因造成的黄牙。除此以外，一些局部外来因素也可以使牙齿表面染色变黄，如吃某种中药、饮浓茶等。

对四环素牙的治疗，仅简单地磨除牙齿表层组织，不仅不能使其颜色变浅反而会加深，因它染色在深层。氟牙症的彻底预防是改良高氟地区水源，降低饮水中氟的含量。而营养障碍性黄牙，再补充钙、磷和维生素对治疗黄牙已无意义。已发生釉质不全的牙齿早期应注意保护。总之，对各种原因造成的黄牙都应以预防为主。

婴儿乳牙早萌是怎么回事

婴儿一般到 6 个月前后开始出牙，2.5 岁左右乳牙（奶牙）出齐。有的婴儿出生时口腔内就有乳牙长出，称为"诞生牙"，还有的在出生后不久，还在新生儿期就长出乳牙，又称为"新生牙"，这些超出正常乳牙萌出平均年龄的乳牙，在医学上称为乳牙早萌。新生牙最常见的是下颌中切牙（位于下颌中部，形如铲状的门牙），过早萌出的乳牙极易影响婴儿吸吮乳汁，并可造成母亲的乳头被咬伤而发生感染，或由于吮吸时牙与舌头相互摩擦，造成婴儿舌头的下面（也称舌腹）溃疡。

对于没有牙根或牙根发育不好且牙齿松动明显的早萌乳牙，为防止脱落到婴儿气管，应当拔除，拔除后一般不影响恒牙的萌出。对于松动不明显，无严重不良影响的乳牙可保留，暂停哺乳，或改为汤匙喂乳。舌部溃疡处可涂甲紫，几天后即可自行愈合。

婴儿舌系带过短是怎么回事

舌系带过短，俗称"拌舌"，一般是在喂奶时发现婴儿吃奶裹不住奶头，出现漏奶现象，或者是婴儿接受体格检查时被医生发现的。有些粗心的父母直到孩子学讲话时，看到孩子发音不准，特别是说不准舌音如"十""是"等才发现。但是，也有些是因家长特别娇惯孩子，使孩子讲话不清，这种情况经正确的语音训练多半能够纠正。

舌是人体中最灵活的肌肉组织，可完成任何方向的运动，在舌下正中有条系带，使舌和口底相连，如果舌系带过短就会发生吮吸困难、语言障碍等。若孩子在 6 个月以前就发现舌系带过短，可立即进行手术。当孩子学说话时发现有以下情况：让孩子伸舌时，舌头像被什么东西牵住似的；舌尖呈"V"型凹入；舌系带短而厚，应及时到医院做进一步检查，确诊后可进行手术治疗。舌系带手术的时间最好是在 6 岁以前完成，这样既不影响孩子身心健康，又不影响学习。

小儿地图舌怎么办

小儿的舌头上有时会有一个或几个大小不等的红色斑块，边缘部分为白色或黄白色稍隆起的弧形线条，似地图状。其实，这种舌上的病变并非什么怪病，而是一个暂时性的丝状乳头剥脱性炎症，其形态似地图，故称为地图舌。

地图舌是婴幼儿时期的常见病，儿童发病率为15%。其病因可能与孩子消化不良、营养缺乏和体质等因素有关。患地图舌的孩子一般没有症状或仅有轻微的症状，如吃刺激性的食物会引起舌头发麻或有烧灼的不适感觉。一般可采取下列措施。

(1) 休息与饮食：保证孩子休息，避免过度疲劳。饮食应富有营养，及时添加辅食。防止孩子偏食、挑食，以免发生胃肠功能紊乱和营养缺乏。

(2) 清除感染病灶：口腔内的某些细菌可诱发地图舌。因此，要仔细检查婴幼儿的牙齿、扁桃体及颊黏膜有无感染灶，一旦发现要及时给予清除。同时要排除和避免一切可能诱发本病的刺激性因素，如某些药物等。

(3) 寻找病因：对于慢性迁延不愈的患儿，应详细了解其发病史，并注意观察其黏膜的损害。可给患儿口服复合维生素B或硫酸锌制剂。有缺铁性贫血的患儿应补充铁剂。胃酸过少，可口服稀盐酸。有白色念珠菌感染的可用制霉菌素。

(4) 对症处理：应保持患儿口腔内的清洁卫生，每日晨起可用软毛牙刷自舌背向外轻轻刷1～2次，将剥脱上皮清除干净。同时可给予弱碱性药物含漱，如2%硼酸钠溶液、0.5%碳酸氢钠溶液。有疼痛而烦躁不安、不愿进食的患儿可涂无刺激性的消毒药物，如外用5%石炭酸品红液或金霉素溶液，大多能见到明显效果。

出牙期如何注意口腔卫生

一般婴儿出牙前2个月左右就会流口水，把小手伸到口内，吃奶时咬奶头或哭闹，烦躁不安伴有轻度体温升高的现象。仔细查看婴儿的口腔，可以看到局部牙龈发白或稍有充血红肿，触摸牙龈时有牙尖样硬物感。

牙齿萌出是正常的生理现象，多数婴儿没有特别的不适，即使出现上述暂时的现象，也不必为此担心，在牙齿萌出后就会好转或消失。

爸爸、妈妈应该明白，孩子出牙时体内的抵抗力有所降低，容易患病和出现一些异常情况，但也不是说发热、感冒、腹泻都是出牙引起的，当孩子出牙期间体温超过38℃时，就必须到医院就诊。

婴儿从开始长出第一颗乳牙到乳牙全部出齐，大约需要2年的时间，基本上是隔几个月就长出几颗牙，在这期间要特别注意孩子的口腔卫生。牙齿萌出期间，在每次哺乳或喂食物后或每天晚上应由母亲用纱布缠在手指上帮助小儿擦洗牙龈和刚刚露出的小牙，使其适应清洁口腔。牙齿萌出后，可继续用这种方法对萌出的乳牙从唇面（牙齿的外侧）到舌面（牙齿的里面）轻轻擦洗揉搓、对牙龈轻轻按摩。同时，应注意每次进食后都要给孩子喂点温开水，以起到冲洗口腔的作用，还可以在每天晚餐后用2%的苏打水清洗口腔，防止细菌繁殖而发生口腔感染。

出牙时要注意什么

细心的爸爸、妈妈可以观察到小儿出牙的时候很喜欢将手指放入口内吮吸，还会发生咬奶头、咬硬东西的现象。这时可给小儿吃些较硬的食物，如苹果、梨、面包干、饼干等，还可以给小儿准备一个有韧性、能咬的玩具，让孩子啃咬以便刺激牙龈，使牙齿便于穿透牙龈黏膜而迅速萌出。

在牙齿萌出期间，有时还会发现牙龈部位出现萌出性血肿（牙齿长出部位充血肿大），绝不可轻易挑破，若已经发生溃烂的应特别注意小儿的口腔卫生，及时请口腔科医生诊治，防止继发感染。

在小儿出牙期间，还应将小儿吮咬的奶头、玩具等物品清洗干净，小儿的小手勤用肥皂清洗、勤剪指甲，以免引起牙龈发炎。另外，刚萌出的乳牙表面矿化尚未完全，牙根还没有发育完全，很容易发生龋齿。因此，在牙齿开始萌出后就应做好龋齿等牙病的预防工作。

流口水是怎么回事

　　1岁左右的小儿很容易流口水，流口水也称流涎。这是因为出牙对三叉神经的刺激，引起唾液即口水分泌量的增加，但小儿还没有吞咽大量唾液的习惯，口腔又小又浅，因而唾液就流到口腔外面来，形成所谓的"生理性流涎"。这种现象会随着月龄的增长而自然消失，家长不必担心。可是，母亲看到自己的孩子整天下巴湿湿的，也很伤脑筋，这就要求家长多给孩子准备一些棉布的围兜，勤换洗以免刺激局部皮肤。

　　如果孩子2～3岁以上还经常流口水，则是一种病态现象，应去医院看病。爸爸、妈妈还应注意，口腔发炎时如牙龈炎、疱疹性口炎也容易流口水，患儿往往伴有烦躁、拒食、发热等全身症状，后者还常常有与疱疹患者的接触史。所以，遇到这种突然性口水增多时，应及时到医院检查和治疗。

吮手指对牙齿有何影响

　　婴幼儿时期，由于吸吮动作本能的反射、喂养不足、某种心理因素等，婴儿自发地产生吮手指的动作，若持续到4岁以后，则会影响到孩子上下颌和牙齿的正常生长发育，易造成上颌向前突出，下颌往后缩，咬殆时形成开唇露齿的现象，甚至错误地咬（殆），使得脸型、发音和吃东西均受到影响。

　　这种影响的程度与吮手指的时间、频率及手指在口腔内的位置有很大的关系。若在6岁以后仍然不能克服吮吸手指的不良习惯，应到医院采用矫正器具帮助小儿克服吮吸手指的习惯。

　　无论吮手指对牙齿的影响程度如何，家长总希望孩子能放弃这个口腔不良习惯。首先应判断吮吸手指的原因，尽可能采取合适的护理和心理疏导的方法，使孩子尽早改正吮吸手指的坏习惯。如在6岁以前已去掉吮吸手指动作的，一般不影响恒牙的发育。但是，最好不要采取强制手段，以免小儿形成逆反心理。

如何保护6个月以上婴儿的乳牙

牙齿长出时，一般是下颌牙齿略早于上颌牙齿，而且是成双成对地萌出，即左右两侧同名的牙齿同时长出。乳牙长出顺序大致是下中切牙、上中切牙、上侧切牙、下侧切牙、下颌第一乳磨牙、上颌第一乳磨牙、下尖牙、上尖牙、下第二乳磨牙、上第二乳磨牙。各个牙齿长出的先后基本上是和牙胚发育的先后是一致的，发育早的萌出的也早。但是，尖牙例外，尖牙的牙胚发育较第一乳磨牙早，而萌出却比第一乳磨牙晚。乳牙对儿童的咀嚼、发音、恒牙的正常替换和全身的生长发育有着重要的作用。因此，从乳牙萌出开始就应特别注意对乳牙的保护。在乳前牙（包括切牙和尖牙）萌出、恒前牙钙化的时期，应做好以下几点。

（1）供给适量的营养物质，尤其要多补充蛋白质和钙质。同时也要吃一些易消化又较硬的食物，以促进乳牙生长，方便牙面的清洁。

（2）少吃甜食、减少不规则的零食。吃完后应立即给小儿喂温开水漱口，去除龋病（虫牙）的诱发因素。

（3）纠正口腔不良习惯，如吮吸手指、含奶或含饭入睡等。

（4）增强身体抵抗力，预防传染性疾病。

出牙期间为什么会拒食

出牙期间，婴儿常在吃奶时表现得与平常不同，母亲会发现小儿有时连续几分钟猛吸乳头或奶瓶，一会儿又突然放开奶头，像感到疼痛一样哭闹起来，反反复复，并且喜欢吃固体食物。这一般是出牙时吸吮奶头后使牙床特别疼痛而表现的拒食现象。

出牙期间，家长可以将小儿每次喂奶的时间分为几次，间隔喂些适合小儿的固体食物。如果小儿是吸奶瓶，可将橡皮奶头的洞眼开大一些，使小儿不用费劲就可吮吸到奶汁，而且又不会感到过分地疼痛，但应注意，奶头的洞眼不能过大，以免呛着小儿。如果已做到以上的喂养方法，小儿仍感到难受不适，可停喂几天或改用小匙喂奶，会改善疼痛状况的。

为什么牙面会凹凸不平

前面已经在"牙齿变黄"中给大家提到过牙釉质发育不全这个医学名词，它不仅可以使牙齿变色，严重时还可使牙齿表面变得凹凸不平。

据调查发现，约有一半的早产儿乳牙可出现釉质发育不全；在有手足搐搦症的新生儿中，约有一半以上出现乳牙釉质发育不全。现在一致认为，牙釉质发育不全与全身营养失调、全身或局部感染、遗传等因素有关。恒牙的釉质发育不全和乳牙一样多见，只是乳牙不像恒牙那样严重。

牙齿釉质发育不全是牙齿发育时受到障碍留下的记录，并不表示患儿现在的健康状况。做好婴儿时期的保健，可以有效地预防牙齿发生釉质发育不全。对已经发生的牙面凹凸不平，牙齿萌出早期应注意牙面的清洁，还可以到口腔医院，请医生给牙齿表面的缺陷部位涂布氟化钠等防龋制剂，等到牙齿发育成熟后，可做树脂修复或冠修复。

奶瓶龋是怎么回事

奶瓶龋在乳牙龋病中具有独特的表现，顾名思义，奶瓶龋是因为长期使用奶瓶而发生的早期多个牙龋坏。常常好发于上颌切牙的唇面（门面部）和第一乳磨牙的𬌗面（咬东西的窝沟凹凸面），但下颌切牙一般没有龋坏。

由于乳牙刚刚长出，表面结构尚未成熟，很容易受到酸的作用，使牙齿脱钙最终产生龋坏。所以，当母亲为哄孩子入睡时，经常给孩子喂奶甚至让孩子含着奶嘴、抱着奶瓶入睡，而奶瓶内的牛奶和含糖、含酸的各类饮料经人造奶头长时间地黏附于牙面，牙质在细菌的作用下受到损害。另外，奶瓶喂养的孩子的吮吸运动也不如母乳喂养的孩子强，并且他们喜欢运动似地长时间含着奶头，使唾液的分泌量减少，对口腔的清洁作用降低，从而更容易发生"虫牙"。

为了预防奶瓶龋的发生，第一，应当提倡母乳喂养；第二，不让孩子抱着奶瓶睡觉，并尽早地让孩子学会用碗或勺吃；第三，孩子睡觉若非要用奶瓶不可时，在喂完奶后，可给孩子喂一点清水，以帮助清洁口腔。1岁后应停止使用奶瓶。

龋齿治疗方法有哪些

乳牙龋齿治疗的方法大致可分为两大类：一是药物治疗，二是修复治疗。

（1）药物治疗：大多用于龋坏损害面积比较广泛的浅龋或牙面呈剥脱状的环状龋，如奶瓶龋的病损常见于小而薄的前牙的邻面和唇面，不容易制备稳固的洞型，所以一般以涂药物的方法治疗。它的优点是能够控制龋坏进一步发展，缺点是不能恢复牙齿的外形。

（2）修复治疗：最大的优点是能够去除病变组织、恢复牙齿的外形、提高咀嚼功能。修复牙齿缺损常用充填治疗，如应用银汞合金、复合树脂、玻璃离子等材料充填龋洞，是临床应用得比较广泛的方法。而嵌体治疗和冠修复治疗在修复治疗中，应用得比较少，与充填治疗相比，不仅操作比较复杂，成本也比较高，目前还未普及。但鉴于它们能较好地恢复外形，不容易继续发生龋坏的卓越性能，相信随着口腔医学和材料学的发展，将逐步推广至临床。总之，无论使用哪一种龋病治疗方法，它们的目的都是一样的。

牙龈为什么会出血

孩子在睡觉时，会不明原因的口中出血，或早晨刷牙时口中出血，或在啃咬苹果时留下血迹，这多半是由于幼儿口腔卫生习惯不良引起的牙龈出血，但也有一些可能是全身性疾病如血液病、慢性肝病所引起。遇到这种情况应尽快到医院做些检查，判断是局部因素还是全身因素引起的，争取早期发现，对症治疗。

正常的牙龈呈淡粉色、质地坚韧，不受损伤是不会出血的。牙龈发炎时，牙龈颜色变为深红色，牙龈边缘水肿、肥厚，质地变得松软，一碰就容易出血。牙龈红肿、出血俗称"烂牙花"，医学上称牙龈炎，并且常伴有口臭。患牙龈炎常见于以下几种情况，幼儿的牙齿排列不整齐或饭后不漱口、刷牙不认真，从而使食物残渣残留在牙缝中、牙面上，形成菌斑、结石而刺激牙龈，引起牙龈发炎。

患了牙龈炎光靠吃消炎药是不容易见效的，应坚持早晚刷牙、饭后漱口，因怕刷牙出血而不敢刷牙是不对的。

儿童拔牙有何禁忌

儿童需要拔牙时，有如下情况之一者，牙医都会根据病情、权衡利弊得失、慎重考虑是否拔牙。

(1) **血液病**：如血友病、血小板减少性紫癜、白血病、再生障碍性贫血等。因为拔牙后均可能引起出血不止，故一般先治疗或控制该病后，才考虑拔牙。

(2) **先天性心脏病**：患有先天性心脏病的儿童，若处于发作期，应暂缓拔牙。拔牙前，应提前3天服用抗生素，以预防细菌性心内膜炎的发生。

(3) **肝损伤**：患有急性肝炎的儿童，由于拔牙后易引起术后出血，应该暂缓拔牙。

(4) **高血压**：患有高血压病的儿童应慎重拔牙。

(5) **糖尿病**：患有糖尿病的儿童对感染的抵抗力差，所以术前术后必须采取控制感染措施，在早晨空腹血糖不超过160毫克%时，才可考虑拔牙。

(6) **急性炎症期**：患有急性炎症的病儿一般不宜拔牙。

(7) **月经期**：对于早熟的女孩，11～12岁就可能出现月经，而月经期拔牙，可能发生代偿性出血，一般不宜拔牙。

孩子应当多大开始刷牙

婴儿从6～7个月开始长牙，先长前牙，再长磨牙，至两岁半左右，长20个乳牙。此时，就应当开始刷牙，保持口腔清洁，防止发生龋齿。

从两岁半开始，父母应给幼儿选择此年龄段使用的牙刷，每日早晚2次，站立于幼儿身后，手把手教幼儿掌握正确的刷牙方法。因为这个时期的幼儿已有一定的理解、表达能力，只要家长循循善诱，由浅入深的耐心指导，相信幼儿掌握正确的刷牙方法并不是件难事。

在学习刷牙阶段，可以让孩子自己刷，然后家长再替刷一遍，以求保证达到清洁口腔的要求。牙膏一般无毒，为了防止咽下，最初几个月，还是以不用牙膏为好，用牙刷蘸清水刷洗即可达到目的。

从3岁起，幼儿已经有半年的过渡期训练，应能独立完成刷牙动作了。但此时的幼儿还很顽皮，缺乏主动性和自觉性，家长平时还要起监督指导作用，使孩子养成良好的口腔卫生习惯，这样才能使孩子拥有一副健康美丽的牙齿。

家长替孩子刷牙，或是教孩子练习刷牙，都应当上下左右、里外前后、面面俱到，并且必须按一定次序进行，日久养成刷牙习惯，避免遗漏或流于形式，草草了事。

晚上刷牙不要在晚饭后，最好在睡前，并且刷牙后不再吃糖果或点心。青菜、萝卜、苹果、梨等蔬果富含纤维素的食物，咀嚼时对牙面有摩擦清洁作用，不会刷牙的孩子多吃此类食物，对口腔清洁有好处。

为什么要强调保护六龄牙

儿童在6岁前后萌出第一恒磨牙，也叫"六龄牙"，在医学上称为第一恒磨牙。"六龄牙"在第二乳磨牙的后面，易被人误认为是乳牙而不加重视。"六龄牙"分布在颌骨上下左右的四个中心地带，好像四个支柱，是比较恒定不容易错位的牙齿。它对保持上、下牙弓间的正常咬𬌗关系和维持面部下1/3的高度起着重要的作用。过去有人把它称为"牙齿咬𬌗之键"。

"六龄牙"还担负着主要的咀嚼功能，在整个恒牙中所承担的咬𬌗力最大。"六龄牙"对于颌骨的发育也有较大影响。因此，保护好"六龄牙"是十分重要的。因"六龄牙"萌出早，发生龋蚀机会最多，不少家长常把它误认为是乳牙，忽视了对它的防治，以致往往很早就丧失了。这样，不仅降低了咀嚼功能，而且可能引起其他牙齿的移位，造成咬𬌗紊乱。

第二乳磨牙位于"六龄牙"的前面，对保持"六龄牙"的正常位置有重要作用。如第二乳磨牙过早脱落,"六龄牙"就可能向前移位,造成以后双尖牙萌出的错位,进而导致整个牙列的错乱。为了保护好"六龄牙",家长们在孩子6岁前后,要特别注意换牙时期牙齿的萌出情况,定期到口腔科医师那里去检查,一旦发现"六龄牙"有龋损,就要及时治疗,不要轻易拔除。

儿童换牙期如何护齿

最早萌出的第一个恒磨牙(即六龄牙),对孩子颌面部的生长有定位、定高的作用,对其他牙齿萌出,排列整齐与否都有影响,保护好它可终身受益。

在长达6~7年的换牙期间,儿童通常易出现的不良习惯,如咬指甲,咬唇、咬舌、伸舌、舔牙等,可直接影响牙齿不整齐美观,面部发育不对称,从而留下容貌上的终身遗憾。还有的恒牙虽已萌出,但个别乳牙仍不脱落,应到口腔科拔除。

换牙期乳磨牙易患龋病,如龋齿引起根尖病,可影响恒牙的生长萌出,要注意乳磨牙龋病的及时治疗和预防,决不能有乳牙迟早要换,坏了也不必治的错误观念。

换牙时前恒牙在乳牙的下方或内侧萌出,萌出的恒牙即为成人牙齿的大小,出现轻度拥挤、扭转或间隙是正常的,可随邻牙的萌出和颌骨的生长发育而自行调整排齐,只要不是反𬌗(即地包天),一般不必矫治,但要做定期观察,最长不应超过半年。如在乳牙完全替换后仍排列不齐,应及时就诊。

换牙期由于牙齿排列不齐,恒牙萌出,乳牙滞留,常引起双排牙。此时,如多食含蔗糖食物及不注意口腔卫生,易引起牙齿清洁不良,食物滞留,而导致乳牙、恒牙发生龋齿。

哪些药物对听力有影响

自1945年发现链霉素对耳的毒性以来,耳毒性药物已有18类100余种之多。其中又以耳毒性抗生素最为常见。据报道,后天性聋的患儿中,药物性致聋的占35%~45%。常见耳毒药物可分为抗生素与非抗生素。

(1) 抗生素类：①氨基糖苷类。如新霉素、庆大霉素、卡那霉素、链霉素、妥布霉素和小诺米星。②大环内酯类有红霉素。③多肽类有多黏菌素、万古霉素等。

(2) 非抗生素类：①利尿药。有呋塞米、依他尼酸。②解热镇痛药。如阿司匹林。③抗疟药。有奎宁、氯喹。④抗肿瘤药。如氮芥、顺铂、长春新碱。⑤β阻滞药。有普萘洛尔、普拉洛尔。⑥其他。有酒精、一氧化碳、汞、铅、砷、苯胺、避孕药及激素等。

(3) 其他：当肾功能不良时药物不能排出，可选择性使内耳毛细胞中毒造成内耳永久性损害。不同药物作用环节亦有不同，如氨基糖苷类主要是使耳毛细胞线粒体功能失常所致；奎宁使毛细血管变细，螺旋神经节及基底膜病变；抗肿瘤药与内耳毛细胞结合并使酶活动受影响，造成感音性神经性聋。

如何减少家居噪声

目前，世界上患耳聋和听力减退者有7 000万人之多，他们大多发生于婴幼儿时期；除了少数儿童是药物中毒性耳聋和由中耳炎引起外，多数患儿是由家庭噪声所造成。婴幼儿的健康成长，需要安静舒适的家庭环境，如果他们常年生活在嘈杂的噪声中，耳朵常受到强烈音响的冲击，就可能损害听力。

学龄儿童如果长期受到噪声刺激，会变得容易激动、缺乏耐性、睡眠不足、注意力不集中等，导致学习成绩下降。

电视机、音响系统、收音机等如果用低音量播放一些音乐和歌曲，能陶冶儿童的性情，有益于他们的智力发育。但是，有些年轻父母不知道噪声对儿童听力有损害，他们为了自己的爱好，把音量开得很大，播放的时间也很长，因此伤害了儿童的耳朵。

噪声大小的衡量标准是以分贝为单位，在家里轻轻谈话的声音为30分贝，普通谈话声为40分贝，高声说话为80分贝，大声喧哗或高音喇叭为90分贝。

40分贝以下的声音对儿童无不良影响，80分贝的声音会使儿童感到吵闹难受。如果噪声经常达到80分贝，儿童会产生头痛、头昏、耳鸣、耳聋、情绪紧张、记忆力减退等症状。

为了保护孩子们的听力，其他家庭成员平时应该多注意消除家居噪声。

小儿为什么容易得中耳炎

急性中耳炎在小儿中并不少见，这是什么缘故呢？

正常人鼻咽部和耳朵是相通的，从鼻咽部到中耳之间的这条通道称咽鼓管，小儿的咽鼓管比较短而宽，而且呈水平位置，一旦发生上呼吸道感染，病原体很容易经过咽鼓管进入中耳引起急性炎症。婴儿喂奶不当引起呛咳后，奶汁等也易通过咽鼓管流入中耳，引起中耳炎。常给小儿挖耳垢，稍不小心便可戳破鼓膜，造成中耳炎，故平时不宜给小儿挖耳垢。少数中耳炎是由于败血症引起的，常见的病菌是金黄色葡萄球菌、乙型溶血性链球菌和肺炎双球菌等。

急性中耳炎常常伴有发热，因婴儿不会诉说耳痛，仅表现为烦躁、哭闹、夜寐不宁，用手揉耳朵或摇头，在吸奶时咽鼓管和中耳的压力发生改变会加剧耳痛，故婴儿不愿吃奶。上述症状容易被忽视，一旦鼓膜穿破，脓液流出，体温下降，才恍然大悟，原来前几天的不适是因为得了中耳炎。较大的小儿会说耳朵痛，故诊断不难。得了中耳炎要及时治疗，否则炎症会蔓延至邻近的脑膜而并发脑膜炎、脑脓肿，有时并发乳突炎，这时耳朵后的乳突有明显压痛。急性中耳炎如未能及时治疗或者急性炎症消失后仍然继续流脓者，说明已转入慢性，常常会影响患儿的听力。

所以，一旦得了伤风感冒，便要积极治疗，如果热度持续不退，就应想到有中耳炎的可能。

小儿患急性咽炎应注意什么

小儿由于机体免疫系统尚不健全，抵抗力弱，所以患急性咽炎时病情要比成人为重，临床表现也比较明显。因此，要及时就医，按时合理用药，并特别注意护理。要给患儿多喝白开水，饮食要清淡，用淡盐水漱口，保证充足睡眠，减少活动，室内空气要清新，湿润，并密切观察病儿的病情变化，防止由急性咽炎引起鼻、喉、气管、支气管、肺及耳部并发感染。某些急性传染病，如麻疹、水痘、猩红热等的前驱期常有类似急性咽炎的表现，家长应注意在发热1～2日后，患儿口腔黏膜和皮肤有无特征性的斑疹出现，以及舌头有无杨梅舌样改变等，以免误诊。

什么样的扁桃体应该切除

（1）慢性扁桃体炎经常反复发作，一年内发炎4～5次以上，每次发炎时全身症状重，有高热、咽痛、扁桃体肿大、充血、表面有脓点，以及颌下淋巴结肿大。

（2）曾经有过扁桃体周围炎和周围脓肿。

（3）扁桃体过度肥大，已影响呼吸和睡眠。也许这样的扁桃体从未发过炎，但是肥大的扁桃体已将咽部堵住，以致小儿吃饭很慢，安静时出气粗，稍一活动就气喘吁吁，夜间睡着后打呼噜，用口呼吸，喘憋，有时甚至1～2分钟不呼吸，出现呼吸暂停。这种长期缺氧的状况会影响到孩子的生长发育。因此，应该切除扁桃体，以达到解除梗阻的目的。

（4）病灶型扁桃体炎。因扁桃体炎可并发肾炎、风湿性心脏病、心肌炎及风湿性关节炎，近十几年的研究发现，牛皮癣的发病也与扁桃体炎有密切关系。这类病人在病情稳定期可以将扁桃体切除。

（5）不明原因的长期低热，扁桃体有慢性炎症，在排除了其他内科疾病时可切除扁桃体。

（6）扁桃体角化症或扁桃体上面有结石、息肉样增生、囊肿和其他的良性肿物。

（7）扁桃体恶性肿瘤的早期，在无淋巴结转移时可切除扁桃体，但是术后需做化疗或放疗。

儿童患急性鼻炎怎么办

冬季气候多变，不少小儿得了急性鼻炎。如果发现孩子有鼻炎症状，切不要给患儿滥用成人鼻炎药物，特别是萘甲唑啉、麻黄素等血管收缩类药物，应到医院及时检查用药，以避免发生鼻窦炎等并发症。

小儿鼻炎的季节性比较明显，大多数发生在秋冬季节，主要症状为连续打喷嚏、鼻痒、鼻塞、流清水样鼻涕，可伴有头痛，如不及时控制，可诱发鼻窦炎、腺样体炎、中耳炎、咽炎、支气管炎、支气管哮喘和顽固性头痛等并发症。严重者可导致记忆力减退，智力发育障碍，影响小儿的学习和生长发育。长期鼻塞和张口呼吸还会影响面部和胸部的发育。

一旦发现孩子鼻炎症状，应尽快到正规医院的耳鼻喉科就诊，6岁以下儿童切忌随手拿成人鼻炎药物治疗，不宜实施冲洗。婴儿要禁用血管收缩药，如萘甲唑啉、麻黄素等。得了鼻炎后，家长要配合医生积极预防并发症的发生。

家长要学会为小儿擤鼻涕的正确方法。正确的方法是：分别堵住一侧鼻孔，把鼻涕擤干净。平时要多饮白开水和果汁，使鼻分泌物软化，减少呼吸道分泌物的堵塞，若分泌量过多，可以用热水、蒸气熏鼻。家里应经常开窗通风，保持空气清新流动。还要保持室内空气湿度，夜间可在孩子床头放一盆水。同时，注意让孩子加强体育锻炼，多做户外运动，增强身体耐寒能力。

孩子经常流鼻涕有何危害

鼻腔是呼吸道的起始部分，它的周围骨质有含气的空腔称为鼻窦。这些鼻窦与鼻腔相通；中耳腔也有一条小管与鼻咽部相通。长期流鼻涕使鼻腔发炎、黏膜肿胀充血，不仅引起鼻塞，而且堵塞了鼻窦开口处，鼻窦因为引流不通畅，易引起鼻窦发炎。此时，会有多量的黄色鼻涕流向鼻咽部，还可引起咽鼓管感染而导致中耳炎。

由于长期鼻塞、氧气吸入量不足，小儿晚上睡眠不好，会有头晕、头痛、记忆力减退、注意力不集中，容易疲劳等反应，严重影响孩子的学习。由于鼻涕多睡觉后会流向气管里，又可引起气管炎、支气管炎、肺炎。

小孩被鱼刺卡到喉咙怎么办

（1）小儿喉咙不慎卡到鱼刺，不要试图用手将鱼刺取出，这样做不仅无效，反而有可能使鱼刺在喉咙中扎得更深。

（2）不要用连吃几口米饭、大口吞咽面食或喝醋的土办法来应对，这些方法都是不科学的。这样也会使鱼刺扎得更深，若强行吞咽还可能使鱼刺划伤小儿娇嫩的喉咙或食管，引起局部炎症或并发症。

（3）父母首先让小孩尽量张大嘴巴，然后找来手电筒照亮宝宝的咽喉部，观察鱼刺的大小及位置，如果能够看到鱼刺位置并且较容易触及，父母就可以用小镊子（最好用酒精棉擦拭干净）直接夹出。往外夹的时候父母和小儿要配合完成，固定好头部，手电筒照明，夹鱼刺时动作要轻。

（4）如果根本看不到咽喉中有鱼刺，但小孩有吞咽困难及疼痛，或是能看到鱼刺，但位置较深不易夹出的，一定要尽快去正规医院请耳鼻咽喉科医师处理。

（5）鱼刺夹出后也要注意观察，如小儿还有咽喉痛，进食不舒服或有流涎等，要继续到耳鼻喉科复查，排除残留异物。

小儿发生外耳道异物怎么办

一旦发现或怀疑小儿有外耳道异物，家长不要乱掏耳朵或用水冲，应及时到医院就诊。如无条件及时就诊，而异物较小或位置较浅时，如小儿合作，可嘱小儿头部歪向有异物的一侧，单脚跳，让异物自己掉出来。如果是昆虫类异物，可先试着用手电光诱虫自行爬出耳朵；若不行，可向耳中滴入植物油，将昆虫淹死，再用棉签沾出或钩出虫体。

为什么冬季警惕儿童中耳炎

儿童急性中耳炎是冬季多发病,多见于1~6岁的儿童,冬季儿童容易感冒。人的耳朵和鼻子通过咽鼓管相通,儿童的咽鼓管较短,管腔相对较大,走向似一条直线,与水平面交角小,近似水平,因此鼻部和咽部的分泌物及细菌等微生物容易经此侵入中耳,而且咽部淋巴组织丰富,常增生肥大,腺样体沟裂或扁桃体隐窝可隐藏细菌和病毒,中耳与其毗邻,易受感染。

儿童患急性中耳炎后常常发热,体温高达40℃以上,中耳腔的炎性分泌物渗出,其中的脓性分泌物可刺激鼓膜,造成耳朵疼痛难忍,较小的儿童不会诉说耳痛、耳鸣等症状,常表现为抓耳、搓耳、摇头、哭闹不安,常伴有恶心、呕吐、腹泻等消化道症状。患急性中耳炎后应及时给孩子应用抗生素,可使咽鼓管通畅。如果不及时治疗,鼓膜因炎症反应可能会穿孔;如果穿孔不愈合,就会形成慢性化脓性中耳炎,影响孩子的听力。

眼外伤怎么办

孩子玩打斗、投掷等游戏时,如伤了眼睛,可使眼球发生钝挫伤,此时孩子眼睑水肿,皮下瘀血,肿胀。孩子会感到疼痛。如果损伤了黑眼球,疼痛更为明显,会伴有流泪、怕光。钝挫伤还会使眼球出血,眼睛前房内变成红色,严重者还会有晶状体混浊、视网膜损伤等而影响视力。出现这些情况,应立即送孩子去医院眼科处理,并要防止感染。眼球被锐利物刺伤后,也应马上去医院处理,以防孩子视力受损。

儿童眼球穿通伤能危害视力和眼珠,应该及时抢救和治疗。对角膜、巩膜的伤口立即进行缝合。近年来,眼科器械有了很大的进步,较大的医院应用手术显微镜手术,大大地提高了治疗效果。如果伤口很小,对合良好,也可不缝合。一些人惧怕手术,自作主张是不对的,应尊重医师的治疗方案。除了手术,最重要的是预防感染,眼睛局部严格消毒,注射抗生素。根据伤情还要进行抗生素的口服或静脉注射。对于严重眼球破裂伤,即使把伤口缝上，眼球无正常形状并萎缩变小，还有交感性眼炎的可能，所以医师会做出摘出眼球的决定。眼球摘除后，可以安置义眼。

风沙、异物或小虫飞进眼内，奔跑时树枝将眼睛刮伤，孩子玩弄锐利的玩具如刀棍等，都可以引起孩子眼外伤。当眼中有异物时，先闭上眼睛，如果泪水能将之冲出最好，如冲不出，可用干净的手帕，轻轻沾去异物。如果上述方法无效，应去医院处理。

婴幼儿易患中耳炎怎么办

儿童中耳炎之所以易复发，主要是由于鼓膜穿孔后，外耳道与中耳腔直接相通，加上解剖上耳咽管粗而短，且呈水平位，以致儿童洗头、游泳的污水，喂奶时的奶汁，呕吐的胃内容物或是伤风感冒时病原菌易进入中耳腔，造成中耳的化脓性病变，致使慢性化脓性中耳炎反复发作。发作时患儿可有发热、头晕、头胀、耳部疼痛，耳部流出脓性的分泌物。经常反复发作会影响听力。预防儿童中耳炎的复发，关键应重视以下几个方面。

(1) 哺乳时：给婴儿哺乳时，母亲应取坐位，小儿取半卧位，同时要特别注意预防奶汁进入耳朵。发现奶汁进入耳朵应及时擦去。

(2) 感冒时：儿童患感冒时应及时治疗。鼻涕多时应及时排出。擤鼻涕时手不要同时捏两侧鼻翼，而应只将一侧鼻翼捏紧擤鼻涕，并同时滴一些抗生素滴鼻液消炎。

(3) 洗头、洗澡时：给孩子洗头、洗澡时要用棉花球或耳塞将耳道堵住，以防脏水进入耳内。若发生脏水流入耳朵时应及时用棉签轻轻拭干。有中耳炎的孩子不能去游泳池游泳。

(4) 中耳炎发作时：慢性化脓性中耳炎发作时，在口服或注射抗生素的同时，还必须按医嘱局部点药。耳内滴药时，先要清除耳内堆积的耵聍、脱落上皮和脓液，用3%过氧化氢溶液清洗，然后再滴耳药。若慢性化脓性中耳炎反复发作，且脓液恶臭，应考虑摄片，必要时手术治疗。

小儿鼻出血怎么办

小儿的鼻黏膜柔嫩而且血管丰富，随着年龄的增长，鼻黏膜下层由毛细血管网构成的海绵组织逐渐发育，到了性成熟阶段（12～13岁以后）最发达，所以在性成熟阶段鼻出血更多见。

小儿鼻出血时，家长要保持镇静，避免孩子惊慌，让孩子安静，取半坐位。手边如果有消毒的药棉最好，或用消毒的柔软卫生纸，将鼻孔外的血液擦净，然后把消毒棉或消毒软卫生纸填入鼻腔。若是家中有注射用的麻黄素或是肾上腺素，在消毒棉或消毒卫生纸上滴上一些之后再填塞，可以起到更好的止血作用。这样一般都能在几分钟之后止血。有时经填塞后鼻孔仍然流血，唾液中带血或血块，说明出血部位较深。如果自己处理后不能止血，要及时去医院五官科检查和处理。有反复鼻出血的孩子要去医院进行检查，以便明确原因和得到更好的治疗，避免贻误病情。

平时鼻腔黏膜干燥或气候干燥季节，可滴一些油剂（如液状石蜡），鼻腔内涂软膏之类药物，以润滑和保护鼻黏膜，能减少出血机会。如果知道孩子因吃花生和巧克力之类的食物引起鼻出血，就应限制小儿吃这类食品。平时应多吃蔬菜和水果。同时，要教育孩子不要把异物放在鼻腔中，以免发生鼻出血和引起鼻腔炎症。

小儿患鼻窦炎怎么办

小儿鼻窦炎是一种常见病，其发病年龄一般为：筛窦炎与上颌窦炎在婴幼儿时期即可发生，且常同时发病；额窦炎多发生于10岁以后；蝶窦炎则只发生于10岁以后。

小儿疑有鼻窦炎时应去医院就诊，医师根据病史及检查结果，一般不难诊断。鼻窦炎患儿的治疗宜用0.5%～1%麻黄素喷鼻或滴鼻（幼儿禁用），促进鼻窦分泌物引流。鼻腔内分泌物多时，应先吸出或清除分泌物，然后再用滴鼻药。较大的小儿用滴鼻药后，可行蒸气吸入和局部热敷。抗生素首选青霉素或其他对细菌敏感的药物，疗程3～5天，以便很好地控制感染。病重患儿应住院治疗。较大小儿上颌窦脓肿应行上颌窦穿刺冲洗。经合理治疗，大多数患儿可治愈。如果治疗不当，易导致严重并发症，反复感染者可成为慢性鼻窦炎。

急性鼻窦炎反复发作或未予及时彻底治疗可致慢性鼻窦炎。另外，鼻中隔偏曲、鼻甲肥大、鼻息肉、增殖体肥大、变态反应等，均为慢性鼻窦炎久治不愈因素。除上述鼻窦炎症状外，脓涕为黄绿或灰绿色，嗅觉减退。慢性鼻窦炎因分泌物增多，下行咽部而引起咽炎、气管炎；分泌物流向咽鼓管，可引起中耳炎或听力下降等。许多以慢性咳嗽、耳聋就诊的患儿发现患有鼻窦炎，经适当治疗病情痊愈或症状得到改善。

鼻窦炎的治疗分为全身及局部治疗。

(1) **全身治疗**：主要是使用抗生素，因为鼻窦炎多为细菌特别是化脓菌引起，所以使用抗生素十分必要，也是十分有效的。最好采用肌内注射或静脉滴注，效果要比口服快。注意用药后的反应。

(2) **局部治疗**：主要是引流脓液及局部滴药，常用的局部引流方法叫阴压法，要到医院去做。即用一种吸引装置将鼻腔的空气抽出，造成真空负压，从而使鼻腔内的脓液被引流出来。还可用此负压引入药物，达到直接用药的目的。这种疗法每日1次，5日为1个疗程，通常进行几个疗程之后，就会收到良好效果。家长要做好孩子思想工作，与医生配合好，吸引时发出"开"的声音。

(3) **其他**：简易的局部治疗还有往鼻腔内滴药，这样药液可以直接接触鼻黏膜，从而充分发挥药效，操作也简单。滴鼻药如麻黄素等多有苦味，滴鼻时容易流到咽后部，患儿会感觉不适，所以滴药后可用清水漱口，以清除咽部残留药液。麻黄素收缩血管，暂时减轻充血使鼻腔通畅，但因其还有后扩张作用，不久鼻塞又复出现，鉴于这种不良反应，麻黄素不可多用，更不适合于小婴儿。另外，房间内要通风换气，保持适当湿度。患儿病愈后游泳时不可使鼻腔进水，以防鼻窦炎复发。

婴幼儿咽后壁脓肿怎么办

有些幼儿初起高热、咳嗽，以后诉说咽部不适，不肯吃饭。仔细检查患儿的咽后壁，可见壁的一侧向前凸出肿胀，这往往说明该处有脓肿，医学上称为咽后壁脓肿。

所谓咽后壁脓肿，是指在咽后壁间隙内发生的化脓性炎症病变。其病因多为口、咽、鼻腔及鼻窦的感染引起咽后淋巴结炎，造成咽后壁脓肿。临床上多见于2岁以下的婴幼儿。开始有发热、咽痛等上呼吸道感染。喂奶时常有呕吐，有时奶汁逆流进入鼻腔而吸入气管，引起呛咳，讲话含糊不清，睡觉打鼾，呼吸不畅，甚至有明显的呼吸困难。若仔细检查咽部可见咽后壁的一侧向前凸出肿胀。X线侧位片，可见颈椎前缘至咽后壁距离加宽。对于这种咽后壁脓肿应引起警惕，因为稍不慎会致使脓肿破裂或自行破裂，脓液被吸入气管以致发生窒息。因此，婴幼儿一旦被确认为是咽后壁脓肿，应及时治疗。

若脓肿还没有完全形成，可用足量、有效的抗生素控制感染。饮食应细软或流食，但要保证充足的营养和水分。一旦脓肿形成，应取垂头仰卧位置，立即进行局部切开，并吸出脓液，经处理后咽后壁脓肿会很快痊愈。

小儿患急性喉炎怎么办

家长若发现孩子有咳嗽、流涕等症状，不久又出现犬吠样咳嗽时，千万不能掉以轻心，要想到急性喉炎的可能，应立即送医院检查治疗。否则会在很短的时间内发生喉痉挛和喉梗阻。急性喉炎只要及时发现和积极治疗，采用抗生素加上激素治疗，一般在几小时内就可以控制病情，大多数在1～2日内就会明显好转。

患儿要保持呼吸道通畅，吸氧可防止缺氧加重。可用生理盐水20毫升加庆大霉素2万单位、地塞米松2毫克超声雾化吸入，以减轻喉部炎症，缓解呼吸困难。同时让患儿安静,避免烦躁哭闹,使声带休息,减少氧的消耗。

感染早期可给予足量广谱抗菌药物治疗,控制感染。病情较轻的小儿可以口服抗菌药物治疗,病情较重的患儿可静脉应用抗菌药物。肾上腺皮质激素具有抗感染、抗毒及控制变态反应等作用。急性喉炎患儿应用激素时需与抗菌药物合并使用,能及时减轻喉头水肿,缓解喉头梗阻、呼吸困难等症状。烦躁不安的小儿可以适当用镇静药,常用盐酸异丙嗪注射剂,它有镇静及减轻喉头水肿的作用。对经上述处理仍有严重缺氧表现或有严重的喉梗阻的小儿,应及时行气管切开术。

小儿急性喉炎的发病与上呼吸道感染有密切关系。积极预防和治疗上呼吸道疾病,是防治急性喉炎的一个重要环节。预防小儿急性喉炎要努力提高儿童的抵抗力,要加强小儿的体质锻炼,多到户外进行游戏和活动,提高适应环境能力和抵抗疾病能力。此外,保持室内空气新鲜和温度适宜也是很重要的。

小儿患扁桃体炎怎么办

扁桃体位于咽部的两侧,扁桃体炎为小儿呼吸道常见病,分为急性和慢性两种。

急性化脓性扁桃体炎是一种由细菌感染引起的疾病,应用抗菌药物是主要的治疗原则。由于本病多为链球菌感染,青霉素应属首选抗生素。如果病人对青霉素类药物过敏,可以选用大环内酯类抗生素,如红霉素、罗红霉素、阿奇霉素等药。此外,可以对症处理,发热体温在38℃以上,可以给予退热药物降温,同时辅以物理降温。局部可用复方硼砂溶液漱口;也可以用口腔炎喷雾剂、冰硼散,或西瓜霜含片、草珊瑚含片含服,这些药物具有清洁口腔、消炎止痛之功效。

患儿应卧床休息,选用有效的抗生素,治疗要彻底,用药疗程要足够。如多次反复发生急性化脓性扁桃体炎,特别是已有并发症者,可以在急性炎症消退后实行扁桃体切除术。

小儿患扁桃体炎时,饮食要清淡点,宜多吃含水分多又易吸收的食物,如稀米汤（加盐）果汁、甘蔗水、马蹄水（粉）、绿豆汤等。平素忌吃辛辣煎炸等刺激性食物，如生姜、辣椒、大蒜、油条等。得病后应注意休息，保持口腔卫生，经常用热浓盐水含漱咽部。若出现眼睑水肿、关节疼痛、心慌、耳痛等症状，应及时查清是否并发肾炎、关节炎、心脏病或中耳炎，以便采取适当治疗措施。

小儿患口腔溃疡怎么办

口腔溃疡可由不同的病菌引起，但以厌氧菌为主。溃疡不仅可发生在舌头上，也可发生在两侧颊黏膜等处。溃疡表面呈灰白色，或粉红色，边界清楚，局部疼痛。患儿会出现流涎、拒食和烦躁等。对于小儿口腔溃疡可采用以下局部疗法。

（1）**清除细菌**：保持口腔清洁，勤喂水，局部可撒冰硼散或锡类散等中药；也可先用3%过氧化氢清洗溃疡面，再涂以1%甲紫溶液或2.5%～5%金霉素甘油。

（2）**甲硝唑甘油**：对于厌氧菌所致的口腔溃疡可用甲硝唑甘油疗法，见效快，无明显不良反应。方法是取甲硝唑0.2～0.4克研磨成粉末状，加在甘油10毫升中调匀。饭后涂擦患儿口腔溃疡处，每天3～4次，绝大部分患儿在2～3日内能痊愈。甲硝唑是迅速杀灭厌氧菌的有效药物，将甲硝唑溶于甘油中，可随甘油弥散到溃疡炎症的局部，起到局部消炎作用。而甘油可润滑口腔黏膜，避免和减轻食物对溃疡部位的机械性刺激；同时甘油还有轻度脱水作用，从而有利于黏膜水肿的消退和溃疡的愈合。

（3）**蛋黄油疗法**：取一个鸡蛋除去蛋清，将蛋黄放在盛器内用小火熬至出油，待其冷却，涂于溃疡面。每日3～4次，大部分孩子1～2日就能见效。因为富含维生素B_2的蛋黄是天然有机物，人体较易吸收，并且鸡蛋黄油在溃疡面上形成一层保护膜，使溃疡面不和外界接触，有利于溃疡面的修复。

婴儿流口水怎么办

新生儿每天唾液分泌量为 50～80 毫升，3～6 个月的婴儿分泌量明显增加，每天约 200 毫升，16 个月以后的婴儿分泌量就更大了。当各种生理性或病理性的原因致使口水不能及时咽下时，就会发生流涎。

(1) **生理性流口水**：多见于 3～4 个月的婴儿。这个月龄的小儿由于饮食中逐渐添加含淀粉的食物，口水的分泌量就会大大增多。而此时孩子的吞咽功能尚未发育成熟，口腔较浅，闭唇和吞咽动作尚不协调，口水不能及时吞下，因此发生流口水。6～7 个月的孩子，由于正在萌出的牙齿刺激了口腔内神经，造成唾液大量增加，这时口水就会流得更多。小儿流口水大多属于以上情况，是一种正常的生理现象，不需用任何药物治疗。等到孩子再长大些，吞咽功能和中枢神经系统功能进一步完善，这种流口水现象就会自然消失。

(2) **病理性流口水**：有些婴儿患病毒性感冒、持续高热、食欲减退、呕吐或腹泻时，常导致维生素缺乏，抵抗力减退，加上不注意口腔护理，很容易发生口腔炎症、舌炎及口腔溃疡等。这些口腔病变，使患儿口内疼痛剧烈，啼哭不止，语言、进食困难，有的甚至连咽口水也感到疼痛难忍，以致出现流涎。这种口水常为黄色或血性，黏稠带有一种特殊的味道或臭味。

因此，父母发现小儿常流口水，不妨先仔细察看孩子的口腔黏膜和舌苔，发现异常应及时处理。同时，因小儿皮肤娇嫩，口水又为酸性，对皮肤有一定的刺激作用，父母应用干手绢或纱布轻轻将口水拭干，并经常用温水给孩子洗下颌和颈部，然后涂上一层油脂，并及时更换潮湿的衣服。

婴幼儿患疱疹性口炎怎么办

疱疹性口炎是由单纯疱疹病毒感染所致，多见于 1～3 岁的小儿，无明显的季节性，但传染性强，常在托幼机构引起小流行。其临床特点是，初期有低热或高热，患儿头痛、乏力，可有流涕和咳嗽等症状。紧接着口腔黏膜充血,牙龈肿胀,舌缘、颊部、口唇或上腭等处出现散在或成簇的黄白色小水疱,直径2~3毫米,周围有红晕。疱疹可很快破裂形成小溃疡,溃疡表面有黄白色纤维渗出物,疼痛剧烈,影响进食,且伴流口水、烦渴、颌下淋巴结常肿大。一般发热在3日以上,可持续5~7日,溃疡需10~14日才完全愈合,肿大淋巴结经2~3周才消肿。因此,家长对孩子患病后的恢复时间要有足够的思想准备。

疱疹性口炎患儿的家庭护理要注意保持口腔清洁,勤喂水;溃疡局部可用冰硼散或锡类散等中药;为了预防细菌感染,局部可涂2.5%~5%金霉素甘油;病情严重者,在进食前可用棉签占2%利多卡因涂局部。食物应营养丰富、易于消化,以微温或凉的流质为宜。一般经积极治疗,约2周后即可痊愈。

小儿患口角炎怎么办

口角炎又称"口角疮",是儿童冬季较为常见的一种疾病。是机体维生素B_2缺乏所引起的一个临床表现。缺乏维生素B_2还可患舌炎、唇炎、角膜炎、睑缘炎、脂溢性皮炎,以及阴囊炎和会阴炎等,且口角炎还常表明机体同时有其他维生素及营养物质的缺乏,如不及时补充,将会阻碍儿童的生长发育。

日常饮食要科学安排,尤其要注意维生素的摄取。儿童每天需维生素B_2约1毫克,但一些家庭冬季的蔬菜多以大白菜、萝卜为主,这两种菜所含维生素B_2甚微,对于正在发育生长阶段的儿童来说是不够的,应经常添加一些富含维生素B_2的食物,如动物肝脏的维生素B_2含量最为丰富,其次是蛋类、牛肉、菠菜、苋菜、油菜、雪里蕻、茴香、花生、黄豆、木耳等食品也都含有相当量的维生素B_2。

应教育儿童不偏食、挑食,平日可吃些粗粮、杂粮,如玉米、小米等。粗杂粮中的胡萝卜素、钙、维生素B_2的含量比精细粮高,可使儿童摄取足量营养。

对肠胃疾病患儿要及时医治,以免影响机体对各种营养物质的消化与吸收。进入冬季,如发现小儿常舔口唇,应及时教育纠正,平时多给孩子喝开水,可用食用油脂涂抹在孩子的口唇上。

　　治疗时，局部涂抹食用油脂，认真纠正孩子舔唇角的毛病，或采用药物治疗，每次维生素 B_2 5～10毫克，口服，每日3次，坚持1～2周，即可愈合。如果疮口溃烂，可涂些甲紫溶液，促使局部结痂。

七、儿童常见病防治

新生儿败血症怎么办

新生儿败血症是新生儿时期常见的、严重细菌感染性疾病。引发新生儿败血症的原因有：①新生儿的皮肤、黏膜薄，容易破损。未愈合的脐部是细菌入侵的门户。更主要的是新生儿免疫功能低下，感染不易局限，当细菌从皮肤、黏膜进入血液循环后，极易向全身扩散而致败血症。②妈妈怀孕期间患感染性疾病时，某些细菌及其毒素，可以通过胎盘传染给胎儿，这种情况新生儿多于出生后48小时内发病。③胎儿娩出时，由于母体羊膜早破、羊水污染、产程延长、助产过程消毒不严等，均可增加感染机会，而致新生儿败血症。④新生儿反应能力低下，某些局部感染时未被及时发现，如脐炎、口腔炎、皮肤小脓疱、痱子感染、眼睑炎等，这些局部感染均可成为病灶，并可能发展为败血症。

患儿表现出原有黄疸加重，体温不恒定，多数发热，但有时体温正常或不升。常有呕吐、厌食、腹泻、烦躁或嗜睡，哭闹不安，甚至惊厥。早产儿可表现面色发灰、全身虚弱、吮吸无力、哭声低微，对各种刺激都呈反应低下状态。

要注意围生期保健，积极防治孕妇感染，以防胎儿宫内感染。在分娩过程中应严格执行无菌操作，对产房环境、抢救设备及复苏器械等要严格消毒。对于早期破水、产程太长、宫内窒息的新生儿，应在其出生后进行预防性治疗。做好新生儿护理工作，应特别注意保护好皮肤、黏膜、脐部免受感染或损伤。并严格执行消毒隔离制度。

在护理新生儿时，要细心观察其吃、睡、动等方面有无异常表现，尽可能早期发现轻微的感染病灶，及时处理，以免感染扩散。

新生儿肺炎怎么办

新生儿肺炎是新生儿时期最常见的一种严重呼吸道感染疾病。

(1) 新生儿肺炎的治疗：①体温不升者应保温。②细心喂养。③面色苍白或发绀、呼吸困难者应给吸氧。④静脉注射抗生素，常联合用青霉素和庆大霉素，或氨苄西林与庆大霉素，若为金黄色葡萄球菌感染，可以用苯唑西林。抗生素的疗程一般为10~15天。金黄色葡萄球菌肺炎如果治疗不当，易并发脓气胸而预后不佳。

(2) 新生儿肺炎的家庭护理：①室内要空气新鲜，阳光充足，每天通风2~8次，每次10~30分钟，避免对流风，室温应保持在22℃~25℃，冬季取暖要防空气干燥，可在炉子上放开水壶调节湿度。室内切勿吸烟。②减少亲友探望，特别是有呼吸道感染的人，不要进入患儿的居室。③选用小孔奶头喂奶，如吸奶时口周发绀，可稍休息一下再喂，或改用小勺喂。喂奶后将患儿抱起伏肩上拍拍背，排出患儿口内积气，以免呕吐。④冬天取暖时，患儿两鼻孔容易被鼻痂堵塞，使呼吸不畅，要注意观察小儿鼻腔内有无干痂，如有可用棉签蘸水后轻轻取出，以解决因鼻腔阻塞而引起的呼吸不畅。⑤发热至39℃以上时，可用物理降温，用凉水袋置于头部，也可用凉水毛巾敷额部；给患儿饮水也可以调节体温；用温水给患儿洗洗臀部及下肢，也可以增加散热，使体温降至正常。患儿如面色暗淡，不吃奶，睡觉时间较明显延长，口周围发青等，就要去医院诊治，必要时要予以吸氧和静脉输液给药。

新生儿呕吐怎么办

新生儿呕吐的原因有生理性和病理性之分。由于新生儿大脑皮质尚未成熟，呕吐反射常不协调，故呕吐物常以鼻腔和口腔同时喷出，易致窒息。哺乳后乳汁从口角边流出，称为溢奶，为新生儿期生理现象。

幽门痉挛是新生儿早期（生后1周内）出现呕吐的常见原因之一，多为暂时性幽门功能失调所致。对于幽门痉挛主要是用解痉药物治疗，常用的药物为阿托品。开始用量为1∶1 000或1∶2 000的硫酸阿托品1滴，每次喂奶前10～15分钟滴入口内，每天增加1滴至小儿面色潮红为止，持续用药一段时间。当小儿不再继续呕吐、食欲增加时，就可以停药。有先天性青光眼的小儿忌用此药。阿托品效果不好者可试用西沙比利干混悬剂，每次按每千克体重用药200微克，每日3～4次，于吃奶前15～20分钟滴入口内。少数小儿服用西沙比利可以出现腹泻、过敏等不良反应，如果新生儿出现腹泻时可以酌情减量，小于36周的早产儿慎用此药。

孩子呕吐时，应注意侧卧，以免呕吐物吸入气管发生窒息。呕吐不重者，可少量多次喂水，以补充水分。饮水要热的或稍凉的，不要饮温水，温水容易刺激呕吐。呕吐患儿的饮食要容易消化，有脱水时可给予输液治疗。输液的内容主要是5%葡萄糖、0.9%生理盐水，适当补充氯化钾。有酸中毒者，要给予一些碱性液体。补液还有另外一个目的，即让肠道得以休息，不再为消化食物而工作，这样呕吐就可以渐渐平息下来。

新生儿呼吸窘迫综合征怎么办

本病又称新生儿肺透明膜病，是指新生儿出生后不久出现进行性呼吸困难和发绀，病因至今未明，目前认为与肺泡表面活性物质缺乏有关。由于肺泡表面活性物质缺乏，肺泡失去了原有的稳定性。促使在肺泡、肺泡壁及细支气管壁上有嗜酸性的透明膜形成，影响了肺泡的功能。本病多见于早产儿、剖宫产儿，孕妇有糖尿病或妊娠高血压综合征的新生儿。

患儿出生时一般情况尚好，出生后1～3小时仅出现呼吸增快，12小时内出现进行性呼吸困难，患儿呻吟、发绀、呆钝、面部虚肿，吸气时出现三回症（胸骨上窝、肋间及剑突下凹陷），呼吸急促，可多至每分钟100次以上，体温上升，四肢厥冷。重症者48小时左右达高峰后逐渐陷入呼吸衰竭。部分病例经治疗后病情渐缓解，病程度过72小时者多可逐渐康复。

新生儿呼吸窘迫综合征宜及早诊断并及时采取综合措施。注意保暖，使体内耗氧量保持最低水平，室内或暖箱内湿度在60%～70%。给氧吸入并进

七、儿童常见病防治

行治疗。

要注意预防早产、合理掌握剖宫产指征，选择剖宫产的时间尽可能推迟到预产期施行。娩出时尽量防止羊水吸入，出生时如有窒息，应及早气管插管，以清除羊水等异物，离开产房前要用导管吸净胃内羊水，入婴儿室后必要时隔几小时再吸 1～2 次。

新生儿破伤风怎么办

新生儿破伤风是破伤风杆菌通过脐带进入新生儿体内而引起的急性传染病，多在出生后 4～6 天内发病。新生儿破伤风发病的主要原因是接生时用未经严格消毒的剪刀剪断脐带，或接生者双手不洁，或出生后不注意脐部的清洁消毒，致使破伤风杆菌自脐部侵入所致。为消除新生儿破伤风，必须强化新法接生。

本病多发生在出生后 4～6 天，病初常有烦躁不安、哭闹，以后可出现吸奶不紧、牙关紧闭、抽搐、眼裂变小、面肌痉挛，以及出现皱眉、举额、口角向外牵引、口唇皱缩呈苦笑面容。颈部和躯干四肢肌肉痉挛，出现双手握拳、两臂强硬、头向后仰，呈角弓反张状。严重者呼吸肌痉挛，出现口唇发绀，甚至窒息。而且任何轻微刺激，如声音、光亮、震动都能引起痉挛发作。多数患儿有发热症状，但也可以无热或低热。

孕妇应接受破伤风免疫注射。分娩时应采用新法科学接生。在接生时严格无菌操作，注意脐带端的清洁处理，是预防本病的根本措施。若遇急产时，来不及使用消毒过的接生包，可将剪刀在火上烧红后使用，并把脐带残端多留 4～5 厘米，并在 24 小时之内严格消毒操作将脐带远端再剪去一段，重新消毒结扎。其近端用 1∶4 000 高锰酸钾溶液或 3% 过氧化氢溶液清洗，再涂以 2.5% 碘酒。同时，给新生儿肌内注射破伤风抗毒素和青霉素，可以预防感染。

新生儿脐炎怎么办

新生儿脐炎主要是指新生儿生后10天内出现脐轮红肿、脐窝见脓性分泌物，严重时可有发热、吃奶差等表现。新生儿的特异性和非特异性免疫功能均不够成熟，出生断脐后，脐部是一个开放的伤口，细菌容易在脐部繁殖并进入血液。几乎所有脐带在出生后第一天是无菌的，以后逐渐有金黄色葡萄球菌、表皮葡萄球菌、大肠埃希菌、链球菌集落，也可以有深部厌氧菌。在断脐时，或断脐后，如果消毒处理不严，护理不当，就很容易造成细菌污染，引起脐部发炎。

新生儿脐炎的防治：①保持局部干燥。勤换尿布，防止尿液污染。②局部换药。如果单纯出现脐部表现，可局部处理。先用过氧化氢溶液涂擦脐窝，然后用2%甲紫外涂，每日2次，2～3日可痊愈。③抗生素治疗。若有脐部表现的同时出现全身症状，就需要应用抗菌药物治疗，可以根据致病菌选用抗菌药物。青霉素，每日每千克体重15万～20万单位，早产儿5万～15万单位，每日2～4次，静脉滴注。青霉素一般不良反应很小，可有皮疹、药物热及过敏性休克，如果家庭中有青霉素过敏史的小儿应当慎用。氨苄西林，每日每千克体重50～100毫克，每日2～3次，静脉滴注。也可以选用头孢唑啉，小儿用量为每日按每千克体重用药30～50毫克，每日2次，静脉滴注。一般选用一种抗菌药物即可。

预防新生儿脐炎的关键在于断脐时严格执行无菌操作，做好断脐后的护理，保持局部清洁卫生。

新生儿结膜炎怎么办

如果宝宝眼部有分泌物或是已患上结膜炎，可做如下护理。

（1）每次清除宝宝眼部分泌物时，切记要先用流动的清水将手洗净。

（2）将消毒棉签在温开水中浸湿（以不往下滴水为宜），轻轻擦洗眼部分泌物。

（3）如果睫毛上黏着较多分泌物时，可用消毒棉球蘸温开水湿敷一会儿，再换湿棉球从眼内侧向眼外侧轻轻擦拭，一次用一个棉球，用过的就不能再用，直到擦干净为止。

（4）用抗生素眼药水滴眼。妈妈手持眼药瓶，将药水滴入宝宝的外眼角，不要滴在黑眼珠上或让药瓶口碰触眼睫毛，瓶口离眼睛2厘米，每次2～3滴即可。点药后松开手指，用拇指和食指轻轻提上眼皮，以防药水流进鼻腔。若双眼均需滴药，应先点病变较轻的一侧，经后再点较重侧，中间最好间隔3～5分钟。常用的眼药水为0.25%的氯霉素眼药水。如果是淋球菌感染，选用青霉素眼药水。衣原体眼炎用红霉素眼膏，还可用0.5%的金霉素眼药水滴眼或0.1%的利福平眼药水滴眼。

（5）对宝宝用过的物品，特别是毛巾、手帕要进行消毒。

如果眼部红肿明显，脓性分泌物过多及白眼球充血，一定要及时去眼科诊治，不得延误。

新生儿惊厥怎么办

新生儿惊厥是由多种疾病引起的中枢神经系统功能暂时性紊乱的一种症状，又可称为抽风、惊风。新生儿发生惊厥常提示病情严重，且表现不典型，难以辨认，常易发生误诊，因而病死率高，发生后遗症者较多。

新生儿惊厥的主要原因是产伤、缺氧、代谢异常、先天性畸形及感染。

产伤及缺氧多有难产史，常见的原因有新生儿颅内出血、颅脑损伤、窒息、急性脑缺氧、颅骨骨折。新生儿代谢异常如低血钙、低血镁、低血糖、低血钠、维生素B_6依赖症等。其他如核黄疸、先天性脑发育不全、小头畸形、脑积水、脑血管畸形、严重心脏病等，亦为惊厥的常见原因。此外，某些感染如先天性感染及后天性感染（败血症、脑膜炎、破伤风等），或有时由多种病因同时存在而引起新生儿惊厥。

新生儿惊厥发作常表示病情十分严重，一旦发现，应给予应急处理，首先针刺或用手指压迫刺激人中、合谷，同时注意将头部略后仰，保持呼吸道通畅，再去医院。当有四肢强直性抽搐时，切切不可硬性将孩子躯体弯曲，以免造成窒息死亡。

小儿营养不良怎么办

小儿营养不良是一种慢性营养缺乏症。婴儿应尽可能母乳喂养，并按不同月龄添加辅食，断奶后给予容易消化、营养丰富的食物。患儿在治疗期间应忌食不易消化的食物，注意户外活动，多晒太阳，增强体质。

可选用的西药有：

(1) **助消化药**：①胃蛋白酶合剂。常用胃蛋白酶合剂每100毫升内含胃蛋白酶2克，2岁以内小儿每次1～2.5毫升，2岁以上小儿每次3～5毫升，每日3次，口服。②乳酶生。每次0.3克，每日3次，口服。

(2) **促进代谢药物**：①苯丙酸诺龙。常用10～25毫克，每周1～2次，肌内注射，连续用药2～3周。②普通胰岛素。每次2～3单位，每日1次，肌内注射，用药前先服葡萄糖20～30克，1～2周为1个疗程。有水肿者忌用。

(3) **其他**：①硫酸锌。血锌偏低者可口服1%硫酸锌溶液，从每日按每千克体重0.5～1毫升开始，口服，逐渐增加至每日按每千克体重2毫升，口服，连用4周。②维生素。可口服各种维生素，必要时可肌内注射或静脉滴注。③输血或血浆。严重贫血者可输血，低蛋白血症者可输血浆。依少量多次的原则，一般每次按每千克体重输新鲜血液5～10毫升，1～2周1次。输血浆每次25～50毫升，隔2～3日1次。

(4) **预防**：①合理喂养。②合理安排生活制度。③预防疾病和矫正先天畸形。④注意营养。

得了佝偻病怎么办

维生素D缺乏性佝偻病是由于婴幼儿体内缺少维生素D引起的钙、磷代谢异常所致的一种疾病，俗称"软骨病"，3岁以下小儿易发此病。当孩子体内缺乏维生素D时，就会发生维生素D缺乏性佝偻病。佝偻病的活动性病例在冬春季较常见。临床以颅骨软化、出牙迟、肋骨串珠、"O"形腿、"X"

形腿等为特征，多发生于6~24个月的小儿，未成熟儿较多见。

1岁以内的婴儿生长发育最为迅速，需要各种营养素相对较多，除了需要大量的蛋白质、脂肪、糖三大营养素外，还需要维生素D、钙剂、铁剂等。但是，各种食物包括乳类的维生素D含量都很少，如不另外补给维生素D就不能满足生长发育的需要，就会发生维生素D缺乏性佝偻病。家长应定期带孩子到儿保门诊检查，以便早期预防、早期发现和治疗。已确诊的佝偻病患儿，每天酌情让其多多俯卧（防治胸骨突起的鸡胸），还要按摩患儿弯曲的双腿，慢慢拉直，此时不可让患儿站立时间过久，以免重压加剧下肢弯曲。

当小儿患严重佝偻病时，应尽快给予大剂量维生素D注射，同时口服钙剂，方可迅速控制病情，防止进一步恶化。此时患儿体内急需补充大剂量维生素D和钙剂，如不及时给予有效的治疗，可留下严重的后遗症。

治疗佝偻病应让患者多接触阳光，因为晒太阳，皮下脂肪所含的维生素原可变成维生素D。同时应给孩子服用维生素D，一般每日5 000~10 000单位就足够了；重症可以加倍，至每日1万~2万单位，分2次口服，持续2~3个月。同时口服钙片，每次1克，每日3次，定期复查血钙、磷及碱性磷酸酶，并进行骨骼X线摄片，以观察疗效。

小儿手足搐搦症怎么办

手足搐搦症是因维生素D缺乏，以致血钙降低，神经肌肉兴奋性增强，发生惊厥和手足搐搦等症状。手足搐搦症的治疗可采用以下方法。

(1) **镇静药**：惊厥及喉痉挛时应迅速止痉，可选用：①地西泮。每次按每千克体重用药0.2毫克，肌内注射或静脉注射。②苯巴比妥。每次按每千克体重用药2~4毫克，肌内注射。③复方氯丙嗪。每次按每千克体重用药各1毫克，肌内注射。④10%水合氯醛。每次按每千克体重用药0.5毫升，保留灌肠。

(2) **钙剂**：补充钙剂是针对病因进行治疗的关键。惊厥及喉痉挛时应迅速止痉，可选用注射钙剂，在注射的同时，可口服给药。① 10%葡萄糖酸钙。每次10毫升，静脉注射时用10%的葡萄糖注射液稀释1倍，然后缓慢静脉注射,每分钟不超过2毫升。或用本品10毫升分两侧肌内注射。新生儿剂量减半。②口服钙剂。在注射的同时,可口服10%氯化钙5~10毫升,每日3次,首剂加倍;服用1周后改用乳酸钙或碳酸钙,每日1~1.5克,口服。③维生素D_2。一般在惊厥停止后2~3日开始每日0.05~0.125毫克(2 000~5 000单位),口服,连用1个月后改用预防量每日0.01毫克(400单位),口服。④硫酸镁。常规用钙剂治疗无效或疑有低镁时,每次按每千克体重用25%硫酸镁0.2毫升,深部肌内注射,每6小时用药1次,连用3~4次。

如果发作频繁,应有专人陪护,发作之后,应注意休息。应吃营养丰富、易消化食物。家长要多带小儿在室外活动,多晒太阳。

小儿维生素A缺乏怎么办

长期患腹泻、肝病和传染病的婴儿容易发生维生素A缺乏症。

轻症者可给予口服维生素A,目前有多种含维生素A的口服制剂,如浓缩鱼肝油丸(每粒含维生素A 1万单位、维生素D 1 000单位),贝特令软胶囊(每粒含维生素A 1 800单位、维生素D 600单位)等。口服维生素A剂量:1~3岁小儿为每日按每千克体重用药1 500微克(相当于每日按每千克体重用药5 000单位),每日总量为7 500~15 000微克(相当于2.5万~5万单位),分2~3次,口服。重症或消化吸收障碍者,可深部肌内注射维生素AD油剂0.5~1毫升,3~5日症状好转后就可以改为口服,并逐渐减量。眼部症状消失后改为预防剂量,婴儿每日450~700微克,口服,儿童每日700~1 500微克,口服。不宜长期大量服用维生素A以防中毒。维生素A中毒反应有骨痛、颅内高压、皮疹、脱发、厌食、恶心、呕吐、口唇干裂等。停药后可自行消失。经治疗后,夜盲改善最快,数小时即可见效,眼干燥症及角膜病就迅速好转,皮肤角化消除较慢,需1~2个月方能恢复健康。口服维生素A治疗的同时给予维生素E口服,可以提高疗效。因为维生素E也有维持人体细胞正常结构和功能的作用。

婴儿维生素A的每日需要量婴儿为450~700微克(1 500~2 000单位),如果孩子能够正常饮食,不偏食,一般不会引起维生素A缺乏。如果出现维生素 A 缺乏症，应在医师的指导下使用维生素 A 治疗。

小儿维生素 B_1 缺乏怎么办

哺乳的母亲若食用精制细粮，可使母乳中维生素 B_1 含量不足，那么，吃奶的婴儿容易缺乏维生素 B_1。此外，以米汤、奶糕和稀饭等为主的人工喂养儿，以及偏食蔬菜而少吃肉类的孩子也容易得此病。

脚气病是由于维生素 B_1 缺乏所致，治疗上主要是补充维生素 B_1。小儿维生素 B_1 的用量为每日 15～30 毫克，分 3 次口服。哺乳的婴儿有维生素 B_1 缺乏症时，应同时治疗哺乳的母亲，每日给予维生素 B_1 60 毫克，分 3 次口服。重症患儿或消化道功能紊乱时，可采用维生素 B_1 肌内注射或静脉注射，每次用量为 10 毫克，需用专供静脉注射的制剂，不要用葡萄糖液稀释，以免因血中丙酮酸增高，加重病情。

维生素 B_1 广泛存在于谷类、豆类、坚果、酵母、肝、肉、鱼等食物中，在谷类维生素 B_1 多存在于糖、麸皮中，所以吃精制大米反倒易引起维生素 B_1 缺乏。为了预防维生素 B_1 缺乏症，哺乳的母亲少食精制米，煮饭时米汤不要弃去，应多吃大豆、赤豆、花生、谷芽、麦麸和酵母等富含维生素 B_1 的食品。4 个月以上的婴儿应逐渐添加蛋黄、菜泥、肝泥，鱼茸等含维生素 B_1 较多的食品。怀孕和哺乳期的母亲应多吃含维生素 B_1 丰富的食物。平时需要量乳母为每天 3～4 毫克，1 岁以内小儿至少 0.5 毫克，1～3 岁小儿 1～2 毫克。

小儿维生素 B_2 缺乏怎么办

维生素 B_2 又称核黄素。婴幼儿饮食中长期缺乏动物蛋白和新鲜蔬菜，或反复呕吐、腹泻及患慢性消耗性疾病，都可导致体内维生素 B_2 不足而发病。维生素 B_2 缺乏多见于长期以大量淀粉类食物为主食（如精米、精面等）的小儿，因为谷物在加工过程中可失去大量的维生素 B_2，同时这些小儿又很少吃动物性蛋白（如鱼、肉等）及新鲜蔬菜。还有一部分小儿是因为营养不良，慢性胃肠道疾患、创伤、结核及长期发热等引起维生素 B_2 缺乏。

维生素 B_2 缺乏症患儿在确诊后应口服维生素 B_2，每次 5 毫克，每日 2～3 次，症状大多于 2 周左右消失。见效缓慢的患儿可以肌内注射维生素 B_2，每日 5 毫克，每日 1 次，肌内注射。同时改善饮食，并服用复合维生素以治疗或预防可能共存的其他 B 族维生素的缺乏。当小儿症状完全消失，能正常饮食后即可停服维生素 B_2。

维生素 B_2 每日需要量，婴儿为 0.6 毫克，儿童及成人为 1～2 毫克。维生素 B_2 极少有不良反应，服用安全。作为维生素 B_2 的天然来源，维生素 B_2 最多存在于酵母中，此外动物肝脏的含量也特别丰富。以每 100 克计算所含维生素 B_2 量，干酵母为 5.4 毫克，肝 3.5 毫克，鸡蛋 0.3 毫克，猪肉 0.27 毫克，牛乳 0.17 毫克。一般认为体内不能贮存维生素 B_2，大量摄入后尿中的排出量显著增高。故每日应有一定量的维生素 B_2 摄取，以免缺乏。进行光疗的新生儿，或接受血液透析疗法、长期静脉营养治疗的患儿，应注意补充维生素 B_2，以预防医源性维生素 B_2 缺乏症的发生。

预防维生素 B_2 缺乏症，可让孩子多吃些动物肝、蛋类、绿色蔬菜和水果等。如果能够正常饮食，不偏食，没有疾病的影响，一般不会引起维生素 B_2 缺乏。

小儿维生素 C 缺乏怎么办

孩子出生后，尤其是人工喂养的孩子若没有及时添加新鲜果汁、新鲜蔬菜，或调煮时间过长，使维生素 C 破坏过多，或因患病消耗增加等，均可引起维生素 C 缺乏而发生坏血症。

坏血病的治疗主要是补充大量维生素 C，每次 100～150 毫克，每日 3 次，口服。对重症患者及有呕吐、腹泻或内脏出血症状的小儿应改用静脉注射，每日 1 次 500～600 毫克，1～3 天后改为口服，用量同上。正常婴儿每日维生素 C 的需要量为 30～35 毫克，幼儿每日需要量为 40～50 毫克。年长儿每日需要量为 50～75 毫克，早产儿每日则应给予 100 毫克。患病时维生素 C 消耗较多，也应该给予较大剂量，直至症状消失、可以正常饮食时，才可以停药或改用预防用量。同时，还应该让小儿多吃鲜橙汁等维生素 C 含量丰富的食物。此外，还要根据需要适当补充其他维生素，特别是维生素 D。合并巨幼红细胞贫血者，维生素 C 治疗量应加大，另给予适量叶酸。骨骼病变明显的患儿，应安静少动，以防止骨折及骨骺脱位。有牙龈出血者应注意口腔清洁，勤漱口。维生素 C 一般的治疗量很少出现不良反应。但过量可引起恶心、呕吐、腹痛、腹泻等。每日 4～12 克，可增加尿中草酸盐排泄，引起泌尿系统结石。每日 5 克以上，可致溶血，重者可致命。

小儿患厌食症怎么办

厌食是小儿常见的一种杂症，主要表现为较长时间的食欲缺乏、食量明显减少，甚至拒食。厌食症是小儿长时间的食欲低下，以致小儿正常的营养发育受到明显影响的症状。如小儿的营养发育状态较好，只是偶有食欲低下，则不能视为厌食症。

应对小儿厌食的良策如下。

（1）培养良好的饮食习惯：养成按时进餐的习惯；尽量不吃或少吃零食，特别是在饭前不要吃零食，以免影响食欲。

（2）促进和激发食欲：增加孩子的活动量，让孩子多到户外活动，参加各种游戏，以消耗体内大量的热能，就能刺激孩子的食欲。为孩子做饭菜不仅要注意色、香、味，还要讲究食品的形状，因为这些都可激发孩子的食欲。儿童的膳食要经常变换花样，不要连续几天的食谱相同。做的食品最好带有艺术性，点心可做成猫、狗和大象等各种动物形状，引起孩子的兴趣，从而达到促进和激发孩子食欲的目的。

（3）药物疗法：中医学认为，小儿厌食大多是伤食型的，可用保和丸助脾胃消化。有人提出用多潘立酮治疗小儿厌食具有良好的效果。因为多潘立酮能增强食管下部括约肌张力，消除食滞，促进胃排空。方法是每千克体重每次用 0.3～0.4 毫克，每日 3 次，饭前 15 分钟口服。大部分在服药 1 周内就能改善食欲，食量增加。治疗 4 周，体重可增加，腹胀、腹痛等症状明显减少。

小儿患风疹怎么办

风疹是由风疹病毒引起的疾病,是一种多发于儿童的传染病。绝大多数的风疹都对心脏有侵害,儿童极易得心肌炎。3～4月份是风疹的发病高峰,5月份降低,6月份就没有了。据推算,我国每年至少有4万例先天性风疹综合征的孩子出生,所以先天性畸形包括先天性心脏病等各类缺陷的孩子很多。

风疹的传染性在出疹前7天和皮疹消退后7～8天,对容易得病的小儿,可肌内注射免疫血清球蛋白获得被动免疫可以使小儿即使得了风疹也可以减轻症状,但它的疗效并不确切,通常不用此方法预防。对于15个月以上的儿童可以采取主动免疫的方法,接种风疹减毒疫苗,使小儿获得抵抗力而不致病,并可使小儿获得终身免疫。

小儿得了风疹后主要是对症及进行支持治疗:①注意休息。多吃一些营养丰富又容易消化的食物,多喝水。②如果体温超过39℃,可以适当口服对乙酰氨基酚退热。③可以应用清热解毒的药物。如银翘散、抗病毒冲剂等。④注意防止并发症的出现。如防止小儿抓伤皮肤引起感染,注意肺炎的发生,不到公共场所,如果小儿出现高热、嗜睡、昏迷、惊厥时,可能是并发脑炎,应当及时去医院就诊。

小儿患麻疹怎么办

麻疹是一传染性强的呼吸道传染病。发现小儿患麻疹后,一要测体温,如发热,想法用温水擦浴退热。二要尽快看医师以明确诊断。如患儿外表上看麻疹已愈,但一般情况反而更差,诸如诉说耳痛、头痛等要立即看医师,确定是否出现了并发症。发现孩子眼睛红肿时可用凉开水浸洗。同时要定时给孩子喝水,保证摄入充足的水分。孩子得麻疹后,如果治疗护理得当,大多能很快治愈。

患儿体温在38.5℃以上时,可适当口服退热药。烦躁时可适当给予镇静药苯巴比妥钠。剧烈咳嗽时可用镇咳祛痰药物。继发细菌感染如合并肺炎、脑炎，可给予抗生素治疗。咳嗽痰多时，可用复方甘草合剂，1～7岁每次5毫升；7～12岁每次8毫升。高热时，可加用儿童退热药泰诺退热口服液，或者复方阿司匹林。伴有眼结膜充血炎症者，用2%硼酸水洗眼或湿敷。

双黄连针剂或口服液为纯中药制剂，主要成分是黄芩、黄连、金银花等。双黄连具有解热、抗感染、抗病毒作用，主要用于治疗病毒和细菌引起的呼吸道感染，也可以用于治疗麻疹。双黄连有针剂和口服液两种剂型。双黄连注射液不能肌内注射，只能静脉用药，常规用量为每日每千克体重60毫克，每日1次，静脉滴注。用药过程中要注意输液速度及浓度，注意静脉滴注的速度要慢，加入葡萄糖溶液配成1.2%浓度，防止引起注射部位的疼痛。患儿也可以用双黄连口服液，用量为每次5～10毫升，每日3次，口服。

小儿患水痘怎么办

水痘是一种传染性很强的急性出疹性传染病，是由水痘－带状疱疹病毒引起的。水痘是一种自限性疾病。如果没有并发症如皮肤感染、肺炎、脑炎等，则不需要特殊处理，仅需对症治疗，如剪短患儿的指甲，以防抓伤；由于水痘疱疹病变仅累及皮肤的真皮层，不会留有瘢痕；勤换内衣，洗澡以减少继发感染的机会；皮肤瘙痒可局部或全身外用止痒药；发热时给予口服退热药，如对乙酰氨基酚，每次每千克体重10～15毫克。但不要服用阿司匹林，以避免增加瑞氏综合征的发生。患有水痘不宜使用泼尼松、地塞米松等激素类药物。

阿昔洛韦是一种抗病毒药，能抑制病毒脱氧核糖核酸的复制，对单纯疱疹病毒作用最强，对水痘病毒等也有一定抑制作用，可以用来治疗水痘。由于该药有一定的不良反应，如出现过敏反应和皮疹，而且对肝肾有一定的损害，白细胞及血小板减少等，因此多用于重症、有并发症的水痘患儿。对有药物过敏的小儿和精神异常禁止使用该药，肝肾功能不好的小儿用药要慎重，可以减少用量。

水痘是一种传染病，控制传染源很重要，对患有水痘的患儿应隔离至皮疹全部结痂为止。水痘减毒活疫苗在国内已经开始使用，不良反应少。接触水痘患者后应立即注射疫苗以预防，即使患病也比较轻微。所以，对使用激素或恶性病（如白血病）的患儿接触水痘后应予以注射。

小儿患流行性腮腺炎怎么办

流行性腮腺炎是由流行性腮腺炎病毒所致的传染病。流行性腮腺炎是一种自限性疾病，也就是说可以不用治疗也能够自然恢复。流行性腮腺炎主要是对症治疗。小儿患病后应及时与其他小儿隔离开来，一般隔离时间直至小儿腮腺肿胀消退为止。患儿急性期要注意休息，要多喝开水，保持口腔清洁，用生理盐水漱口，吃半流质食物如面条、稀饭，或吃流质饮食如牛奶、豆浆，不要吃辛辣及酸性食品，因为这些食物能刺激腮腺或唾液分泌，使腮腺肿胀加重。高热的患儿可用退热药及物理降温。

流行性腮腺炎的药物治疗主要是抗病毒治疗，但西药抗病毒药物目前尚无特别有效的。利巴韦林是常用的抗病毒药物，它可以通过抑制病毒复制达到治疗目的，不良反应有白细胞减少、贫血等，停药后即可恢复，所以用药前最好化验血常规。

腮腺炎的病理特征是非化脓性炎症，因此抗生素与磺胺药对它疗效不好。流行性腮腺炎患者除了注意适当休息、多喝开水、吃容易消化的食物外，可利用醋的散瘀、消肿、解毒、收敛作用，与中药配伍治疗。中医治疗流行性腮腺炎可取得清热解毒、疏风散结的功效。中药分内服、外敷药。

家长应多注意观察孩子，以防出现并发症，比如，有睾丸肿痛的可能并发睾丸炎，局部要冰敷并用睾丸托支持；有高热、头痛、呕吐、惊厥、昏迷的可能并发脑膜炎。出现并发症时一定要及时就医或住院治疗。

小儿患百日咳怎么办

百日咳是百日咳杆菌所致急性呼吸道传染病。抗生素治疗一般很难缩短百日咳的病程，但可以在3～4日内消灭体内的百日咳杆菌。常用的抗生素有红霉素、复方新诺明和氯霉素。红霉素对百日咳杆菌具有特效。一般用量为每日每千克体重 50 毫克,分 3 次口服,疗程 14 天。值得提醒家长注意的是,只有在患病 14 天内用药才能减轻症状和缩短病程。因此,抗生素治疗要尽早。红霉素主要经过肝脏代谢,可以引起转氨酶升高、黄疸,肝功能不好的患儿应慎用。

控制痉挛性咳嗽可用氯化铵、痰咳净、祛痰灵口服液等祛痰药,也可用苯巴比妥、氯丙嗪等镇静药物,减轻夜间咳嗽以利睡眠。维生素 K 肌内注射也有减轻痉咳作用。痰液黏稠不宜咳出者,可用 α-糜蛋白酶与 5%碳酸氢钠混合液多次雾化吸入。

现在常用百白破(百日咳、白喉、破伤风)三联疫苗于出生后 3、4、5 个月各肌内注射 1 次。在 1.5～2 岁再加强 1 次,预防效果达 90%。如对于未接种过疫苗的 7 岁以下小儿,当密切接触病人后,应给予 1 次加强免疫;对密切接触病人的易感者,可服用红霉素进行预防。

发现小儿患了百日咳后要及时隔离,并进行居室消毒。经常开窗换空气,床上用品可经常晒太阳。对患儿要有耐心,想方设法转移孩子的注意力,可以大大减少痉咳的次数。

小儿患细菌性痢疾怎么办

细菌性痢疾是由痢疾杆菌引起的急性肠道传染病,简称菌痢,是小儿常见的肠道传染病。

治疗菌痢常用的药物有:①黄连素片。小儿每日按每千克体重用药 10～20 毫克,分 3～4 次口服,疗程 5～7 日。②复方新诺明。最好与碱性药物同时服用,要多饮水,以免引起肾脏损害,用药时可以出现皮疹等过敏反应,因此对磺胺类药物过敏的小儿应慎用。偶尔可见白细胞、血小板减少等不良反应。新生儿、早产儿可致肝脏损害,引起黄疸,故应慎用。③头孢曲松钠。儿童每日按每千克体重用药 50～100 毫克,分 2 次静脉滴注或深部肌内注射,每日总量不超过 2 克,静脉滴注时间不要过短,要在 30 分钟以上。它的主要不良反应为造成肠道正常菌群失调、腹泻、白细胞减少等。对青霉素类、头孢菌素类和过敏体质的小儿禁用,新生儿黄疸时避免使用。

④诺氟沙星。儿童每日按每千克体重用药25～30毫克，分3～4次口服，诺氟沙星宜在饭前1小时或饭后2小时服用，用药疗程一般为3～5天，不超过1周。服药初期有上腹部不适等胃肠道反应及白细胞减少等不良反应。呋喃妥因与本品有拮抗作用，所以两药不宜合用。由于此类药可能对儿童骨骼发育有影响，所以用药时间不宜过长。上述药物都有一定的不良反应，不要用药时间过长。在应用抗生素的基础上，可以适当应用一些解除肠管痉挛的药物，如阿托品、山莨菪碱等。

小儿患白喉怎么办

白喉是由白喉杆菌引起的急性传染病，主要特点是致病菌在侵入部位产生的外毒素使局部形成灰白色假膜、黏膜充血、肿胀等，主要发生于喉部。同时外毒素引起全身毒血症，部分患儿可并发中毒性心肌炎或末梢神经麻痹，伴有发热、头晕、呕吐、咽痛、口臭、软弱无力等。本病相当于中医学"白缠喉"等范畴。

早期隔离和治疗患儿，预防和接种"百白破"三联疫苗，对密切接触者隔日做咽拭培养1次，并观察症状及体征1周。患儿应卧床休息，予以流质或半流质饮食。如果出现呼吸困难等梗阻体征，须立即抢救，及时做气管切开。

治疗白喉可选用的西药有：①精制白喉抗毒素。用于治疗时，皮下注射或肌内注射1次1万～4万单位。能中和血液中游离的白喉毒素，于病程开始3日内配合抗生素治疗的疗效较好。病程延长、中毒症状加重，用量应加大。用于预防用药时，皮下注射或肌内注射1次1000～2000单位。②抗生素。需与抗毒素联合应用。青霉素G，患儿每次肌内注射20万～40万单位，每日2次。连用5～7日为1个疗程。红霉素，适用于对青霉素过敏者，小儿每日按每千克体重用药25～50毫克，每日最大量为1克，分4次口服，连用5～7日为1个疗程。

小儿患结核病怎么办

结核病是危害儿童身体健康的慢性传染病。化学治疗是控制和消灭结核病流行的重要手段。对于小儿结核病的治疗，短程化疗具有很大的优越性，常用药物有异烟肼、利福平、吡嗪酰胺等。

标准疗法的结核病化学治疗是用异烟肼、链霉素和对氨基水杨酸钠3种药物为主，疗程长达12～18个月。由于化疗时间长，不良反应也大，儿童常常不能坚持全程治疗而影响疗效。自利福平问世以来，结核病治疗有很大进步，因为利福平和异烟肼有很强的杀菌作用，可以杀死细胞内外的结核菌，两种药合用疗效有很大的提高,在初治病人（第一次接受治疗）中，服药6～9个月就足够了，这就是短程疗法。短程疗法是结核病现代疗法的重大进展。短程疗法在治疗最初的2个月内，采用异烟肼、利福平、链霉素、吡嗪酰胺4种药物中的3～4种药联用；病情好转后在4～7个月内，联合应用异烟肼和利福平即可。

得了结核病就应该及时就医确诊，抗结核治疗要正规；不能自行减药或停药，以免药量不足或疗程不足，产生耐药或引起复发；用药时要注意不良反应，定期复查肝功能，注意神经系统、肾脏损害等情况。

早期发现及合理治疗结核菌涂片阳性病人是预防小儿结核病的根本措施。

小儿患肝炎怎么办

小儿病毒性肝炎是一种常见的传染病，对儿童的健康危害极大。因此，如果孩子患上了肝炎，就应及时隔离和治疗。同时，对家中要进行一次彻底消毒工作，应做到患儿的吃住和日常生活用具与健康人分开。患儿要注意静养，不要到处串门。有发热、食欲差、恶心、呕吐、眼黄的小儿，宜卧床休息，午睡和夜间睡眠时间要充足。随着病情的消除，再逐渐增加活动，如做些儿童游戏等。

对有厌食、消化不良症状的儿童，宜给予可口清淡的流质或者半流质饮食，要多吃水果，随病情的变化，适当增加鱼、肉、蛋等营养丰富的食品，以供给损伤肝细胞修复所需要的蛋白质和足够的热能，可适当多吃些糖，脂肪不受限制，以增加食欲为主。个别病人恢复期呈现食欲亢进、饮食应适当控制，以免胃肠功能紊乱，肝脏负担过重。在隔离期间，注意休息及饮食的同时，病毒性肝炎治疗最重要的是药物治疗，但要与医师配合好，应在医师的指导下适当地进行药物治疗。有时用药过多会加重肝脏的负担，反而不利于康复。除了应用各类药物外，更应让小儿注意休息，调整饮食，以利于疾病尽快恢复。

要重视那些经母亲胎盘及产道感染的乙肝病毒携带小儿的治疗。应该复查肝功能及乙肝病毒的"两对半"，如果转氨酶升高，即使没有肝炎病症也要积极保肝、降低转氨酶治疗。如果持续 e 抗原阳性，应该抗病毒治疗，以及联合应用免疫抑制药。

患流行性乙型脑炎怎么办

流行性乙型脑炎简称"乙脑"，是由乙型脑炎病毒引起的急性神经系统传染病。

流行性乙型脑炎的治疗宜采取中西结合的方法，加强护理、降温、止痉、控制继发感染、消除脑水肿是治疗的关键措施。护理与缩短病程，减少并发症，降低病死率有密切关系，严密观察病情，及时发现情况，注意卫生。昏迷患者随时排痰，防止肺部感染。经常保持皮肤干燥、清洁，定时翻身，防止压疮。患者要注意休息，避免光线和声音刺激；饮食以流质为好，补充足够的水分及维生素。预防本病应积极推广乙型脑炎疫苗的接种，加强环境卫生，消灭蚊虫。

一般治疗应提供足够热能和蛋白质，昏迷者用鼻饲，按千克体重每日鼻饲 60～80 毫升的液体量，以维持水、电解质平衡；严密观察和记录病情变化，定时翻身、拍背、吸痰；防止压疮、肺部并发症和继发细菌感染等。降低体温可采用降低室温、乙醇擦浴、冰袋等方法；药物降温用安乃近肌内注

七、儿童常见病防治

射和亚冬眠疗法,盐酸氯丙嗪和盐酸异丙嗪每次按每千克体重各用药 0.5～1 毫克,4～6 小时肌内注射 1 次,持续数日,在此期间必须加强护理,维持呼吸道通畅。控制抽搐可选用地西泮、苯巴比妥、水化氯醛、异戊巴比妥等。脑水肿治疗主要是控制液体量,用脱水药、利尿药和地塞米松静脉注射。

怎样防治流行性脑脊髓膜炎

流行性脑脊髓膜炎简称"流脑",是由脑膜炎双球菌引起的急性呼吸道传染病。脑膜炎双球菌对外界的抵抗力很弱,与流脑病人或鼻咽部携带这种细菌的人直接接触,吸入被污染的空气,容易受到传染。磺胺类药物、抗生素药物都对其具有特效治疗作用。

流脑病情虽来势凶猛,发病急剧,但只要掌握发病规律,采取综合措施,是完全可以预防的。具体有如下几点:①脑膜炎双球菌具有怕热、怕冷、厌氧的弱点,因此要坚持做到"三晒一开",即经常晒衣服、晒被褥、晒太阳,居室要经常开窗通风换气。室内空气新鲜,阳光充足,脑膜炎双球菌就不能生存。同时,室内还可经常用食醋、艾叶、雄黄等熏蒸消毒,杀灭病菌。② 6 个月至 15 岁的儿童,是流脑的易感人群。因此,必须按当地的免疫接种对象和接种时间及时接种流脑多糖体菌苗,一般注射后免疫时间可维持 1 年以上。③一旦发现不明原因的发热、乏力、咽喉痛症状的流脑疑似病人,应提高警惕。若病人出现高热不退,剧烈头痛,喷射状呕吐等,应立即送医院检查,确诊者应隔离治疗。对病人污染的环境、用品等要严格消毒,以防扩散。密切接触者要连续 3 日服用磺胺嘧啶,以防感染。④在流行期间,家长不要带孩子到人多的公共场所,更不可到病家串门或走亲访友。同时养成不随地吐痰、擤鼻涕,不对人咳嗽、打喷嚏等良好的卫生习惯。如周围发现流脑病人,可用 3‰度米芬、2%～3%黄连素液滴鼻。金银花、板蓝根等中药也有较好的预防作用。

注射流脑多糖菌苗可以预防流行性脑脊髓膜炎,保护率在 80%以上。

儿童患脊髓灰质炎怎么办

脊髓灰质炎是由脊髓灰质炎病毒引起的急性传染病。不同的时期可选用不同的西药进行治疗。

(1) 急性期：①激素。可采用氢化可的松静脉滴注或口服泼尼松，能退热，减轻肢体疼痛，并可减轻炎症反应，促进瘫痪患者恢复。②抗生素。有呼吸、吞咽功能障碍或膀胱功能减退时酌情使用，以防继发细菌感染。③其他。使用三磷酸腺苷、辅酶A、细胞色素C等静脉滴注，可促进瘫痪患者康复。

(2) 恢复期：治疗目的在于促进神经功能的恢复，防止肌肉萎缩及肢体畸形。①加兰他敏。按每千克体重用药50～100微克，每日或隔日1次，30日为1个疗程，可连续或间歇使用2～3个疗程。②维生素B_1注射液。每次0.1克肌内注射，每日1次。③维生素B_{12}注射液。每次100微克肌内注射，每日1次。④地巴唑。按每千克体重用药0.1～0.2毫克，每日1次，口服。

在恢复期，还可用推拿、理疗、体疗、水疗等治疗，以防止肌肉萎缩。应用加兰他敏、维生素B_1、维生素B_2、辅酶A、三磷酸腺苷等促进脊髓神经细胞恢复。还可用针灸、电兴奋、穴位刺激、羊肠线埋藏、当归液穴位注射和服用活血化瘀中药等，以促进瘫痪肌肉的恢复。在这段时间内，仍需用塑料板或辅助器保持肢体的功能体位，并在有保护措施下进行锻炼，防止骨与关节变形。活动量应循序渐进，不能操之过急。鼓励患儿主动地进行功能锻炼。总之，要避免刺激，适当治疗，积极活动，以使患儿康复得更好。

小儿患传染性单核细胞增多症怎么办

传染性单核细胞增多症是由EB病毒通过飞沫直接传染而引起的一种急性传染病。该病多见于集体环境中的儿童，以春、秋两季为多。其主要临床表现为：①发热。②咽痛。③约90%以上的患儿有不同程度的全身淋巴结肿大，以颈部淋巴结肿大最多见，往往两侧不对称，无压痛，不粘连也不化脓。一般肿大的淋巴结在恢复期逐渐缩小，但消退甚慢，有时可达数月之久。④肝脾大。⑤皮疹。⑥化验检查可见周围血象中单核细胞及淋巴细胞高达70%～90%。

　　小儿得了传染性单核细胞增多症，家长不必忧心忡忡，首先应充分认识到此病虽尚无特效疗法，但却是一个自限性疾病，大部分患儿预后良好。个别患儿可因脾破裂、严重的中枢神经系统受累或严重溶血性贫血而死亡。在急性期，患儿要卧床休息，减少体力活动。饮食供给既要富有营养又要易于消化。不要让孩子与其他健康小儿接触，以防传染给他人。尤其是应注意患儿在急性期有脾大，切忌脾区创伤，以防发生脾破裂。此外，在急性期根据患儿出现的症状，可采取一些退热、止痛、镇静、止咳，以及保护肝功能的措施，绝大部分患儿在发病4周后会完全康复。

小儿患蛔虫病怎么办

　　蛔虫病是因蛔虫寄生于小肠内所引起的一种最常见的肠道寄生虫病。孩子患了蛔虫病，应在医师指导下驱虫治疗。

　　常用的驱虫药有：①甲苯达唑为广谱驱虫药，能杀灭蛔虫、蛲虫、钩虫、鞭虫、绦虫等。小儿每次100毫克，每日1次，连服3日。这种药不良反应小，少数病人可出现头晕、腹泻、腹部不适等胃肠反应，但应注意甲苯达唑可引起蛔虫游动而引起小儿呕吐出虫子及腹痛，但不影响治疗。②阿苯达唑是一种广谱驱虫药，不仅可以驱除人体蛔虫，也可以驱除蛲虫、钩虫、绦虫等。一般用量为2片1次口服，需重复用药时应间隔3周再服2片。2岁以下小儿禁用。少数小儿服药后可出现头痛、头昏、恶心、乏力、皮疹，在服药1～2天后会自行消失。有癫痫病史、肾功能不全及其他药物过敏史的小儿慎用阿苯达唑。③左旋咪唑片为广谱驱虫药，驱蛔虫量为每日每千克体重2～3毫克，晚饭后1次口服，连用2日，偶然可引起头晕、恶心、呕吐、腹痛及皮疹等不良反应，症状轻，很快就消失。白细胞减少，肝肾功能减退者慎用。④枸橼酸哌嗪片也是一种广谱驱虫药，一般用量为每日每千克体重0.15克，每日最大量不超过3克，睡前1次口服，连用2日。枸橼酸哌嗪糖浆含16%的哌嗪，用量为每日按每千克体重用药1毫升，每日最大量不超过每千克体重20毫升，分2次服用。服药前摇匀，以免高浓度的哌嗪引起严重消化道反应。有肝、肾疾病和癫痫史者忌用。

驱蛔药宜在清晨空腹或睡前半空腹时服用。多数驱蛔药的作用是使蛔虫体麻痹，失去活力而随粪便排出体外。药性一过，有些蛔虫还会"起死回生"，所以用药后要督促孩子及时解便。

小儿患蛲虫病怎么办

蛲虫病是因吞入蛲虫卵而引起的肠道寄生虫病。

蛲虫在体内的存活期，从虫卵的摄入到发育为成虫，直至最后死亡，一般不超过两个月。因此，要注意个人卫生，提倡小儿不穿开裆裤，勤换内衣裤，饭前便后要洗手，改正吮吸手指的不卫生习惯，勤洗会阴部。患儿所用的衣裤、床单要用开水洗烫或煮沸，切断传染途径，以防反复感染。

口服或外用西药：①甲苯达唑。顿服0.2克，1次即可。不分年龄、体重，采用同一剂量。②复方甲苯达唑片（速效肠虫净片）。1片顿服。成人及4岁以上儿童按上述用量，4岁以下儿童请遵医嘱。③阿苯达唑。成人和2岁以上儿童顿服0.4克，1～2岁小儿用量减半。④左旋咪唑。每日按每千克体重1毫克，睡前顿服，连服7日。⑤噻嘧啶。每次1.2～1.5克，每日1次，睡前顿服。软膏剂可在软膏管上拧上塑料注入管，每晚睡前以温水洗净肛门周围，先挤出少许软膏涂于肛门周围，再轻轻插入肛内挤出软膏1～1.5克，连用1～2周。⑥枸橼酸哌嗪（驱蛔灵）。儿童每日按每千克体重用药60毫克，每日最多不超过2克，分早晚2次服用，连服7～10日。⑦磷酸哌嗪。儿童每日按每千克体重用药50毫克，每日最多不超过2克，分2次服用，连服7～10日。⑧司替碘胺。按每千克体重用药5毫克，睡前顿服。⑨恩波吡维铵。口服，儿童每次按每千克体重用药5毫克，总量不超过0.25克。为防止复发，可每间隔2～3周再次服用2～3次。

七、儿童常见病防治

小儿患钩虫病怎么办

寄生于人体内的钩虫有十二指肠钩虫和美洲钩虫两类,均寄生于十二指肠与小肠内。

钩虫病的治疗应采取综合治疗,虽然说驱虫是治疗之本,但却不能忽视贫血、营养不良的治疗,这对于生长发育期的儿童尤为重要。常用驱虫药有甲苯达唑(不用于2岁以下婴儿)、阿苯达唑、左旋咪唑及噻嘧啶等,亦可联合用药。这些药物均应由医师根据患儿感染钩虫的种类、年龄、体质等选择应用,以保证安全有效。治疗贫血及营养不良亦应根据具体病情而定,一般在治疗贫血时,仅口服铁剂、维生素C、高蛋白饮食即可。而对严重贫血患儿则需少量多次输血,伴有因贫血引起心力衰竭者则应按心衰进行抢救。如能及时发现皮肤感染,可用皮肤透热疗法。因幼虫钻入皮肤后24小时内,有90%停于局部,利用"高温"可将其杀灭。具体方法:把发痒的手足浸泡于50℃以上的热水中,共浸泡30分钟,小儿不耐受热水时可间歇数秒钟再泡入。由于患儿贫血和营养不良,抵抗力差,故在治疗过程中应加强对患儿的保护,避免感染性疾病及传染病加重贫血,争取早日治愈。

钩虫病的预防很重要,尤其在农村要做好粪便管理。对不明原因贫血的儿童,应对粪便中的虫卵进行检查。确诊为钩虫病者要及时治疗,在医师指导下,根据钩虫的种类、患儿的年龄、体质来选择驱虫药,保证安全有效。钩虫虽小,但比蛔虫等线虫在人体内生存时间长,故对儿童造成的影响极大,要认真防治。尤其对贫血的儿童,应把从粪便查虫卵作为常规检查项目,以求得早期发现钩虫引发的贫血。

小儿急性上呼吸道感染怎么办

上呼吸道包括鼻腔、咽喉和气管。上呼吸道感染是小儿最常见的疾病之一,尤其是6个月至3岁的小儿,一年四季均可发病,以冬春季为多,可1年内数次发病。如果不及时治疗,可引起很多并发症,对患儿健康影响较大。

小儿急性上呼吸道感染向下蔓延则可发展成为气管炎、支气管炎或肺炎，如向邻近器官蔓延则可引起中耳炎、副鼻窦炎、眼结膜炎及颈淋巴结炎和咽后壁脓肿。婴儿还可引起败血症、脑膜炎等；年长儿患链球菌感染引起的上呼吸道感染可能引起肾炎、风湿热等变态反应性疾病。因此，必须加强对本病的防治工作。患儿应卧床休息，进食易消化的食物，多饮水，室温适宜，注意隔离，注意保暖。病毒性上呼吸道感染时不宜用抗生素，有细菌感染和并发症时可选用敏感的抗生素。

患了上呼吸道感染后，机体会产生抗体和单核吞噬细胞等，一起来消灭病毒，从而使上感自愈。因此，高热时可服用布洛芬、对乙酰氨基酚等来治疗；惊厥者可加用镇静类药物。中、低热时不必服退热药，可给予物理降温，如头部冷敷、温水洗澡、35%酒精擦浴等。咽喉疼痛可用各种含片，如草珊瑚含片、西瓜霜含片、四季润喉片等。痰多者可用溴己新、鲜竹沥等化痰药。抗病毒中成药及利巴韦林、小剂量干扰素等也可缓解症状，但并不能缩短病程。

如果病情持续发展的话，还可出现并发症。常见的并发症有鼻窦炎、支气管炎、肺炎、中耳炎、颈淋巴结炎，以及扁桃体周围脓肿、咽后壁脓肿等。病毒感染者可口服吗啉胍、羚羊感冒片等。细菌感染者应口服抗生素，可选用氨苄西林、阿莫西林、头孢克洛等，或根据医院的细菌培养结果选用抗菌药物。

小儿疱疹性咽峡炎怎么办

疱疹性咽峡炎是上呼吸道感染的一种特殊类型，是由柯萨奇A组病毒引起的，好发于夏秋季节。

患儿应多休息、注意隔离。进食易消化食物，多饮水。高热者应及时退热，婴幼儿可以选用泰诺口服滴剂、百服宁等，年长儿可选用对乙酰氨基酚或阿司匹林口服，辅以30%酒精擦浴、温水擦浴或冰枕。疗效不佳或持续高热的小儿应及时去医院。只有当小儿体温超过38℃时，才需要使用退热药，每日用药不应超过4次。小儿有咽痛和口腔溃疡时可用草珊瑚含片、口腔炎喷雾剂、西瓜霜等，也可用氯己定含漱液漱口。

抗病毒药可选用利巴韦林、干扰素等。利巴韦林能抑制病毒的复制，具有抗病毒作用。它对流感病毒、副流感病毒、腺病毒、单纯疱疹病毒、鼻病毒等均有抑制作用。其不良反应主要是腹泻、白细胞减少、贫血等，停药后可以恢复正常。白细胞低于正常值时忌用此药。疗程为3～5日。

疱疹性咽峡炎患病3～4天后，口腔黏膜处疱疹破溃，形成小溃疡，易继发细菌感染，此时可给予适当的抗生素。如口服青霉素V钾片是一种口服半合成青霉素，小儿用量为每次0.25克，每日2～3次，口服。其主要不良反应有恶心、呕吐、腹泻、腹痛等，偶见皮疹、口腔炎、荨麻疹，对青霉素过敏的小儿禁用此药。阿莫西林是一种广谱青霉素类抗菌药物，它有胶囊和干糖浆两种剂型，小儿用量为每日按每千克体重25～50毫克，每日3次，口服，其不良反应主要为胃肠道反应与皮疹。

小儿手足口病怎么办

手足口病是由肠道病毒——柯萨奇病毒引起的一种急性传染病。

手足口病传染性强，可通过咳嗽喷嚏飞沫，经呼吸道传播，也可通过病人的食具、用具等传播，很容易造成流行，只要托儿所或幼儿园内有一人发病，数日之内大多数孩子均不能幸免，故尤应注意预防。预防小儿手足口病的关键在于严格控制健康儿童与患儿的接触。幼儿园内一旦发现手足口患儿应集体隔离，隔离期从发病起不得少于10天，同时做好室内通风，勤晒被褥，将玩具、食具和日常用品用高锰酸钾溶液等消毒。

手足口病在治疗上应着重注意休息，护理与对症处理。对已患手足口病的患儿，可用利巴韦林等抗病毒药物治疗。中成药可用板蓝根冲剂；中药则以清热解毒和利湿为主，一般选用大青叶、鱼腥草、连翘、木通、竹叶和赤芍等药物。发热时应强调休息，如果因嘴巴痛而不能吃饭，可多饮水和进食流质食物。要保持手指甲、皮肤和被服的干净，避免疱疹被抓破而造成细菌感染。对于口腔溃疡较严重的患儿，可局部用西瓜霜喷雾剂或黄连素甘油涂擦。黄连素甘油具有杀菌、消炎、收敛作用，每日可涂2～3次，每次少量。

对于因口腔溃疡而影响进食的患儿，可以适当补液，以维持正常的生理需要。对于起疱疹的部位要注意清洁，每天用温水清洗，避免感染。

小儿支气管炎怎么办

支气管炎是小儿时期常见的一种呼吸系统疾病，多继发于上呼吸道感染。常与气管、毛细支气管同时受累，亦可为麻疹、百日咳等小儿急性传染病的一种早期临床表现。

防治小儿急性支气管炎，首先要注意呼吸道隔离，减少继发感染，同时房间保持空气新鲜，经常变换小儿的体位以利于呼吸道分泌物排除。其次，要选择有效的抗菌药物控制感染，并做好对症处理。对年幼体弱儿或有发热、黄痰的小儿，就应该考虑为细菌感染，可以服用合适的抗菌药物。一般尽量不用镇咳药或镇静药，以免抑制咳嗽反射，影响黏痰咳出。

常用祛痰药有：①溴己新。小儿用量为每次4～8毫克，每日3次，口服。②氯化铵。每日按每千克体重用药30～60毫克，每日3次，口服，因长期大量应用可引起酸中毒，所以用药时间不能过长。③小儿止咳糖浆。一般用量为每次每岁1毫升，最大量不超过10毫升，每日3次，口服。其他还有美可止咳糖浆、复方甘草合剂、小儿联邦止咳露。对一些痰多不易咳出的小儿，可以给予超声雾化吸入（生理盐水20毫升，加地塞米松2毫克，糜蛋白酶5毫克，庆大霉素2万单位，利巴韦林50毫克），每日2次，以消炎、解除支气管痉挛和稀释痰液，以便于咳出黏痰。

小儿肺炎怎么办

肺炎是小儿时期的常见病、多发病。引发炎症的病原体可以是细菌、病毒，也可是其他致病微生物。

患儿肺部的啰音是医师用听诊器可以在胸部两侧前后能够听到的，但在正常情况下听不到的呼吸声音，是由于气管、支气管、肺泡内有分泌液存在时，因呼吸而产生的声音。由于产生部位的不同，可分为干性、湿性啰音。并非有啰音就一定是肺炎,能否正确分别出不同性质的啰音,在于医师的水平。

如果通过胸部听诊,能明确为肺炎,可不必做X线检查。有时从啰音难以判定,或肺部无湿性啰音,但从孩子的表现不像一般呼吸道感染时,可做肺部X线检查。

病毒性肺炎的治疗应采取综合治疗措施,保持室内空气新鲜,室温20℃左右,湿度60%,及时清除呼吸道分泌物,变换体位,叩背,协助患儿排痰。

对于病毒性肺炎,可选用利巴韦林、干扰素或聚肌胞苷酸等抗病毒药物。患儿缺氧明显时要给予面罩吸氧,痰液黏稠者雾化吸入。止咳祛痰药可用溴乙胺、小儿止咳糖浆等。

一旦发生继发细菌感染,可以使用适当抗生素治疗。可以根据细菌的种类及药物敏感试验来选择有效的抗生素。

小儿支气管哮喘怎么办

支气管哮喘是小儿时期常见的一种变态反应性疾病,以发作性呼气性喘鸣为特征。

由于婴幼儿气管狭窄,易发生呼吸道阻塞,因此喘息症状较严重,并且婴幼儿免疫系统发育尚未成熟,易遭到病原微生物侵袭发生呼吸道感染而诱发哮喘,因此发作频繁。所以对经常出现咳喘,用抗生素疗效不明显时,就应去医院请医师做明确诊断后,接受抗哮喘治疗。哮喘的治疗方法以吸入疗法为主,因为这种方法起效快、不良反应小。抗哮喘吸入药物分为两类:一类是α受体激动药(如喘乐宁),为支气管扩张药;另一类为肾上腺皮质激素。由于吸入剂量极少,吸收入血就更微,因此极少有全身不良反应出现,吸药后注意漱口也可避免局部不良反应。因此比静脉滴注、口服激素要安全得多。

对于有明确过敏源所致的哮喘,脱敏疗法具有病因治疗及预防发病的双重作用。可根据皮肤过敏试验结果,查找过敏源,确定对何种过敏源敏感。如尘土、螨、花粉、真菌、羽毛、塑料等,可采用预先配制好的不同浓度的过敏源溶液,从低浓度开始,将不同浓度抗原注入体内,使其产生脱敏效果。经验证明,这种方法对单一过敏源脱敏效果较好,一般主张坚持治疗2~3年,疗效可达 80%。特别对儿童哮喘，常可达到满意的疗效。

小儿患鹅口疮怎么办

鹅口疮又名雪口病，是由白色念珠菌感染所致的口内炎。

真菌对一般的抗生素不敏感，用抗生素和磺胺类药物治疗鹅口疮无效，有时甚至会使真菌繁殖更快，加重病情。正确的治疗方法是：①先用2%的碳酸氢钠溶液或1%过氧化氢溶液清洗口腔，再用盐水棉球洗干净，最后用1%的甲紫涂抹口腔。每日早晚各1次，一般2～3日即能治愈。②用酮康唑片（为第二代咪唑类抗真菌药物）200毫克，碾成细末，加生理盐水20毫升配成混悬液，然后将这种液体涂抹于口腔黏膜上，每日2～4次，一般2～3日就见显效。大部分婴儿5日内可治愈。③将制霉菌素50万单位碾成细末，分成4等份，每次用药末1份直接撒入患儿的口腔，不喂水，让小儿自己用舌头搅拌，使药物与口腔黏膜充分接触。每日2～3次，数日后鹅口疮即可治愈。亦可用制霉菌素溶液10毫升水（内含20万单位制霉素）外涂，每日3～4次；或用中成药冰硼散或珠黄散涂口腔。④对于吃奶的小儿应经常用温开水漱口，按时消毒奶瓶、奶嘴。用过的食具必须单独消毒，再清洗，再煮沸消毒。⑤不宜用粗布强行揩擦或挑刺口腔黏膜，以免局部损伤，加重感染。父母护理孩子时必须用肥皂洗净双手，若母乳喂养，喂奶前妈妈要洗手和清洗乳头。⑥鹅口疮患儿的饮食应容易消化吸收和富含优质蛋白，适当增加B族维生素和维生素C的供给，这些都有助于预防鹅口疮。

小儿患肠炎怎么办

由细菌、病毒、真菌和寄生虫等引起的胃肠炎、小肠炎和结肠炎。临床表现有恶心、呕吐、腹痛、腹泻、稀水便或黏液脓血便。

细菌性肠炎的治疗一般均需要应用抗生素，在病原菌未明的情况下，可以选择氨苄西林、复方新诺明、黄连素、庆大霉素等。如果粪便培养确定致病菌，便可以根据细菌类型及药物敏感试验结果调整用药。

(1) **轻度腹泻的婴幼儿肠炎**：患者要禁食不易消化的食物和高脂肪饮食，可饮米汤、豆浆、酸奶或脱脂奶，母乳喂养者要缩短喂奶时间。重型腹泻的患儿要速送医院救治。在家中治疗的轻型腹泻，可口服补液盐，每包冲水500毫升，少量多次喂服，一般轻度脱水的，每日按每千克体重用药50毫升；中度脱水的，每日按每千克体重用药80～100毫升。吐泻好转后3～4天再逐渐恢复正常饮食。

(2) **婴幼儿肠炎**：最好做粪便化验或培养以明确诊断。大肠埃希菌肠炎时，可用多黏菌素B，每日按每千克体重用药5万～10万单位，每日3～4次，口服；或用卡那霉素，每日按每千克体重用药50毫克，每日3～4次，口服。疗程不要超过7日，以防菌群失调。

(3) **空肠弯曲菌肠炎**：可用琥乙红霉素，每日按每千克体重用药30～50毫克，每日3～4次，口服。

(4) **真菌性肠炎**：可用克霉唑，每日按每千克体重用药20～60毫克，每日3次，口服。

(5) **病毒性肠炎**：抗生素治疗无效，可服用疗效好的中成药。

小儿便秘怎么办

婴幼儿便秘是一种常见病症，其原因很多，概括起来可以分为两大类，一类属功能性便秘，这一类便秘经过调理可以痊愈；另一类为先天性肠道畸形导致的便秘，这种便秘通过一般的调理是不能痊愈的，必须经外科手术矫治。

对于便秘患儿可用如下几种简便方法：①每天早晨空腹服用适量蜂蜜。②对于食疗无效的小儿便秘患者可增加孩子的活动量，以促进肠胃运动；也可定时做腹部肌肉按摩，先让小儿仰卧床上，按摩者右手四指并拢，按在小儿脐中，顺时针方向做环行按摩，不轻不重，均匀地按摩300次，每晚1次，可使小儿粪便通畅，并能增进食欲。③用肥皂削成铅笔粗细、3厘米多长的肥皂条，用水润湿后插入婴儿肛门，可刺激肠壁引起排便。或将萝卜条削成铅笔粗细的条，用盐水浸泡后插入肛门，可以促进排便。④将开塞露注入小儿肛门，可以刺激肠壁引起排便。

如果是病理性便秘，如肠梗阻、肛门闭锁或狭窄、先天性肥大性幽门狭窄、先天性肛裂等引起的便秘，需要去医院检查，进行手术治疗。

对小儿常见的佝偻病、营养不良等疾病要积极防治。人工喂养的婴儿平时加服些橘子汁、菜汁、蜂蜜水、要给予足够的水分；幼儿和大孩子要多吃蔬菜、水果。

小儿患脂肪肝怎么办

近年来发现，小儿患脂肪肝不在少数。我国某市一项调查表明，有的小儿肝内脂肪含量竟高达40%。小儿脂肪肝常见的病因有高脂肪低蛋白饮食、偏食、厌食或饮食中缺乏B族维生素，尤其是维生素B_1缺乏。

小儿脂肪肝最常见的病因就是饮食结构不合理，即营养过剩造成过度肥胖而出现脂肪肝，过度肥胖的儿童有20%～30%患有不同程度的脂肪肝，过度肥胖的儿童有65%～80%喜爱肉食，更易导致脂肪肝。

治疗儿童脂肪肝应以合理调整饮食，加强体育锻炼为主，在膳食结构中应特别注意以下几个问题：一是饮食结构的合理性，可食牛奶、鱼类、豆制品等富含蛋白质的食物，尽量少吃猪肉、牛肉，以保护和促使已损伤肝细胞的修复和再生。二是限制饮食总热能，主要控制糖类和脂肪的摄入，因为这些营养物质超过代谢需要时就会变成脂肪贮存在体内。三是注意补充足量的维生素，尤其是B族维生素和维生素C，多吃含糖量低的新鲜蔬菜、瓜果，如芹菜、菠菜、小白菜、黄瓜、冬瓜、竹笋、番茄等。对其他疾病引起的脂肪肝，在寻找和消除病因的同时，也要注意饮食结构改善，保证合理营养及热能。

小儿患病毒性心肌炎怎么办

病毒性心肌炎是一种因各种感染与非感染因素所致的心肌组织病变，并引起心肌功能紊乱的疾病。

病毒性心肌炎患儿应注意休息，以减轻心脏的负担，降低心肌耗氧量，有助于心肌病变的消除，预防心力衰竭的发生。急性期患儿必须绝对卧床休息，至症状消失后的3~4周（卧床休息期间的吃饭和大小便均应在床上进行）。若患儿有心脏扩大和心力衰竭，卧床休息至少要3个月，然后逐渐开始活动，最初应先在床上活动，以后可在室内散步，做一些力所能及的活动，逐步过渡到户外活动，在征得医师的同意后方能上学读书。饮食上应少量多餐，应食用富有营养和易消化食物，多吃新鲜的蔬菜和水果，保持粪便通畅，减轻心脏负担。大部分患儿经积极治疗，数周到数月可逐渐痊愈。

病毒性心肌炎是心肌的局限性或弥漫性炎症，是由病毒引起的，与通常的各种病毒感染不同的是，它在各种病毒感染后1~2周才出现临床症状，如发热、乏力、食欲缺乏、胸闷、叹气样呼吸、心前区不适等，严重时可导致心力衰竭、昏厥及抽搐。

已确诊的病毒性心肌炎患儿应住院治疗，一般采取综合性治疗。在急性期要注意休息，以减轻心脏负担和心肌耗氧量。如果有心脏扩大及并发心力衰竭时，休息应该延长至3~6个月，待症状好转或心脏缩小后可逐步开始活动。主要治疗药物有维生素C、辅酶Q10、磷酸果糖等。

小儿先天性心脏病怎么办

先天性心脏病是由于在胎儿期心脏血管发育异常而致的心脏血管畸形，是小儿时期最常见的心脏病。

小儿先天性心脏病的治疗：①内科治疗。先天性心脏病手术前的内科治疗主要是避免剧烈活动，预防或治疗感染，如有心力衰竭应积极治疗。②手术治疗。先天性心脏病的根治是手术治疗，如症状严重或细菌性心内膜炎持久不能控制者应提前手术。先天性心脏病患儿出生后即应给予手术治疗，而且手术越早，术后恢复越接近正常，但目前医疗手术技术水平还不能保证新生儿手术的安全性。因此，要选择最佳手术年龄，以手术安全、孩子的健康状况能承受住手术的打击，而且不影响健康的恢复为原则。先天性心脏病本身不是急症，允许观察一段时间，家长可多联系几家医院，以便选择更适合家长要求的手术年龄。

一般医院的手术年龄为2～6岁。但对犯病时达到危及生命程度的患儿要及时做急症手术。总之，先天性心脏病的手术最佳年龄为幼儿期和学龄前期，术后效果较好，症状可以改善，一般能正常地生长、生活。但应注意定期去医院检查。

由于先天性心脏病在出生后即存在，术前的几年中，很容易发生肺感染、喂养困难和营养不良。要使孩子顺利地度过婴幼儿期，维持到手术较安全的年龄，加强护理非常重要。

小儿患急性肾炎怎么办

急性肾炎是一组急性起病、由多种病因所致的感染后免疫反应引起的弥漫性肾小球炎性疾病，3～8岁小儿多见。

急性肾炎的治疗主要是减轻或消除各种症状，预防或治疗各种并发症。所有肾炎患儿在发病1～2周内均应卧床休息，以改善肾血流，减少并发症的发生；待水肿消退、血尿消失、血压正常后方可下床活动，血沉正常后可上学，尿沉渣计数正常后可正常活动。发病早期可给予含糖量高、含适量脂肪、无盐或少盐的饮食；有水肿、高血压时，应限制钠盐的摄入，蛋白质一般不限制。这样既可减轻肾脏负担，同时又保证了患儿营养的需要。

由于肾炎的发病与免疫反应有关，故抗生素对肾炎本身作用不大，但可以彻底清除体内残余的链球菌，以免链球菌继续在体内发生免疫反应。可在治疗开始时给予青霉素7～10天，每日按每千克体重用药20万～40万单位，静脉滴注，以减轻抗原抗体反应。对青霉素过敏者可用红霉素。如发现其他病原菌，应做药敏试验，选择最有效的抗生素。当患儿出现少尿或高血压时应给予利尿药。

急性肾炎患儿必须限制食盐的摄入，每天食盐总量不超过2克。一般认为，患儿每天主副食品中蛋白质的含量不应超过30克。

患者首先要卧床休息，待水肿消退、肉眼血尿消失，血压平稳后才能慢慢恢复活动。

儿童患肾病综合征怎么办

肾病综合征简称肾病，是儿童时期常见的肾脏疾病。目前，肾上腺皮质激素是治疗肾病综合征的首选药物。

如果患儿是第一次发病可使用短程疗法，其优点是疗程短，容易坚持，激素不良反应相对少，缺点是容易复发。与短程疗法相比，中、长程疗法的疗程长，但效果良好，复发率低，因此目前多采用此法。服用激素时要注意其不良反应，如血钾低，血钙低引起骨质疏松，血糖高（即药物性糖尿病）、血压高等。

激素治疗效果不好时，可加用细胞毒类药物，但其不良反应同样很大。

当患儿病情稳定，尿蛋白转为阴性后，可以出院在家治疗。尿蛋白的检查方法很简单，家长应在孩子出院前学会。

肾病极易复发。患儿必须与医师经常保持联系。导致病情复发的关键在于药物减量不当，出现感染及休息不够。出院后，一般需要继续服用泼尼松，并逐渐减量。轻症维持半年至1年，反复发作者需要服药3～5年或更长。在此期间，自行停药或擅自改变服药剂量，特别是减量过快，都会引起病情的变化。

患儿随尿排出了大量的蛋白质，需要从饮食中得到补充，但高蛋白饮食会增加肾脏的负担。饮食疗法总的原则是：蛋白质总量不要多，品种应以优质蛋白为主。以牛奶、鸡蛋为首选，鱼、鸡、鸭肉次之，牛、羊、猪的瘦肉含酸性物质较多，对心脏、肾脏的作用不好，不宜多食。

儿童患乙型肝炎相关性肾炎怎么办

在我国人群中，乙型肝炎病毒感染的发生率高达10%以上。乙型肝炎病毒主要侵犯肝脏，但也可以侵犯肝脏以外的器官，其中以侵犯肾脏，发生肾小球炎症居多，医学上称为乙型肝炎病毒相关性肾炎（简称乙肝肾炎）。此病随着临床医学的进展，诊断率有逐年增高的趋势。

(1) 临床表现：由于乙型肝炎病毒的免疫复合物沉积于肾小球，并造成损伤。临床上多见于儿童，男女之比为4：1，主要表现有以下3种类型：①肾病综合征。这是乙肝肾炎最常见的临床表现，多表现为大量蛋白尿、低白蛋白血症、高脂血症、水肿，多伴有血尿和高血压。②肾小球肾炎。一般起病较缓慢，水肿和高血压较轻，尿蛋白阳性，红细胞增多。③单纯血尿。这种患儿表现为持续性或间歇性镜下血尿，伴或不伴有发作性肉眼血尿，偶尔有少量蛋白尿，无水肿和高血压等症状。

(2) 乙肝肾炎的诊断依据：①有肾炎或肾病综合征。②血清有乙型肝炎病毒感染的依据。③肾活组织免疫荧光检查有乙肝病毒抗原、IgG、C_3的沉积。④肾组织病理多为膜性肾病、膜性增殖性肾炎或其他类型。具备①、②项为可疑者，应予以做肾穿刺活检以确诊；具备①、②和④为乙肝肾炎疑似者；具备①、②、③和④方可确诊患了乙型肝炎肾炎。

小儿泌尿系感染怎么办

膀胱、肾盂或肾实质的感染统称为泌尿系感染。

婴幼儿一旦发生泌尿系感染，首先要注意卧床休息，家长要多给患儿喝水，这样有利于冲洗尿路，减少细菌在尿道内停留的时间和减轻症状。饮食上给予富有营养和易消化吸收的食物。

要选用有效的抗生素，应根据药物敏感性试验选用对肾脏毒性小且敏感的药物。只要及时治疗，大部分患儿2周左右就可痊愈。选择药物时要选那些抗菌谱广，在血中、尿中和肾脏中浓度较高的杀菌药，而且要求毒性小，不易产生耐药性。必要时可两种药物联合应用。

磺胺药对大多数大肠埃希菌有较强的抑制作用，尿中溶解度高，不易产生耐药性，常为第一次感染的首选药。

对于复发病例应找出原因，彻底治疗。复发时可先给予足量抗生素，疗程要2周或更长，等尿培养正常后再维持3～6个月。对于反复复发的患儿，最好用复方新诺明进行预防性给药，通常每日按每千克体重用药10毫克，或呋喃妥因每日按每千克体重用药2毫克，每晚临睡前、排尿后1次口服。

疗程6个月至2年。

孩子得了泌尿系感染大多数能痊愈，只有50%的病例复发，复发的原因是治疗不够彻底。所以，要在医师的指导下选择抗菌药物，治疗时间要足够长。如果发现存在尿路结构异常应及时手术，防止发展为肾功能不全。

婴幼儿贫血怎么办

所谓贫血，就是红细胞数减少，或者血红蛋白量减少。

缺铁性贫血是由缺铁引起的一种贫血。在儿童时期很常见，患病者尤以6个月至2岁的婴幼儿为多。轻度的缺铁性贫血，易被家长忽略。治疗缺铁性贫血常用的药物为硫酸亚铁，婴儿可用2.5%的硫酸亚铁糖浆，每日每千克体重1.2毫升。年龄稍大一些的儿童可用片剂，每日剂量为0.3～0.6克，分3次服，同时加服维生素C100毫克，于两餐之间服药，连服3～4周。

巨幼红细胞性贫血是由于叶酸或维生素B_{12}缺乏所引起。维生素B_{12}能帮助叶酸在体内循环利用，而间接地促进脱氧核糖核酸的合成。故维生素B_{12}缺乏时亦可引起与叶酸缺乏相类似的巨幼红细胞性贫血（又称恶性贫血）。对巨幼红细胞性贫血，口服一定量的叶酸即能生效，但对肝硬化或使用了叶酸对抗剂（氨甲蝶呤、乙胺嘧啶、甲氧苄胺等）所致的巨幼红细胞性贫血，用叶酸治疗无效。因为此时体内的二氢叶酸还原酶缺乏或受到抑制，不能使叶酸转变成四氢叶酸而发挥效应，故必须用亚甲酸钙治疗才有效果。对因维生素B_{12}缺乏引起的恶性贫血，可肌内注射维生素B_{12}治疗。单用叶酸仅能改善血象，对神经系统损害无能为力，故两药合用可起协同作用，疗效更高。

再生障碍性贫血怎么办

再生障碍性贫血是由多种病因引起的骨髓造血功能低下或衰竭，不能生成足量的成熟血细胞释放到血流中以致发生全血细胞减少的一组综合征，简称再障。

对于再生障碍性贫血患儿来说，较严重的临床问题是感染、出血及重度贫血。因此，必须重视以下问题。

(1) 预防感染：再生障碍性贫血患者由于白细胞减少，对外界病原体侵入的抵抗力很低。在病重期间，要注意口腔、皮肤、肛门周围的清洁，饮食卫生。经常漱口，戴口罩，保持皮肤干燥，有肛裂、痔疮者，应坚持粪便后坐浴。护理者如患感冒、肠道传染病等，应暂不接触病人。病情稳定阶段，也应加强自我保护，预防感染。

(2) 预防出血：再生障碍性贫血患者常有明显的血小板减少，易导致各部位的出血。严重血小板减少者，应卧床休息，避免创伤，避免过度用力（如便秘时），防止造成颅内等重要脏器出血。忌用阿司匹林，以免抑制血小板功能而引起出血。肌内注射应用细针，刷牙用软毛刷。

(3) 坚持用药：慢性再生障碍性贫血患者必须树立信心，坚持长期用药。有些患者治疗刚有好转，因担心药物的不良反应而擅自停药，造成病情迁延不愈，甚至加重。据统计，能坚持用药 3 年以上的慢性再生障碍性贫血，大多数患者可基本治愈。

再生障碍性贫血一方面要输血，另一方面要用雄激素和肾上腺皮质激素治疗，2～3 个月或者更长一些时间才可见到疗效。经治疗不见效果的患儿，可考虑进行骨髓移植。

小儿白血病怎么办

白血病分为许多类型。有一类恶性程度较低的淋巴性白血病，70% 的病人治愈后，能存活 10 年以上。但有的急性非淋巴性白血病，恶性程度高，治愈率只有 30% 左右。

目前，对于白血病多采用综合治疗措施，包括饮食、预防感染、免疫疗法、化疗等，其中以化疗最重要。所谓化疗就是应用化学药物治疗疾病的方法。化疗的目的是杀灭白血病细胞，解除各种症状。治疗原则有：①按照白血病类型选用药物。例如，急性淋巴细胞性白血病宜选用肾上腺皮质激素、长春新碱、门冬酰胺酶等药物，急性粒细胞性白血病则选用阿糖胞苷、6-巯基嘌呤等。②联合用药。选择药理作用不同和针对不同细胞增殖周期的两种以上的药物，这样可减少耐药性，提高化疗的功效。③短期间歇治疗。因为化疗对正常细胞也有杀伤和抑制作用，抑制人体的免疫功能，所以化疗后应该有一段间歇，使受抑制的正常细胞得以恢复。④化疗分两期进行，诱导缓解期和维持缓解期。前者的目的是短期内杀灭较多白血病细胞，当临床症状完全缓解后就进入维持缓解期，此期间可以间歇给予一些药物治疗。⑤预防中枢神经系统白血病。常用的方法为定期鞘内注射（将化疗药物注入蛛网膜下腔）、大剂量甲氨蝶呤静脉滴注和颅脑放射治疗等。

　　白血病一旦确诊，就必须进行规律治疗。家长应正视事实，配合医师尽早治疗。很多白血病患儿在现代医学的治疗下已获得痊愈，所以白血病已不是不治之症。

小儿患先天性甲状腺功能减低症怎么办

　　先天性甲状腺功能减低症，又称为克汀病或呆小病，是由于体内甲状腺素缺乏导致的一种内分泌疾病。出生后1～2个月内即开始治疗的小儿，不致遗留神经系统损害，否则可能会留有不同程度的智能低下的表现。

　　一旦确诊为散发性呆小病，就应立即给孩子终身服用甲状腺制剂，以替代体内甲状腺激素的分泌不足，维持正常的生理功能，促进生长发育。治疗开始时间越早效果越好。服用甲状腺干粉片应在医师指导下进行，婴儿开始每日5～10毫克，儿童10～20毫克，口服，以后每隔2～4周增加5～10毫克，至患儿精神活泼、食欲好转、便秘消失、腹胀减轻而又无甲状腺功能亢进的表现时，所用剂量作为维持量。此外，应定期去医院检查，调整剂量，一般在治疗2周后临床症状开始好转，2～3个月内症状完全消失。

　　本病的治疗需要持之以恒，无论何种原因造成的甲状腺功能低下，都需要甲状腺素终生治疗，以补充甲状腺激素的不足，维持正常的生理功能。如果在新生儿期就开始治疗，患儿的体格和智力可以基本达到正常水平。

　　服用甲状腺素片药量不足时，患儿身高和骨骼生长缓慢，药量过大则可引起烦躁不安、多汗、明显消瘦、腹痛、腹泻等症状。由于个体差异较大，因此在治疗开始后应每2周去医院复查1次，定期复查血液中的甲状腺素水平，在用维持量使血中激素水平达到正常范围后，可以改为每3个月复查1次，逐渐延长至6～12个月复查1次。

儿童患甲状腺功能亢进怎么办

甲状腺功能亢进简称甲亢，好发于青年女性。近年来发现，儿童（包括新生儿）也可患甲亢，且有逐年增加的趋势。

小儿被诊断为甲状腺功能亢进症后，一定要在医师的指导下规范用药。定期去医院复查，调整药物的剂量，才能达到最好的治疗效果。另外，得了甲亢的小儿还需注意休息。避免精神紧张，情绪波动。注意补充营养和B族维生素，不要吃含碘高的食物（如海带）。

甲亢用药主要作用是抑制甲状腺素的合成，从而使体内甲状腺素水平恢复到正常水平。药物的使用首先从全量开始，症状得到控制后开始减药，一直减到能维持甲状腺正常功能的最小有效量，就进入了维持用药期。

药物治疗甲状腺功能亢进是对症治疗，并没有祛除病因，必须连续观察，待免疫抗体明显下降方可停药，否则停药过早可导致复发。由于治疗甲亢的药物都有一定不良反应，因此在开始用药的2个月内，应每周复查1次周围血象，防止白细胞减少，每3周复查肝功能1次，以避免肝脏的损伤。在治疗期间应动态观察甲状腺大小的改变，当甲状腺由大到小，再逐渐增大，而且血中的游离T_4水平下降，促甲状腺素水平上升时，可在原治疗的基础上加用甲状腺片治疗，剂量为每日20～40毫克。在治疗过程中，如果出现甲状腺功能减低的表现，应当减少药物的剂量，以免造成不良的后果。

儿童患糖尿病怎么办

糖尿病是由于体内胰岛素分泌不足引起的内分泌代谢疾病，以糖、脂肪和蛋白质代谢紊乱为主，引起高血糖和糖尿。糖尿病可分为胰岛素依赖型（1型）和非胰岛素依赖型（2型）。儿童糖尿病占全部糖尿病的5%左右。

糖尿病是个终身疾病，随着疾病的发展容易产生微血管病变，其预后好坏，完全取决于合理的治疗、良好的护理和病人的配合，只有在医师、家长和病员三者的密切配合下，才能控制症状，促进生长发育，减少并发症，提高生存质量。

家长要充分认识到糖尿病胰岛素治疗具有长期性、复杂性、特殊性，以及为适应不断变化的条件而必须采取的灵活性。帮助孩子克服各种困难，教育孩子正确对待每天的药物治疗和饮食控制，逐步提高自我管理疾病的能力。患儿可以参加同年龄儿童的一切正常活动，如上学、运动和游戏，但注意运动时间以进餐1小时后、2～3小时内为主，不宜在空腹时运动，以防运动后发生低血糖。应预防感染，避免肥胖，促进孩子身心发育。在糖尿病基本得到控制的情况下，为防不测，患儿仍应随身携带糖块，以及带有姓名、地址、病名的卡片，并附有膳食治疗、胰岛素注射量及负责医院，以便需要时立即救治。

饮食以能保持正常体重、减少血糖波动，维持血糖正常范围为原则。

一旦诊断糖尿病后，必须由医师制定详细的治疗方案：这包括饮食管理及胰岛素治疗两方面。

儿童性早熟怎么办

女孩在8岁以前、男孩在9岁以前出现性发育征象就是性早熟。很多原因可以引起性早熟。它大体分为真性性早熟和假性性早熟两类。真性性早熟可以由特发性性早熟引起，也可以由脑肿瘤及一些特殊的疾病引起。假性性早熟可以由肾上腺疾病如肾上腺肿瘤、性腺肿瘤、外源性因素等引起。

对于性早熟的儿童应当查明原因，积极治疗原发病。脑肿瘤引起的性早熟可考虑手术切除等治疗方案。

促性腺激素释放激素类似物是一种合成激素，它的作用机制是通过下降调节，减少垂体促性腺激素的分泌，以达到延迟性发育的目的。可用于皮下注射或埋藏，剂量为每千克体重0.1～0.3毫克，每4周肌内注射1次。本药物可以改善最终身高。

甲羟孕酮是黄体酮衍生物，用于治疗女孩的性早熟。每日的剂量为10～20毫克，口服，出现疗效后就可减量维持。

环丙氯地孕酮的作用机制是抗雄酮和抗促性腺激素作用的化合物，能抑制促性腺激素的释放，大剂量时作用尤为明显，但同时也抑制了肾上腺皮质激素的合成与释放。

特发性性早熟的诊断过程主要是排除其他原因的性早熟，尤其是中枢神经系统、肾上腺、性腺或肝脏肿瘤所致的性早熟，这些有原发病的性早熟应首先积极治疗原发病，祛除病因。同时，还要加强心理关爱及教育。

小儿患系统性红斑狼疮怎么办

系统性红斑狼疮是一种全身结缔组织自身免疫性、炎症性疾病，主要侵害多个脏器和组织，如最常见的肾脏、皮肤、关节、心脏及中枢神经系统等。这种病大多发生在女孩，临床表现千差万别，主要与免疫复合物沉积于不同的脏器有关。

小儿系统性红斑狼疮发病急、病情重、进展快、受累器官多，预后较成人差。所以，家长一旦发现孩子有皮疹、发热、关节炎等类似红斑狼疮的症状时，应及时就医，争取及早确诊，及早开始治疗，用中西医结合治疗，以期达到较好的治疗效果。

患儿要适当地休息，可给予高维生素饮食，预防和控制继发感染，并避免日光照、受寒及精神刺激。除非有严重的贫血，一般不应该输血。也应该避免疫苗接种和外科手术，慎用或忌用可诱发或加重红斑狼疮的药物。要建立信心，坚持长期治疗，以防病情恶化或反复。

应用肾上腺皮质激素的主要作用是抑制机体的免疫反应和非特异性炎症反应，激素的治疗原则是开始剂量偏大，病情缓解后逐步减量，以最适宜小剂量长期维持。对激素耐药或因不良反应明显需减量的患儿，以及并发严重的中枢神经系统损害和狼疮型肾炎的患儿，可合用免疫抑制剂。水杨酸制剂可缓解关节症状，氯喹对皮疹有效，高血压时可用降压药。但这些药物可诱发红斑狼疮，使用时应加以注意。

儿童患川崎病怎么办

川崎病是一种以全身血管炎为主要病理改变的急性发热、出疹性疾病，最早是在日本由川崎宫作医师首次报道。

及早控制血管炎，防止形成冠状动脉瘤是治疗川崎病的关键。急性期治疗主要为对症及全身支持治疗，抗生素仅用于有继发感染的患儿。所有患者在急性期应给予阿司匹林，以控制急性炎症过程，并能抑制血小板聚集，从而防止血栓形成和冠状动脉阻塞，减轻冠状动脉病变。在服用阿司匹林时要注意，不少患儿因胃肠道损害、阿司匹林吸收不好等因素，而使血清水杨酸浓度达不到治疗水平，因此要定期复查血清水杨酸浓度。

恢复期的患儿主要用阿司匹林，小儿用量为每日按每千克体重用药3～5毫克，每日1次，口服，至血沉、血小板恢复正常，如无冠状动脉异常，用药2～6个月后停药。

川崎病患儿在急性期应卧床休息，以减少体力消耗；若发热持续时间长，血白细胞计数特别高，心电图有异常，需绝对卧床休息，不参加体育活动，以免出现冠状动脉病变。饮食上应给予富有营养、清淡和易消化的食物，供给充足的各种维生素，避免过热和辛辣等刺激性食物。患儿的衣服要柔软，每天更换清洗。饭后用生理盐水漱口，鼓励少量多次饮白开水。口唇及鼻孔黏膜干裂可涂些液状石腊。眼结膜充血可滴眼药水。便后及时清洗，保持外阴部清洁。

小儿癫痫怎么办

癫痫是由多种原因引起的综合征，大致分为继发性和原发性两种。

药物治疗是控制癫痫发作的重要方法。用药的目的是将癫痫发作完全控制。同时要积极查找引起癫痫的原因，并尽早祛除病因，如脑瘤、脑外伤引起的血肿等应考虑手术治疗。在病因去除之前，用药物控制症状，可减少由于反复惊厥引起的大脑进一步损伤。所以，只要有癫痫发作，就应该治疗。

治疗越早，脑损伤越少，预后越好。

癫痫患儿以单药治疗为宜，单药治疗控制率一般可达80%，且无明显不良反应。如单药疗效不理想，可联合用药治疗，但联合用药必须注意：第一，用发作类型最有效药物；其次，避免错用不良反应相似的药物。主选药效果满意时就应按规律用药，剂量应根据药物半衰期长短分2次口服，半衰期长的苯巴比妥每日用药2次，半衰期短的丙戊酸钠、卡马西平每日用药3次，切勿漏服或中断。

癫痫是必须长期服药治疗的疾病，不论使用何种药物，绝不能因症状得到控制而减药，更不能突然停药，骤然停药会导致体内血药浓度下降发生反跳，引起癫痫严重发作，甚至发生癫痫持续状态。一般当疗程期满逐渐减量，其减量过程持续至少6个月到1年。在癫痫治疗过程中，因不良反应而更换药物时，应采取过渡方法，在原用药基础上加用新药7～10天后，方可减去原用药物。另外，典型失神发作一般在被控制后1～2年可以停药；原发性大发作完全控制3年后，可以停药；简单部分发作，症状性大发作则需3～4年时间才能停药。

小儿脑瘫怎么办

小儿脑性瘫痪是由脑发育不全、产伤或脑炎后遗症等多种原因引起的一种脑损伤综合征。

小儿脑瘫发现越早，治疗效果越好。较常用的方法有中药疗法、针灸疗法、推拿疗法、手术疗法等。同时，家长除了在医院对患儿治疗以外，掌握一些基本康复知识也很有必要。按小儿运动发育规律进行功能训练，循序渐进地促进正常运动发育，抑制异常运动和姿势。

(1) 躯体训练：以理疗和按摩为主，针对脑性瘫痪遗留的各种运动障碍及异常姿势进行相关训练，目的在于改善残存的运动功能、抑制不正常的姿势反射，诱导正常的运动发育。

(2) 作业训练：针对患儿患病后所出现的不同的功能障碍或残疾情况，对患儿采用各种作业训练，改进或补助其功能，如每天练习下蹲、抬腿运动。

七、儿童常见病防治

作业训练主要是通过训练使患儿在日常生活方面尽可能达到独立，因此，对上肢、手部的功能训练及腿协调训练极为重要。作业训练常用各种自助具和支具等器材，用以辅助各种功能的不足。

(3) 语言训练： 由于脑性瘫痪的康复治疗是一个长期的过程，家长必须树立打持久战的心理准备，和医师密切配合，学习一些功能训练手法，以便在家里进行长期治疗，最终达到利用患儿的残存功能，启发内在的积极创造能力，达到自立的目标。

小儿患抽动－秽语综合征怎么办

抽动－秽语综合征又叫多发性抽动症，以多组肌群不自主抽动及不自主发声和语言障碍为特点，可见头部、躯干、上下肢的小抽动，喉部发出奇特叫声，个别音节、字或句子不清楚，或说骂人的话。

患儿及家长均应减轻心理负担，不要过于紧张。家长和患儿要了解本病是可以减轻和自行缓解的，家长不要责骂和训斥患儿，用不着过分注意孩子的症状。让孩子的生活有规律，保证充足的睡眠，保持心情愉快、放松。

家长要千方百计地创造条件，让孩子生活在平静和自信的气氛中。无论他的动作如何使人生气，也不要注意他的样子，或模仿取笑他。

家长要鼓励和引导孩子参加各种有兴趣的游戏和活动，转移其注意力。

对极少数顽固性抽动－秽语综合征的孩子，家长要帮助他们用意念去克制自己的行为，可以采用正强化法，只要孩子的抽动行为有一点减轻，就及时给予适当的表扬和鼓励，以强化孩子逐渐消除抽动－秽语综合征的行为。

家长们不必为这种抽动担心，更不要担忧孩子长大会落下什么毛病，绝大多数孩子发生的习惯性抽动，对孩子的精神活动和身体健康并无影响，只要家长懂得怎样去正确地对待孩子，孩子的抽动行为就一定会自行消失。症状较轻者，可自行缓解，一般不需要服药治疗；如症状严重，可在医师指导下采用药物治疗。

儿童孤独症怎么办

儿童孤独症的发病机制尚不清楚，推测其可能因代谢异常产生有毒的中间代谢产物，影响大脑功能而致病。

儿童孤独症的治疗比较困难，但并不是不能治，除了教育训练和行为治疗以外，药物治疗可在一定程度上控制某些临床症状。

(1) 教育治疗：是孤独症的主要治疗方法之一。教育的目标重点应该是教会他们有一定的社会技能，如日常生活的自理能力、与人交往方式和技巧、注视和注意力的训练等。其中注视和注意力的训练是最基本的，也是最主要的，要及早进行。要让父母学会训练的方法，配合医师治疗。

(2) 行为治疗：的重点应放在促进孤独症儿童的社会化和语言发育上，尽量减少那些干扰患儿功能和与学习不协调的病态行为，如刻板、自伤、侵犯性行为。以家庭为基础，同时取得家庭成员的密切合作，共同解决家中的问题。通过训练父母和当地的特殊教育老师去实施行为治疗可取得最佳效果。

(3) 药物治疗：儿童孤独症的药物治疗确能在一定程度上控制某些临床症状，并有利于前两种治疗办法的实施。常用的治疗儿童孤独症的药物有氟哌利多和哌甲酯等。药物治疗必须在医师的指导下使用，患儿之间存在个体差异。因此，您的孩子到底该用哪一种药，用多大量，需要家长配合医师摸索调整。

婴儿湿疹怎么办

婴儿湿疹又称异位性皮肤炎，俗称"婴儿奶癣"，是一种婴幼儿常见的皮肤病。

在给婴幼儿试用某一食物时，食量应由少到多，循序渐进，使其胃肠慢慢适应。稍大的幼儿发生湿疹，在日常饮食中应选择一些具有清热，利尿、凉血的食物。例如，黄瓜有清热利水解毒之功效，芹菜清热利湿，茭白清热除烦，丝瓜清热凉血，冬瓜清利水湿，藕凉血利尿等。在夏季发生湿疹，可食用黄瓜、丝瓜、芹菜、冬瓜、西瓜、藕等。如果在冬季发病，那么大白菜就是理想的食品。

得了湿疹以后，应找出原因，对症治疗，合理喂养，精心护理。一般来说，先要观察有没有食物过敏，特别是牛奶、母乳或鸡蛋清等动物蛋白的过敏；其次，母亲吃鱼、虾、蟹、鸡等，也可通过母乳传给婴儿，在吃这些动物性食品后应观察婴儿的皮肤病是否加重，如果与上述情况有关，应改变喂养婴儿的方法；如母乳过敏者改用牛奶，牛奶过敏则改用母乳，或在喂奶期间母亲不吃鱼、虾、蟹等食物。与此同时要及时治疗婴儿的消化不良、便秘和腹泻等。

婴儿的皮肤比较柔嫩，抵抗力较差，要保持局部清洁，避免感染；渗水结痂时，不要用热水肥皂擦洗，免得渗液越来越多，结痂越来越厚，应该用植物油轻轻涂擦，不要强行把痂皮剥下。

常用的内服药有苯海拉明糖浆、复合维生素B、维生素C等，有继发感染时还要加用抗生素。外用药要视皮肤病变状态而定。

发生尿布疹怎么办

尿布疹是婴儿尿布覆盖处的皮肤所发生的一种疾病，无论是布料或纸制尿片均可引起，皮肤微微发红、破损、发炎伴有脓点。许多原因都可造成尿布疹，其中最常见的原因是尿、粪潴留时间过长，与皮肤接触过久。婴儿粪便中的细菌将尿液分解，释放出氨，它具有很强的刺激性。牛奶喂养的婴儿粪便产氨的机会比人乳喂养的婴儿更多。

发现婴儿外生殖器或臀部皮肤发红时，用温水洗，并彻底擦干，涂大量有屏障作用的药膏，如氧化锌油膏，可预防尿液刺激皮肤。因食物引起的尿布疹，可酌情更换奶类。对于过胖的婴儿，在其饮食中可除去大量淀粉、糖类，可能有所帮助。婴儿在最初几个月内，有发生持久性尿布疹的倾向，应考虑暂时用防水裤而不用尿布衬垫，以使局部皮肤保持干燥，进食牛奶的前后，如湿就更换尿布。大小便后要立即洗净，每2～3小时洗1次，只要可能，就不用尿片。紧贴婴儿皮肤处最好用纸尿片，这些尿片设计的原理是让尿片把尿液充分吸净，保持婴儿局部皮肤的干燥。在婴儿生殖器周围不要用爽身粉，一旦潮湿，这些粉状结成团块，反而刺激皮肤。检查婴儿的口腔，如果看到有白色的斑片或凝乳状斑点，用干净的手帕擦拭，如擦拭后露出红色的创面，孩子可能患有鹅口疮（是白色念珠菌引起的感染），并由此引起尿布疹。如果采取上述措施，在2～3天内尿布疹仍未见好转，或者发现婴儿患鹅口疮，就要尽快去看医师。

小儿长痱子怎么办

在炎热潮湿的夏季，过多的汗液可使小儿皮肤表皮细胞肿胀，将汗孔或汗腺导管堵塞，使汗液渗入邻近组织、潴留在皮内便生成痱子。临床常分为晶痱和红痱。晶痱又称白痱，多发生在新生儿，表现为1～2毫米直径或更大一点清澈的表浅疱疹，不呈红色，易破，密集分布在患儿的额部、颈部、胸背上部、手臂屈侧等处，无自觉症状。红痱是通常所说的痱子，多见于儿童，症状为红色丘疱疹，有刺痒，好发生在皮肤出汗较多的部位。

痱子往往一批消退，一批再发。有时因瘙痒，抓破皮肤后发生化脓性感染，影响身体健康。生了痱子后不要用热水烫、肥皂擦，也不可用手抓。比较有效的治疗方法是让病人到通风的环境中以帮助汗液蒸发，并饮用清凉饮料或绿豆汤，局部用温水洗，勤洗澡，然后用痱子粉或中药六一散（甘草1份，滑石粉6份）外搽，也可用炉甘石洗剂外搽。痱子化脓要去医院诊治。

预防痱子，平时应勤洗澡，保持皮肤清洁，注意居住处通风，避免过热。平时衣服不宜穿得过紧、过多，勤换内衣，勿使汗湿，室内保持通风凉爽，痱子一般可以自退。感染细菌时可用抗生素治疗。若并发念珠菌感染，可在扑粉及硫黄雷锁锌洗剂中加入制霉菌素予以治疗。婴儿睡觉时应多翻身，以利于汗液蒸发，减少痱子的发生。

小儿生热疖怎么办

热疖是由于葡萄球菌侵入小汗腺引起的一种常见的化脓性皮肤病，儿童

七、儿童常见病防治

发病较多。

夏天出汗多，汗水刺激汗腺周围的皮肤，或皮肤上的污垢堵塞了汗腺口，使汗液排不出。造成皮肤对细菌的抵抗力减弱而发生汗腺周围炎（即热疖）。热疖好发于儿童和产妇的面部，初起时，患处出现一个疼痛的小结节，质硬，表面皮肤红肿，发热，并有压痛。3～4天后，结节中央有黄色脓头，以后逐渐扩大为脓肿，如摸上去有波动感，说明疖子已成熟，往往自行溃破并流出黄绿色黏稠脓液而愈合。一般病程7～14天。由于热疖为局部病变，所以没有全身症状。如果当头面部有较多的热疖时，会使局部淋巴结肿大，这时可有发热等全身症状。

得了热疖后，千万不可挤压，特别是面部的疖肿更不能挤压，因为面部静脉与颅内静脉相通，挤压后容易将细菌挤入颅内，而发生危险。热疖刚起时，可及时热敷、涂碘酊，或贴鱼石脂软膏，使炎症消散。如结节已化脓，有波动感时，需到医院切开排脓。

预防热疖必须注意个人卫生和保护皮肤。出汗较多者，可一天洗头2～3次。勤洗澡，勤换衣服。此外，居室要注意通风。

幼儿患凉席性皮炎怎么办

有些幼儿在凉席上睡觉之后，身体接触凉席的地方会出现红肿、刺痒、疼痛，并起一些小红疙瘩。这些小红疙瘩多集中在背部、腰部、腿部。由于这种皮肤病是睡凉席引起的，故称为凉席性皮炎。因为幼儿皮肤比较娇嫩，夏季又爱出汗，所以发病率高。

引起凉席性皮炎的原因较多，主要是有些凉席中含有一种致敏原。这种致敏原在新凉席中较多，有过敏体质的幼儿接触这种物质后常常发生过敏反应，引起过敏性皮炎。还有一些凉席的缝隙中寄生着螨虫等，它在人的皮肤上爬行或叮咬，也会使人出现以上的症状。另外，有些幼儿身体较胖，出汗多，汗水浸渍皮肤，皮肤的热能不能迅速向外散发，也容易使皮肤发生炎症。

小儿生冻疮怎么办

冻疮是冬天常在户外玩耍的孩子们容易患的一种皮肤病。它是由于机体长时间受寒冷和潮湿刺激，使局部血管痉挛、组织缺氧、细胞受损所致。但是否发生冻疮并不仅仅取决于寒冷的程度，更重要的是人体耐寒能力的强弱、防冻措施是否完善和体质状况如何。身体衰弱、末梢血液循环不良、缺乏适当的运动、贫血、内分泌障碍、慢性感染病灶等，均为诱发因素。

冻疮发生于寒冷季节，好发于四肢远端，以手背、手指、足外缘、足跟、足趾、足趾尖、小腿、面颊、耳垂、耳轮等处多见。发生冻疮时先在受损部位出现暗红色斑，肿胀明显，感觉麻木，遇暖后发胀，有烧灼样痒感。以后局部变为暗紫色，肿胀加重，出现水疱或大疱，疱破后可形成糜烂面或溃疡，有时出现渗透液及结痂，伴有疼痛感，病程较长，直到天暖后才好转。多数一到冬季就复发。

冻疮发生后仍需要注意防寒保暖，更应该及早治疗，以防止发生并发症。局部治疗主要是软化损伤组织，改善血液循环，促进吸收，防止感染。未破溃者，可用温水浸泡后以油脂轻轻按摩局部，外涂辣椒酊、冻疮软膏、维生素E软膏、5%～10%樟脑酒精等药。已破溃者，外涂10%硫黄鱼石脂软膏或70%蜂蜜软膏（蜂蜜70克，猪油30克）。

发生肠套叠怎么办

肠套叠是婴儿时期特有的最常见的急腹症之一。此病来势汹汹，发展快，若不能早期发现和及时治疗，套叠部分肠管的血液循环就会受阻，肠壁发生坏死和穿孔，严重者甚至致死，故应引起重视。

肠套叠是指近端肠管套入远端肠管，可发生在大肠或小肠的任何部分。其原因可能由于腹泻、肠炎、饮食改变或高热等，使肠蠕动的正常节律发生紊乱所致。临床上多见于4～10个月的健康肥胖儿，早期临床表现有以下四大信号。

(1) **阵发性哭闹**：由于婴儿不会申诉腹痛，故表现为突然哭闹不安，面色苍白，手足乱动，呈异常痛苦状。此系肠绞痛的表现，不久痛止，小儿安静如常，间歇数分钟或半小时后又突然哭闹，呈反复阵发性发作。

(2) **呕吐**：婴儿阵发性哭闹开始后不久就会出现呕吐，最初吐出物为奶凝块或食物，以后可带有草绿色的胆汁，甚至吐出有粪臭的液体。

(3) **便血**：起病数小时后可排出暗红色血便和黏液的混合物，称为果酱样粪便，有时可排出深红色血水或鲜血便。

(4) **腹部肿块**：肠套叠肿块的部位，依套入点和套入程度而定，以右下腹和右上腹为多。在疾病初期，腹痛暂停、腹肌放松时，在患儿的腹部摸到一如腊肠或香蕉状中等硬度、略带弹性、表面光滑、稍可活动、并有压痛的肿块，这是诊断小儿肠套叠最有价值的体征。

家长若发现小儿有以上四大早期信号时，应想到发生肠套叠的可能，立即送孩子去医院外科检查，最好同时将患儿排出的粪便带给医师察看或化验检查。一旦确诊，必须立即进行空气灌肠整复，如失败则应立即手术整复。

小儿肛瘘怎么办

所谓肛瘘是指肛管、直肠与外界相通的一个管道，是小婴儿常见的肛周疾病。婴儿容易发生肛瘘主要与婴儿的皮肤娇嫩、抵抗力差有关。婴儿的肛周括约肌松弛，易使直肠肛门窦部黏膜外翻，肛门隐窝处受损感染，而形成肛周脓肿，脓肿溃破后则形成肛瘘。临床表现为肛瘘的外口经常有少量渗液或脓液。有时暂时自行闭合，外瘘口的皮肤呈假性愈合，局部皮肤表现为米粒大小的皮肤凹陷或小瘢痕；有时外表像一块腐肉，若用手挤压瘘口的周围组织，即有少量脓液或浆液溢出，或当脓液积聚到一定量后又可自行溃破流脓，反复发作。其发作的间隔时间无一定的规律，有的1个月发作1次，有的几个月发作1次。发作时，患儿排便时会哭闹不安，甚至可造成红臀和局部皮肤糜烂，严重影响小儿的健康。

婴儿感染性肛瘘是完全可以预防的。有人研究发现，婴儿的肛门感染与会阴护理的习惯有关。有人习惯在婴儿排便后为其换尿布时顺手用尿布从后向前擦肛门和外阴，这会使肛门隐窝全部翻开，易致损伤而发生感染形成脓肿，脓肿溃破后形成瘘管。因此，应提倡在孩子排便后最好用温水或稀释的硼酸水冲洗外阴和肛门，然后用干净的棉花或软布将水吸干，不要擦肛门，这样就能大大减少外翻直肠黏膜的损伤，达到预防肛瘘的目的。一旦发生肛瘘则应及时去医院采用外科手术或挂线疗法治疗，绝大多数病人在短期内就可以彻底治愈。

小儿脱肛怎么办

脱肛是1~3岁孩子的常见病、多发病。如果脱出的肛管、直肠不能及时回纳，便会发生充血、水肿、溃疡、出血，甚至发生坏死，故必须引起高度重视，采取适当对策。

婴幼儿发生脱肛，家长应首先寻找原因。如果是便秘、腹泻或百日咳所致，可采取通便、止泻和止咳等对症处理，以减轻腹内压，消除引起脱肛的外力。其次，应改善患儿生活习惯，注意饮食营养和纠正营养不良等。

在家中，可将孩子臀部及大腿用力夹紧、伸直，然后让孩子练仰卧起坐。若孩子不能完全靠自己坐起，则家长可助其一臂之力，连续3~5次，每天做2~3次，也可采用爬行法，即要求孩子两手臂放开、腹部着床，臀部及大腿、小腿用力夹紧、伸直，利用腹部和臀部肌肉的收缩，一起一伏，蠕动向前，引导孩子向前练习爬行，以锻炼提高腹肌和肛周肌的收缩力量，达到治疗脱肛的目的。

排便后直肠脱出而不能自行回纳的严重脱肛患儿，家长可用右手拇指轻轻地按压在脱出的直肠表面，然后稍稍用力将其回纳。对于复位后又立即脱出者，可在复位后用纱布叠成厚块压住肛门，然后再用胶布将两侧臀部横向拉紧粘固，并让患儿卧床休息1~2个月，大部分患儿都能康复。

保持粪便通畅，教育孩子养成每天按时排便的良好卫生习惯。一旦发生便秘，可食用香蕉或植物油，以达到润燥滑肠的作用。

肛裂患儿应每次排便后用1:5000的高锰酸钾温水溶液坐浴，以起到局部消毒作用，加速裂口的愈合。

小儿患急性阑尾炎怎么办

急性阑尾炎多见于 6～12 岁小儿，5 岁以下的发病率相对减少，3 岁以下特别是 1 岁以内的阑尾炎很少见，但误诊率高，穿孔率可达 40%。腹痛起病时多位于脐周或上腹部，6～12 小时后转到右下腹。多为持续性钝痛，并伴有较剧烈的阵痛。恶心与呕吐常在腹痛开始后数小时发生，初呕吐食物，以后为胆汁，一般次数不多。若呕吐频繁，则应考虑其他疾病，如胃肠炎、肠梗阻等。此外，可有便秘或腹泻。阑尾贴近膀胱者可有尿频。发热大都在 38℃左右，大多为先腹痛后发热，体温会随着病情加重而逐渐升高，阑尾穿孔致腹膜炎可出现高热。腹部检查右下腹有明显压痛伴肌紧张或强直，但婴儿肌紧张可不明显，压痛及反跳痛常表现为啼哭及右腿向上屈曲。肛指检查直肠右侧疼痛。血常规化验白细胞计数增加，中性粒细胞增高，但体弱患儿可无反应。婴儿患者临床表现常不典型，必须严密观察，反复多次检查，才不致贻误诊断。诊断未明前忌用镇痛药及泻药。

诊断明确后应手术治疗。有高热、脉速、脱水及中毒症状者宜先做好术前准备（补液、输血和抗生素等）。若发病超过 4 天并有包块形成，宜保守治疗（大剂量抗生素），在治疗过程中如包块继续增大，体温和血白细胞增高，则应立即做腹腔引流术。

小儿血管瘤怎么办

血管瘤是一种血管的先天性畸形或错构瘤，而不是通常所说的肿瘤。血管瘤的特点是在正常的组织结构中血管的数量、排列、分布或形态与正常不同，在婴幼儿中形成特殊的病变，临床上称为婴幼儿血管瘤或小儿血管瘤。

草莓状血管瘤在组织上，仅是毛细血管增加、扩张、血管内皮细胞增殖，位置浅表，所以冷冻治疗效果较好，冷冻后突出部位消失，遗留扁平状瘢痕。冷冻方法是利用制冷物质产生低温或超低温，使局部组织细胞变性坏死。目前用的是液体氮（-196℃）。治疗时，用棉签蘸液氮置于皮肤患处，施加一定压力，使患处皮肤变白即可。冷冻开始中有些疼痛，随温度下降疼痛消失，冻成白色硬块，1～2分钟溶解发红，稍有烧灼样感，数小时后消失。冷冻后常发生水疱，3～4天后结痂，10～14天痂皮脱落，如没完全好可重复治疗1～2次。之后可出现暂时性或永久性色素消失或沉着。冷冻后局部出现的水疱可涂2%甲紫，小水疱可自然消失，水疱大者可用无菌注射器吸出疱液，再用无菌纱布包扎，不要着水，以免感染。如附近淋巴结肿大，无发热，可不用抗生素。

单纯性血管瘤和海绵状血管瘤不适合冷冻。因为单纯血管瘤不仅浅表毛细血管扩张，而且真皮深层也有改变，可试用激光治疗。

海绵状血管瘤病变在真皮下部和皮下组织并显示有不规则的腔隙，腔内充满血液，因此不适合冷冻，冻后可造成深在性瘢痕，甚至毁容。对此，可用放射疗法。

婴幼儿阴茎包皮病怎么办

包茎是指包皮口狭窄或包皮与阴茎头部粘连，致使包皮不能上翻，尿道口或阴茎头不能露出。婴儿时期的包茎是正常现象，在3岁以后阴茎头和包皮之间的粘连可以自行消失，也就是包皮可以上翻了。

有不少婴幼儿白天比较烦躁，小便次数特多，小便化验检查正常。但若仔细检查一下孩子的阴茎和包皮，有时会发现其包皮口和尿道外口有轻度充血、发红，医学上称之为尿道外口包皮炎。其主要原因是忽视局部卫生，导致感染所致。对于这种尿道外口包皮炎，只需局部清洁消毒即可。方法是将孩子发炎的阴茎远端浸泡在呋喃西林溶液中，每日1～2次，每次浸泡20～30分钟，一般治疗几天就可痊愈。若发现孩子包皮囊内有块状包皮垢，家长可到医院请医生将包皮垢去除，并在医生指导下回家清洗。

孩子的阴茎头和包皮有损伤，或反复发生尿道外口包皮炎，可使包皮口缘形成瘢痕性挛缩，失去弹性和扩张能力。包皮就不能向上退缩，严重时尿道口变得狭窄，包皮口小如针孔，以致发生排尿困难，产生逆行张力，造成上尿路器官的严重损坏。具体表现为患儿排尿时尿流变细，缓慢，排尿时间延长，但不中断。严重时小儿在排尿时用劲，哭闹不安。由于尿液排出困难，暂时潴留在包皮囊内，包皮膨起呈球状。排尿停止后，潴留在包皮囊内的尿液继续不断地慢慢流出，淋湿内裤。

对于包皮口狭小引起的排尿困难要及时处理，可去医院进行包皮口扩张术，方法简单、时间短、见效快。

小儿隐睾怎么办

有的男孩在阴囊中只摸到一个睾丸，经检查还有一个在腹腔里。这叫单侧隐睾；也有的男孩两个睾丸都在腹腔，这叫双侧隐睾。

小儿出生后，家长应及时检查孩子阴囊内有无睾丸，如检查不清或确实无睾丸应及早就医。具体治疗原则是：双侧隐睾者应在1岁左右进行药物治疗。可肌内注射绒毛膜促性腺激素，每次500～1000单位，每周1次，每4～8周为1个疗程。一般治疗1～2个疗程即可，有效率为10%～20%。无效者虽没能使睾丸降到阴囊内，亦能促进睾丸和阴茎发育。一般可在2～3周岁时行手术治疗，单侧可稍晚些，但最迟也不应晚于4岁。

经手术治疗，90%以上都能将睾丸牵到阴囊内，即使第一次手术不能完全降到阴囊内，半年后仍可行第二次手术。其中有极少数患儿的睾丸发育很差，如睾丸既小又软或睾丸附睾分离。这样的睾丸不但没有生精能力，还会留有恶变的后患，对于单侧者应考虑切除。

正常的男孩子阴囊内有左右两颗对称的、花生仁大小的东西，这就是睾丸。然而，有些年轻的父母在察看孩子的阴囊时，发现有时阴囊内好像有睾丸，可有时阴囊内空空的，好像什么也没有，以为孩子得了隐睾症。其实，这种阴囊内时隐时现的睾丸，医学上称为睾丸回缩，并不是人们常说的隐睾。

小儿疝气怎么办

腹股沟斜疝在小儿生后不久即可发生，2岁以下婴幼儿居多，以后随年龄增加发病逐渐减少。男孩明显多于女孩。由于2岁以内的婴幼儿常发生疝内容物嵌顿，因此应尽早处理。

脐疝是指肚脐部位隆起的一个球形的软囊，是由于腹壁肌肉和腹膜于脐部遗留的先天性发育缺陷，腹膜等组织从脐环薄弱处向外突出而形成疝。一般小儿脐疝大多发生在1周岁内，能够自然愈合而不再出现。

小儿腹股沟斜疝一经确诊即应手术治疗。手术时间不受年龄限制，以防疝嵌顿。一般不主张使用疝带疗法，因使用不当可发生意外和危险。

疝一旦发生嵌顿应速去医院处理，若时间在12小时内，可采用镇静、解痉及手法按摩使其回复，数日后再安排手术；若嵌顿时间长久，局部已有红肿及压痛，甚至伴有发热、腹膜炎等表现者，则须急症手术。一般来说，疝的手术是安全可靠的，不会留有任何后遗症。小儿疝气术后1周内，应尽量让患儿平卧，3个月内都应避免剧烈的活动。术后要注意冷暖，适当增减衣服，若有了咳嗽症状也要及时治疗。术后还要增加营养，可吃瘦肉、蛋类等食物。

小儿遗尿症怎么办

小儿遗尿症是指3岁以后的小儿白天或夜间反复有不随意的排尿，尤以夜间多见，故又称为夜尿症，这是一种在儿童中相当常见的病症。

首先，必须带患儿去医院检查，力求找出病因并进行针对性治疗。而治疗遗尿症最有效的办法是进行排尿训练。

其次，在饮食方面要合理安排饮水量。白天不限制饮水，以锻炼膀胱充盈时括约肌的功能；牛奶、柑橘类水果、巧克力应在上午吃，下午4点钟以后饮食中应减少汤水。

此外，晚间要控制饮水量，睡前排尿一次。在睡前3个小时，不要给孩子东西吃。有时在晚餐时可给孩子适当吃咸一点的饭菜，可减少夜间的尿量。另外，要注意培养孩子良好的生活习惯，并要合理安排孩子的生活起居，白天不应无节制地游戏，避免过度疲劳。最好让孩子睡1～2个小时午觉。以免深夜睡后不易觉醒而发生遗尿。

本病以教育鼓励为主，使患儿树立能治愈的信心，而不应斥责，以免患儿精神紧张。白天遗尿者可试行逐渐延长排尿间隔时间的训练，间隔时间的长短应与小儿的年龄和生理状态相适应。白天排尿控制训练完成后再进行夜间的训练。

儿童肥胖症怎么办

一般来说，体重超过同年龄标准体重或相同身高儿童标准体重的20%以上就称之为肥胖症。肥胖对小儿健康有多方面的影响。

儿童肥胖的原因主要是过食。要使小儿日后发育良好，体态均匀、体魄健全，就要从小合理安排他们的饮食，定期去看儿童保健门诊。若发现小儿体重增长过快，应及时调整饮食，同时增加活动量，使其体重按正常生长发育规律增加，防止发展成为肥胖症。如父母均肥胖者更要注意孩子的体重。

肥胖是长期热能摄入大于消耗，使体内脂肪积聚过多所致。如果体重超过同年龄、同身高小儿正常标准的20%，即可认为肥胖。我国儿童肥胖的发生率为3%～5%，大多数属单纯性肥胖。

家长在给肥胖儿搭配膳食时，可以适当提高蛋白质含量，减少脂肪、糖类的含量，肥胖儿脂肪供能不应低于总热能的20%，同时应适当增加含多不饱和脂肪酸食物的摄入。为使肥胖儿童有饱腹感，减少食量，可在吃饭前先喝些汤类或多吃些水果和蔬菜。饮食习惯方面要适当改变，婴幼儿进食要定时定量，不吃零食。年长一些的儿童早餐吃得丰富一些，而晚餐尽量吃得少而简单些。对于肥胖的儿童千万不可用饥饿的办法来减肥，否则会影响患儿身心健康和发育。

八、儿童合理用药

怎样给新生儿喂药

由于新生儿的味觉尚未发育成熟,所以对于吃进的各种饮食味道不太敏感,可以把药研成细粉溶于温水中喂服。

如病情较重,可用滴管或塑料软管吸满药液后,将管口放在宝宝口腔颊黏膜和牙床间慢慢滴入,并要咽一口再喂一口,第一管药服完后再服第二管。如果发生呛咳,应立即停止,并抱起宝宝轻轻拍后背,以免药液呛入气管。

新生儿病情较轻者,可把药溶于水中,放入奶瓶,用乳胶奶嘴,让宝宝自己吮吸也可服下。但要把沾在奶瓶上的药液加少许开水涮净,再服用干净,否则无法保证足够的药量。

也可以将溶好的药液用小勺直接喂进宝宝嘴里。喂药时,最好把宝宝的头偏向一侧,把小勺紧贴宝宝嘴角慢慢灌入。等宝宝把药全部咽下去,再用勺子喂少量糖水。

喂中药汤剂时,要把药量煎得少一些,以半茶盅为宜。每天分3～6次服完,可加糖调匀后倒入奶瓶喂服。

喂新生儿吃药时应注意不要将药和乳汁混在一起喂,二者混合时可能引起凝结现象,并降低药效,还会影响宝宝的食欲。

如何给幼儿服药

孩子生病不可避免,家长应懂得有关服药的知识,正确引导孩子。

首先,应该给孩子讲为什么要吃药,一天吃几次,并说明这药是"专门给你吃的",问孩子有什么想法。现在的孩子智力发育早,都比较聪明,只要大人好好诱导,善于启发,孩子一般都能接受。

孩子最爱问的问题是"药苦吗?"当你知道难吃时,一定要诚实,不要骗他。更不要用糖水、牛奶、汽水或其他果汁饮料送服。生活中常有些孩子患慢性病,为了治好自己的病,经过家长的启发,一般孩子对苦药也能顺利吃下去,使药充分发挥疗效。对孩子积极配合治疗、听话的行为,家长应表扬。

学龄前儿童已能将服药方法记住。因此,可以调动孩子的积极性,帮助家长记住什么时候该服药。

5岁以下的孩子宜服液体药如糖浆之类,因为他们吞药片或服胶囊的能力还没发育好。给孩子服药最好用白开水送服,不能在孩子哭闹嬉戏时喝药。特别指出,千万不能捏着孩子鼻子强行灌药,这样容易将药吸入气管,堵塞气道,造成窒息,发生危险。最好通过一个软管把药注入颊与臼齿间,避免药液与舌面上的味蕾接触。有时把药液冷却也可使药味减少。孩子到6岁就可吞药片,叮嘱孩子将药片放到舌根区,并立即喝水,要强调孩子把"水吞咽下去",以便分散孩子的注意力。

小儿怎样合理使用抗生素

抗生素对细菌的作用已众所周知。然而,正如事物具有两面性一样,抗生素既有其作用的一面,也有其不良反应的一面。家庭在为小儿使用抗生素时,怎样才能做到合理、恰到好处呢?下列几点供使用时参考。

(1)用不用抗生素最好由儿科医生来决定,家长要积极配合。

(2)应了解和掌握所使用抗生素的适应证、使用方法、剂量、禁忌证等。如对一般的伤风感冒,用些抗病毒的药就可以了,只要不合并细菌感染,就不要用抗生素。

(3)必须使用抗生素时,要坚持以下原则:①用口服剂能解决的就不要打针,肌内注射能解决的就不要用静脉滴注。②用一种抗生素能解决的就不要用两种;能用普通抗生素就不要用高级的特殊抗生素。

（4）用量和疗程要依病情的轻重程度来决定，切记不要自行加药、加大剂量，否则会导致不良反应加重或使前段治疗效果前功尽弃。

（5）严格按时用药。抗生素一般6小时、8小时或12小时1次，这是根据不同药物在人体内生效的速度不同而决定的，不能随便更改。

（6）用药期间，要按医生的嘱咐做必要的检查，如化验血和尿常规，检查肝肾功能。一旦发现问题，应请医生及时处理。

为什么新生儿及早产儿禁用氯霉素

新生儿（特别是生后第一周）及早产儿，如氯霉素每日用量大于每千克体重100毫克，可发生急性氯霉素中毒，一般于用药后3～4天出现症状。中毒的最早表现为不愿吃奶和（或）腹胀，可伴有呕吐，12～24小时后，则出现呼吸浅促而不规则、肌肉松弛、面色灰白、发绀、循环衰竭，严重者可于症状出现后几小时内死亡。这就是所谓"灰婴综合征。"其发病原因，主要是新生儿和早产儿的肝脏内某些酶系发育尚不完全，葡萄糖醛酸结合氯霉素的能力较差，因此，影响氯霉素在肝脏中的解毒过程，使血中游离型氯霉素的浓度明显增高；其次是新生儿和早产儿肾脏排泄功能低下，致使氯霉素在体内潴留而引起循环衰竭的严重中毒反应。另外，也有人认为是氯霉素抑制了婴儿体内细胞的蛋白合成，导致血中氨基酸和氨增高而造成的自身中毒现象。由于氯霉素这一毒性反应，新生儿和早产儿最好不用，如必须用时剂量也不宜超过每日每千克体重20毫克。

为何婴儿腹泻不宜滥用抗生素

婴儿腹泻多发生于6个月至2周岁。病儿初期表现为发热、咳嗽、流涕等感冒样症状。继而出现呕吐、腹泻、哭闹不安。腹泻每日5～6次，多者达10余次。粪便呈蛋花汤样或白色水样，无腥臭味，腹泻和呕吐严重的病儿会出现口干、无尿、眼窝下陷、皮肤干燥、四肢冰冷等脱水现象，有的还会出现痉挛。

面对婴儿腹泻，一些年轻的父母常常会急于给孩子喂服一些抗生素，以为这样可以控制肠道感染，使腹泻停止。其实，婴儿腹泻的病因除喂养不当外，主要是通过粪便传播使其感染了一种特殊的病毒——轮状病毒所致。由轮状病毒感染引起的，即使用抗生素也无济于事。相反，不恰当地使用抗生素会给患儿带来不良后果。

婴儿腹泻是一种自限性疾病。患病后停止喂奶、调整和限制饮食，让胃肠道充分休息，及时纠正脱水及电解质紊乱，加强护理，一般1周内会痊愈。由于患儿中几乎有1/2是由父母传播致病的，而且患儿在病后3～6天排出的粪便中含有轮状病毒。因此，若父母有腹泻，应与婴儿隔离治疗。对患儿粪便及时进行消毒处理，也是防止疾病传播和再感染的必要手段。

小儿为什么禁用四环素

四环素类药对8岁以下的孩子已被禁用。因服用后常可刺激胃肠道，引起恶心呕吐、腹泻。8岁以前的孩子过多服用四环素后，可造成四环素牙，使牙齿变成永久性黄棕色，甚至使乳牙及恒牙的釉质发育不良；有时可出现暂时性阻碍孩子骨骼生长。用药后还可发生过敏反应，如药疹、肛门及外阴瘙痒。长期或大量使用四环素可造成肝、肾损害，发生血栓性静脉炎，并且还可能使尿中核黄素排泄增加。有的孩子用四环素后可引起体内正常菌群失调，导致耐药的葡萄球菌、大肠埃希菌、真菌等二重感染，而且还可使肠道内制造B族维生素及维生素K的细菌遭到抑制，而出现维生素缺乏症。

婴儿使用四环素的危害更大。由于婴儿血脑屏障发育不全，通透性很高，使用四环素后，极易进入颅内而造成颅内高压症。一般在用药后5小时至4日出现，轻者可见孩子的前囟门隆起，重者可出现烦躁不安，哭闹或昏睡、拒食和呕吐等，如果不及时治疗，常可危及孩子的生命，因此小儿要禁用四环素。

幼儿为何要慎服磺胺药

磺胺类药物中的复方新诺明是常用的抗生素，对于泌尿系、呼吸道、肠道感染及流行性脑脊髓膜炎等有很好的治疗效果。有的家长看孩子病了，就给孩子吃复方新诺明，殊不知，磺胺类药物不宜给幼儿服用。

幼儿期各组织器官特别是肝、肾的酶系统功能均未发育成熟，对药物的耐受性、解毒能力均不如成人。如果幼儿服用磺胺药，常出现的不良反应是胃肠道刺激症状如恶心、呕吐、腹泻等，妨碍B族维生素的吸收、合成，容易诱发口角炎等疾病。磺胺类药物易损害肝脏和肾脏，出现肝功能异常，影响体内物质的代谢、合成。如果新生儿患有体内缺乏葡萄糖-6-磷酶脱氢酶，服用磺胺药还易出现严重的溶血反应，危及生命。另外，磺胺类药物溶解度较小，易在酸性的尿液析出结晶，并在肾小管和集合管中形成沉淀，可引起尿少、血尿、腰痛、尿闭，甚至尿毒症。

如何选用儿童咳嗽药

平常说的咳嗽药，实际上是包括镇咳药、祛痰药和平喘药三类。镇咳药有甘草合剂、甘草片、喷托维林、咳特灵等。平喘药有麻黄素、氨茶碱、喘定等。如发热一样，咳嗽是身体的一种保护性反应。例如，吃饭时不小心使米粒入喉管，可通过剧烈的咳嗽将其排出；气管炎、肺炎时，通过咳嗽、咳痰，把肺内的细菌及组织破坏产物排出体外。咳嗽有助于这一过程，这时不能滥用镇咳药。

因此，当小孩咳嗽时，要对引起咳嗽的各种原因经过分析，以便对症下药。如感冒引起的咳嗽，是由于上呼吸道炎症的刺激，这时咳嗽对身体并无任何保护作用，因而用镇咳药止咳对疾病有好处。但患气管炎、肺炎时，呼吸道上下都存有大量痰液。这时就不宜单独使用镇咳药，否则会因咳嗽停止将痰留于呼吸道内，使炎症扩散；一般应选用祛痰药，如氯化铵、痰咳净等，其中氯化铵祛痰作用强，只用于痰黏稠咳不出的病人。由于祛痰药有恶心、呕吐的不良反应，所以孩子用量也不宜大。

儿童为何不宜常服驱虫药

在儿童中，几乎95%都有肠道寄生虫病（如蛔虫、蛲虫等）。因此，对儿童来说，定时化验粪便，弄清体内有无寄生虫，有哪种寄生虫，很有必要。有的家长一发现孩子面黄肌瘦、食欲缺乏，未经检查便认为有虫，盲目服驱虫药后不见虫体排出，又再服，以致影响了孩子的健康。

驱虫药有很多种，有的对多种寄生虫有效，有的仅对一种寄生虫有效。常用的驱虫药有哌嗪（驱蛔灵）、噻嘧啶（抗虫灵）、左旋咪唑、甲苯达唑、苦楝皮、乌梅、使君子等，这些药都有一定不良反应。如哌嗪虽然毒性低，但常服或过量都可引起头晕、头痛、呕吐及肝功能损害；苦楝皮苦寒败胃，过量还可引起中毒死亡。因此，任何一种驱虫药都不宜经常服。

小儿为何慎用外用药

小儿的皮肤娇嫩，血管丰富，角质层发育差，故接触外用药时有极强的吸收和渗透能力。因此，在小儿使用外用药物时，为避免导致皮肤损伤和吸收中毒，应该注意下列几点。

（1）刚出生不久的新生儿（1个月以内）切忌使用有胶布、氧化锌软膏及膏药之类的硬膏剂敷贴在皮肤上，否则容易引起接触性皮炎。

（2）小儿患皮肤病或进行皮肤消毒时，一般不宜使用刺激性很强的药物，如水杨酸、碘酒等，以免皮肤发生水疱、脱皮或腐蚀。如必须使用，应从低浓度开始，若出现刺激症状，应立即停药或改用缓和的药物治疗。

（3）局部涂药面积不可过大，浓度不宜太高。例如硼酸，一般用于小面积湿敷，毒性不大，但如果用于大面积皮肤病，则可通过创面吸收发生急性中毒，甚至引起循环衰竭与休克而死亡。

（4）婴幼儿（3岁以内）对萘甲唑啉（滴鼻净）极为敏感，临床医生有时疏忽，用1%萘甲唑啉给婴幼儿治疗鼻炎而引起中毒症状。小儿只能使用

0.05%浓度的萘甲唑啉。新生儿不能使用。

此外，酒精用之不当也会造成吸收中毒，如小儿高热用大量酒精擦浴，可引起昏迷、呼吸困难。糖皮质激素软膏大面积外用能引起全身水肿等。

婴幼儿禁用的药物有哪些

婴幼儿正处在生长发育阶段，一些器官和组织都未发育成熟，抵抗力也弱，容易得病。孩子得了病，用药一定要慎重。婴幼儿时期禁用或慎用的药物如下。

(1) **易引起新生儿溶血或黄疸的药物**：①解热镇痛药。阿司匹林。②抗疟药。伯氨喹、帕马喹、奎宁。③呋喃类。呋喃妥因、呋喃唑酮。④抗生素类。新生霉素、氯霉素、四环素、青霉素。⑤中枢神经抑制药。氯丙嗪、奋乃静、苯巴比妥、水合氯醛、乙醇等。⑥其他。如二巯丙醇、对氨基水杨酸、奎尼丁、维生素K、亚甲蓝、甲睾酮、安钠咖、山梗菜碱、毛花苷C、毒毛花苷K、甲苯磺丁脲等。

(2) **能引起新生儿变性血红蛋白症的药物**：亚甲蓝、苯唑卡因等局麻药、碱式硝酸铋等。

(3) **能引起胎儿和新生儿中枢抑制和中枢神经系统损害的药物**：①麻醉药和催眠药。乙醚、氯仿、氯烷、氧化亚氮、三溴乙醇、副醛、水合氯醛、巴比妥类药物。②成瘾性镇痛药。吗啡、可待因、哌替啶；安定药、氯丙嗪、地西泮、氯氮。③降压药。利舍平。

儿童服药如何选剂型

孩子吞咽能力差，又不懂事，喂药时很难与大人配合。其中更为重要的是，孩子服药要选择适宜的剂型，否则可能造成吞咽困难。有些非儿童专用药物剂型，家长无法计算准确用药量而影响药效。

(1) **糖浆**：主药溶解后混悬在高浓度的糖水中。糖浆剂中的糖和芳香剂能掩盖某些药物的苦、咸等不适味道。

八、儿童合理用药

(2) **干糖浆**：与糖浆剂相似，但它是经干燥后的颗粒剂型，味甜、颗粒小、易溶化。

(3) **果味型片剂**：因加入了糖和果味香料而香甜可口，便于嚼服，适用于周岁以上的小儿服用，如小儿施尔康等。

(4) **冲剂**：药物与适宜的辅料制成的干燥颗粒状制剂，常加入调味剂，且独立包装，便于掌握用药剂量。如十六角蒙脱石（思密达）、板蓝根颗粒等。

(5) **滴剂**：此类药物一般服量较小，适合于周岁以内的婴幼儿，须按说明书严格遵守用药量。可混合于食物或饮料中。

(6) **口服液**：由药物、糖浆或蜂蜜和适量防腐剂配成的水溶液。分装单位较小，稳定性较好，易于贮存和使用。

家长应采取不同的方式减轻孩子对药物的畏惧情绪，对已有认知能力的孩子，应耐心劝导，使他们理解药物与疾病的关系。

婴幼儿外用药过量也会有不良反应吗

由于新生儿和婴幼儿的皮肤及黏膜面积比儿童和成人大，皮肤的角质层薄，血管比较丰富，吸收作用很强，尤其是局部有炎症时，对药物的吸收就更快。再加上新生儿和婴幼儿身体组织器官发育未全，对药物的解毒、排泄功能又差，所以过量使用外用药很容易出现不良反应。

例如，孩子感冒出现鼻塞时，使用萘甲唑啉滴鼻，药液可通过鼻黏膜吸收，因为它属于血管收缩药，滴多了就会出现烦躁不安，面色苍白，全身发凉，呼吸急促等不良反应。孩子患湿疹用过量的硼酸水外敷，或硼酸软膏外涂，药物可从皮肤黏膜吸收后发生呕吐、红斑、惊厥或损害。另外，过量使用酒精、红汞溶液、氢化可的松软膏、高锰酸钾溶液等，均可通过皮肤黏膜吸收，出现全身性皮炎、水肿、发绀、呼吸困难等不良反应。因此，给新生儿和婴幼儿使用外用药一定要慎重，不能过量。

儿童用药会有哪些误区

(1) 家长擅自用药：近年由于医疗费用急剧上涨，农村家庭普遍存在怕上医院，尤其是怕住院的心理，孩子生了病后不问缘由，家长便自己在家里找土方，或自己到药店抓药，甚至找出过去自己吃剩的药给孩子服用。这样治疗盲目性很大，只是图侥幸。结果，轻者延误了治疗时机，重者可造成药物中毒。

(2) 多药同用：孩子得病，一些家长以自己过去病症与孩子对比，然后对症下药。如感冒，则给孩子服用阿司匹林、速效伤风胶囊、康泰克等药品，服一种不放心，就三管齐下。殊不知上述感冒药主要成分为抗过敏药，联合使用易造成过量而中毒。

(3) 求愈心切，盲目剂量：一些家长对孩子的病情无视轻重，不遵医嘱，也不阅读药品使用说明书，误以为多吃总比少吃见效快，结果使孩子服了成人的药量，这样会严重影响儿童的身体健康。

(4) 乱给孩子进补：一些生活较富裕的家庭或独生子女家庭，为使宝宝快快长大，长期给孩子吃补药或滋补饮料，这样极易使孩子出现肥胖或性早熟等不良反应，影响儿童的正常生长发育。

九、儿童免疫接种

什么是计划免疫

计划免疫是指按年龄有计划地进行各种预防接种。计划免疫包括两个程序：一是全程足量的基础免疫，即在1周岁内完成的初次接种；二是以后的加强免疫，即根据疫苗的免疫持久性及人群的免疫水平和疾病流行情况适时地进行复种。这样，才能巩固免疫效果，达到预防疾病的目的。

世界卫生组织早在1974年第24届世界卫生大会上就提出，"要在2000年使人人享有卫生保健"。1978年，该组织又在31届世界卫生大会上具体地提出，要在1990年前对全世界儿童提供有关疾病的免疫预防。到1981年10月为止，全世界已有197个国家开展了这方面的工作。我国也成立了全国计划免疫工作咨询委员会，来推动这方面的工作。据统计，自从开展计划免疫工作以来，麻疹、脊髓灰质炎、百日咳、破伤风和儿童结核病的发病率已显著减少，所以计划免疫是保护儿童免受上述疾病威胁的好方法。

儿童基础免疫程序如何

儿童基础免疫用的生物制品有5种，要求在12个月内完成，即脊髓灰质炎三价混合疫苗3次，百白破混合制剂3针，麻疹活疫苗1针，卡介苗1针，乙肝疫苗3针。最短间隔时间为1个月，其免疫程序如下：

出生：卡介苗（第一次），乙肝疫苗（第一次）。

1个月：乙肝疫苗（第二次）。

2个月：脊髓灰质炎三价混合疫苗（第一次）。
3个月：脊髓灰质炎三价混合疫苗（第二次），百白破混合制剂（第一针）。
4个月：脊髓灰质炎三价混合疫苗（第三次），百白破混合制剂（第二针）。
5个月：百白破混合制剂（第三针）。
6个月：乙肝疫苗（第三次）。
8个月：麻疹活疫苗（初种）。
1岁半至2岁：百白破混合制剂（加强）。
4岁：脊髓灰质炎三价混合疫苗（复服）。
7岁：卡介苗、麻疹活疫苗（复种）。
上述5种疫苗可同时接种，但不能多种制品混合在一起或在同一侧上臂接种。

什么是"自动免疫"和"被动免疫"

自动免疫和被动免疫又分"天然"和"人工"两种。

(1) **天然自动免疫**：经感染某种传染病后得到的免疫力，叫天然自动免疫。由于感染传染病后表现轻重不一，重者可危及生命，所以不能依靠它来提高人体的免疫力。

(2) **天然被动免疫**：即通过胎盘及奶汁，把母亲的抗体输给胎儿及婴儿，使婴儿不易得某些传染病，这就是天然被动免疫。但这种抗体在半岁后就逐渐消失，以后感染传染病的机会就增多了。

(3) **人工自动免疫**：把死的或对人无毒的或减弱了毒性的活的细菌、病毒及其毒素，接种到人体内，经过一定时间，人体就被刺激产生相应的抗体，具有抵抗某种疾病的能力，这就叫人工自动免疫。如各种预防接种就是人工自动免疫，其目的是用人工的方法使机体自动产生免疫。

(4) **人工被动免疫**：把患过某种传染病后得到免疫的人或动物的血清或制品，注射到没有免疫力的人体内，增加人体免疫力以预防疾病，称为人工被动免疫。例如，注射白喉抗毒素防治白喉，注射胎盘球蛋白或丙种球蛋白来预防某些传染病等，均属于人工被动免疫。

九、儿童免疫接种

什么是预防接种

小儿时期，由于身体发育很不完善，防御功能也较脆弱，易受细菌、病毒等微生物的侵袭，引起各种传染病。为了预防传染病的发生，用人工方法将细菌、病毒减低毒性，制成菌苗、疫苗及类毒素等生物制品，通过注射、口服等方法接种到人体，使之产生抵抗某种传染病的能力，以控制和消灭某种传染病，达到免疫的目的，这就是通常所说的预防接种。

(1) **菌苗**：用细菌菌体制造而成，分为死菌苗和活菌苗2种。死菌苗是细菌在适合的培养基上生长繁殖后，将其杀死处理制成，如百日咳、霍乱、伤寒副伤寒菌苗等。这类菌苗接种于人体后不再生长繁殖，注射一次对身体刺激时间短，免疫效果差，需多次注射才能使人体获得较高而持久的免疫力。活菌苗是选用"无毒"或毒力很低的细菌，经培养繁殖后制成，如卡介苗、鼠疫活菌苗等。这类菌苗进入人体后，能继续生长繁殖，对身体刺激时间长。与死菌苗相比，优点是接种量少，接种次数少，免疫效果好、免疫持久性长。其缺点是有效期短，液体活菌苗需要冷藏，运输保存不方便。

(2) **疫苗**：用病毒或立克次体接种于动物，鸡胚或组织培养并处理后制成。有灭活疫苗，如狂犬病、斑疹伤寒疫苗等；减毒活疫苗，如麻疹、脊髓灰质炎疫苗等。活疫苗的优缺点与活菌苗相同。

(3) **类毒素**：用细菌所产生的外毒素脱毒而成。类毒素对人体无毒，注射后可刺激身体产生抵抗毒素的免疫力，如白喉、破伤风类毒素等。

以上三类制品（菌苗、疫苗、类毒素）接种后能刺激人体自动产生免疫力，这类制品称为自动免疫制剂。这样的预防接种称为自动免疫。

预防注射者，随着时间的推移，体内抗体的作用也会逐渐下降，所以需要复种或加强。为了迅速、有效地使易感儿童获得牢固的免疫力，科学地安排接种对象和时间，避免重种、漏种和错种，应对儿童开展有计划的免疫接种。

预防接种后的儿童都能终身免疫吗

预防接种后免疫效果持续长久与否，要看每种制剂不同而定，与被接种者的年龄亦有一定关系。例如，流行性乙型脑炎死疫苗（简称乙脑疫苗）产生的免疫期只有1年，而且年龄越小消失越快，所以流行地区需要每年接种。麻疹疫苗接种一次成功后，免疫效果可维持几年甚至十几年，但在出生6个月以内的儿童接种效果就不明显。口服脊髓灰质炎疫苗（糖丸）的效果也可以维持几年，但百日咳菌苗的效果就不够理想，即使间隔6～8周连续注射3次，效果也不能持久。所以，有的疫苗每隔一定时间就需要再加强接种。卡介苗的效果虽比较持久，但有接触结核病人可能的儿童，到7岁或12岁时就需要再接种，这样才能保持较持久的免疫能力。

预防接种毕竟与天然免疫的情况不同，因为预防接种主要是靠人工的方法把死的或对人体无毒的或减弱了毒力的活细菌、病毒或毒素接种到人体，使人体产生相应的抵抗能力（抗体）。对人体的这种刺激虽然比自然感染的毒性远远为低而且较为安全，但免疫力的持续时间也就没有天然免疫时间长久，所以目前还不可能做到预防接种后终身免疫。

什么是全程定量接种

按计划根据制品规定的剂量完成第一次预防接种（初种）之后，必须按免疫程序规定的间隔时间进行复种或复服，称为全程定量接种。因为有的疫苗第一次接种后所产生的免疫力不够强，必须用复种或复服的办法来使之产生最大最高的免疫效应。另外，有的疫苗第一次接种后，虽然可以达到最高效应，但经过一定时日之后会逐渐降低或消失，需要复种和复服来使它重新升高。

要保证全程定量接种按质按量完成，主要靠填写预防接种卡片来实现。接种后认真细致填写卡片，做好登记，能一目了然地正确掌握接种、复种的时间、地点、接种情况等，防止漏种、重种和乱种，真正达到要求的免疫效果。

小儿接种疫苗后会出现哪些反应

用于预防接种的疫苗都是安全的。然而，由于预防接种的目的是要让人体产生抵抗力，在刺激抵抗力产生的过程中，身体常会出现一些反应。一般来说，这些反应很轻微，时间很短暂，不会对身体产生大的危害。一般分为局部反应和全身反应。

(1) **局部反应**：某些人在打预防针的第2～3天，注射部位出现红肿，并有疼痛。红肿一般有5分硬币大小，少数人红肿范围比墨水瓶盖还大一点，个别人甚至有鸡蛋大，腋下淋巴结可肿大。这些反应在2～3天内消退，很少持续4天以上。但卡介苗接种却例外，一般卡介苗接种后2～3周，接种部位出现花生大小的红肿硬结，随后中心部位逐渐软化，形成小脓疱。破溃后结痂留瘢，这个瘢叫"卡疤"，是卡介苗接种成功的一种表现，整个过程要持续2～3个月。

(2) **全身反应**：部分人在打预防针后发热，一般在38℃左右，少数热度高一点，但很少超过39℃以上。在发热时，有些孩子不想吃奶，哭闹，或是打不起精神，要睡觉等，一般1～2天就好了。

预防接种是否反应越重效果越好

预防接种的疫苗都是一些减毒的活的或死的细菌或病毒。虽然预防接种后会有一些反应，但一般反应很轻微，机体仍可产生足量的抗体，足以在一段时间内抵抗相应的疾病。也就是说，对某疾病的免疫与该病的预防接种所产生的反应不成比例关系。

预防接种后产生严重反应可见于两种情况：一是有禁忌证的人，医务人员未事先了解清楚就进行了预防接种而产生严重反应。而且，由于脏器病变妨碍了机体产生抗体，这种预防接种后严重反应是不好的。二是被接种人因体质的差异而产生过敏反应。接种后即出现心慌、脸色苍白、出冷汗、手脚发冷、口唇发绀、脉搏摸不到、体温下降、抽筋、昏迷等，应急送附近医院抢救。一般来说，这两种较严重的反应是不多见的，所以不必惊慌，也不必因怕这种反应就拒绝给孩子进行预防接种。这里只是说明预防接种后，不是反应越重效果越好这个问题。

当然，预防接种后没有反应也不好。口服法的疫苗显不出来，皮内注射和皮上划痕法能清楚地反映出来。如果新生儿期在上臂接种过卡介苗后，却未见留下痕迹，则表示接种失败，对结核不产生抵抗力，还需进行补种。

预防接种后发生反应怎么办

免疫制剂在人体接种以后，除了少数没有反应外，大多数会产生不同程度的反应，一般均属正常现象。如卡介苗接种1个月左右局部出现红疹、脓疱、结痂等，这是正常的。注意不要用手抓挤、脓液多时可涂甲紫，待脱痂后即愈。预防接种后常出现的反应如下。

(1) **局部反应**：局部的红肿、疼痛或接种的附近淋巴结有肿大现象，一般不需要处理。

(2) **全身反应**：发冷、发热、全身不适、头痛等，出现这种情况时要适当休息，多饮水，反应会逐渐消失。如果体温过高，可进行对症处理，但最好用物理降温法。

(3) **过敏反应**：预防接种引起过敏反应者极少，如果发生面色苍白、心跳加快、脉搏可能摸不到或很细弱、手足发凉、口唇发绀、抽风、昏迷等症状。哪怕是其中一部分症状，都要立即让病人平卧，如有条件可注射肾上腺素，并尽快请医生救治。

为了安全起见，患有结核病及心、肝、肾疾病者，一般不要进行预防接种；有过敏性疾病也都不宜接种。在患急性传染病及其恢复期、感冒、发热、急性扁桃体炎等过程中暂不要接种。

怎样减少预防接种后的反应

正如前面所说，大多数疫苗接种后是不会引起严重反应的。但由于每个孩子的体质不同，在进行预防接种后，可能会出现一些轻重不同的反应。主要的有局部反应和全身反应。发生过敏反应也是很少的。

为了保证安全，减少反应，各种预防接种必须在孩子身体健康的时候进行。如果孩子有病，就暂时不要接种。例如，发热时不要打白喉、百日咳、破伤风三联疫苗；腹泻时不要口服预防小儿麻痹症糖丸；空腹饥饿时不宜打预防针，以免发生低血糖等严重反应。打针前做好孩子的工作，让勇敢的孩子先打，以消除胆小孩子的紧张害怕心理。打针后2～3天内应避免剧烈活动，注意注射部位的清洁卫生。暂时不要洗澡，以防局部感染。

什么情况下宝宝不能接种疫苗

（1）患各种疾病的宝宝不宜接种，如感冒、腹泻、发热、空腹饥饿、呕吐等情况下，有的疫苗不能注射。

（2）如果宝宝患有肝炎、结核等传染病，以及严重心脏病等疾病时，身体的免疫力会下降，很有可能会经不住接种所引起的反应，甚至有可能会加重病情。

（3）患有皮肤病的宝宝也不能进行接种。

（4）过敏体质的宝宝很容易产生不良反应，应该咨询医生以后再决定是否注射疫苗。

（5）如果你的宝宝不宜接种，但是遇到特殊情况（如被狗咬伤）而必须接种时，一定要在医生的指导下注射疫苗。

（6）有接触传染病而未过检疫期的宝宝不宜接种疫苗。

如何照顾刚打过预防针的宝宝

疫苗接种是幼儿预防保健项目中最重要的组成部分。但预防接种注射后，不少小儿常常会出现不良反应，那么孩子出现不良反应时，父母该怎么办呢？

（1）卡介苗：注射部位如果有脓疱或溃烂时，不必擦药或包扎，但是注意不要弄破，如果不小心弄破了也不必太担心，只需擦干并且保持干燥即可。

但发现小儿腋下淋巴结肿大如果直径超过1厘米，应到医院检查。

(2) **乙肝疫苗**：轻微发热通常照一般发热处理即可。

(3) **三合一疫苗**：这是反应最强烈而且频率最高的疫苗，幼儿接种后，可以轻揉一下，如果有少许红肿可先用热毛巾热敷，多喝开水；如果发热肛温超过38.5℃以上，可先服用医师开予之小儿普拿疼，但如果发热超过39.5℃以上则要送医。

(4) **口服小儿麻痹疫苗**：服用小儿麻痹疫苗，前后半小时内不要进食，以增加疫苗在体内繁殖效果，如果有神经方面的症状，如四肢麻痹无力、痉挛等应速送医院治疗。

(5) **麻疹、腮腺炎、德国麻疹混合疫苗**：注射后应多喝开水，少出入公共场所，避免感冒，如果在注射后一二天就有发热，应立刻就医诊治。

(6) **流行性乙型脑炎疫苗**：主要应避免感冒，多喝开水。另外，如果小宝宝出现神智不清、四肢麻痹、哭闹不安、痉挛、休克时，应速送医院治疗。

小儿什么时候接种卡介苗

接种卡介苗一般定在2个月内进行。因为2个月以内的小孩绝大多数是健康的，感染结核病机会极少。为慎重起见，出生1个月后的小婴儿，若接触过结核病人，虽然没有出现结核的病灶，但机体已产生了对结核菌的过敏反应，此时最好先做结核菌素试验。母亲有结核，初生儿也应先做结核菌素试验，呈阴性后，再接种卡介苗。一般来说，在出生后2～3天开始接种卡介苗。接种后的新生儿最好与结核病患者隔离6周，以免在产生免疫力以前感染上结核。

脊髓灰质炎减毒活疫苗有几种

脊髓灰质炎减毒活疫苗即小儿麻痹症糖丸，共有3种。这是根据脊髓灰质炎病毒分3型做成的，分别以3种颜色来代表不同的型别：红色代表Ⅰ型，黄色代表Ⅱ型，绿色代表Ⅲ型，以避免服用时搞错。

小儿麻痹症虽然是由脊髓灰质炎病毒引起的，但常见的却有3种类型。其中以Ⅰ型最常见，占83.6%，Ⅱ、Ⅲ型各占12.9%和3.5%。目前服用3种不同的糖丸，目的就是为了彻底预防小儿麻痹症。红色糖丸预防Ⅰ型，黄色糖丸是预防Ⅱ型，蓝色糖丸是预防Ⅲ型。因此，一定要按规定服用，缺服哪型糖丸都是不行的。另外，不要用开水冲服小儿麻痹症糖丸，以免烫死减毒病毒，影响预防效果。

得过小儿麻痹症的孩子，还需要服小麻痹症糖丸。因为引起小儿麻痹症的病毒有3型，而每型疫苗只能对该型病毒有预防作用，3型之间没有交叉保护作用。所以，患过小儿麻痹症的小儿只能对引起疾病的那一型病毒有抵抗力，而对另外两型病毒却没有抵抗力。如果没有条件测定已患过小儿麻痹症的小儿血清的中和抗体和补体结合抗体，不能判断到底患的是哪一型小儿麻痹症时，每次预防服药，3型糖丸都要吃。

为什么新生儿也要接种乙肝疫苗

乙型肝炎的传染与甲型肝炎不太相同，除了消化道传播外，主要是通过血液传播。比如，注射、输血（或血液制品），当然也包括密切的生活接触、餐具、漱口用具等。新生儿从母体来到这个世界，既没有打针，也没有输血，为什么也有患乙型肝炎的呢？经过科学实验及大量临床证实，母亲在妊娠后期患乙型肝炎或是乙型肝炎病毒携带者，血液中的病毒通过胎盘这一维持母亲与胎儿联系的纽带而进入胎儿体内，或者是分娩时在产道中婴儿皮肤、黏膜受母血感染致病，以及生后哺乳，通过乳汁进入新生儿体内，均可引起感染，导致肝炎发生，在医学上把上述这种传播途径称为"母婴传播途径"。

由于婴儿免疫耐受性的原因，感染后一般没有临床表现，大多数将成为持续病毒携带者，这是社会上慢性乙肝病毒携带者的主要来源。这些人有可能发展为慢性肝炎、肝硬化或肝癌。严重影响小儿正常的生长发育，因此必须对婴儿乙肝感染采取积极的防治措施，从新生儿出生后24小时内就注射乙肝疫苗，可使孩子自身产生抵抗乙肝病毒的能力，阻挡住母婴传播这条途径，防止母体的病毒传染给婴儿，也可防止外界其他途径（输血、注射、接触乙肝病人）的感染，以起到保护儿童的作用。

怎样接种乙肝疫苗

乙肝疫苗的研制成功还是最近几年的事。究竟怎样接种才能起到最好的效果，目前还没有定论。现在基本上有3种接种方法：一种是小儿出生后24小时内注射第一次，生后1个月、6个月时再各注射1次，简称"1、1、6方案"。第二种是"1、1、6、12方案"，就是在第一次注射后，隔1个月、6个月、12个月再各注射1次，新生儿的第一次注射仍在出生后24小时内进行。第三种是"1、1、6、13（或14）方案"，即完成"1、1、6方案"后，至初次注射后的第13或14个月时再注射1次。后两种方案只是在"1、1、6方案"后再增加1～2次注射，目的是加强效果。而目前最多采用的还是"1、1、6方案"。疫苗必须冷藏（8℃～12℃），接种方式为肌内注射。注射前后应注意观察被接种者的体温和精神状态。个别被接种者局部可能有些发红或疼痛，大多数人一般没有什么反应。

什么是百白破预防针

百白破预防针也称为百白破三联疫苗，是由百日咳菌苗、白喉类毒素、破伤风类毒素所组成的三联疫苗。它能提高小儿对百日咳、白喉、破伤风等疾病的抵抗能力，以免遭其害。

但为什么百白破预防针要连用3次呢？这是因为在小儿接种了百白破疫苗后，体内就产生了对百日咳、白喉、破伤风疾病的特殊抵抗力，这在医学上把它称为"抗体"，这些抗体就可以抵抗这些疾病。但是，小儿体内抗体的多少与抵抗疾病的能力有关，抗体不足同样达不到预防的目的。百白破三联疫苗在第一次注射时必须连续打3针才能有效（每1个月1针，即生后3、4、5个月连续注射3次）。因此，当小儿仅打第一针时，不会有效，打2针后效果也不好，只有按照规定连续打3针后，才会产生足够的抗体，才能有效。此外，这些抗体只能维持一定的时间，不能终身存在，所以在一定的时间后还要进行加强,像百白破三联疫苗在小儿 1 岁半和 6 岁时还要进行加强。

为了让宝宝们不染上传染病,家长一定要根据保健医生的要求,按时进行预防接种,万万不可遗漏。

哪些儿童禁止接种流感疫苗

专家提醒父母,疫苗具有一定的安全性,但有些"禁忌证"却不适合接种疫苗。

专家介绍,如发现儿童有过敏史、羊角风等脑病史或有免疫缺陷症,即接种疫苗后体内不能产生免疫力等"禁忌证"就不能接种。如果儿童正患有湿疹、疥疮、发热等病并未痊愈,或营养不良、体弱等暂时也不能接种,待恢复健康后再接种。

胎盘球蛋白能否代替预防接种

健康产妇胎盘血含有丙种球蛋白,从胎盘纯化提出的丙种球蛋白,称为胎盘(丙种)球蛋白;若从正常人的血清提取的,则称为人血清丙种球蛋白。胎盘球蛋白与丙种球蛋白都含有一些抗体,主要用于预防麻疹、传染性肝炎等病毒性疾病,或用于免疫力特别低下的人。但它们并不能代替预防接种,因为它们是蛋白质。一般来说,胎盘球蛋白注射于人体后 3～4 周内,体内有一定的抗体浓度,过了这段时间,抗体浓度逐渐减少,最后消失。因此,注射球蛋白以后能防病只是短暂的,而不能持久增强体内的抵抗力。况且,注射球蛋白预防疾病的能力与注射球蛋白含量有关,注射量过少,仅能起到部分的甚至不能达到预防疾病的作用。归结一句话,球蛋白不能代替预防接种。

十、儿童服饰与健康

如何给新生儿穿戴衣帽

新生儿的衣服最基本的要求是要简单、穿着方便、保暖性好、对皮肤没有刺激性。

新生儿的皮肤娇嫩，容易出汗，因此应当选用质地柔软、容易吸水、透气性好的、颜色浅淡、不脱色的全棉布。合成纤维或尼龙织品因不吸水，不宜采用。根据季节的不同，可做成单衣、夹衣或棉衣，也可直接购买纯棉布针织品的内衣、裤。新生儿的衣服式样应简单、方便穿脱，上衣最好是从前面开口，因新生儿的颈部较短，可做成无领、和尚领斜襟开衫，不用扣子，只用带子在身体的一边打结，这样的衣服不仅容易穿和脱，并可随新生儿逐渐长大而随意放松，一件衣服可穿较长的时间。由于新生儿容易溢奶，常常会弄湿领子，久之发硬的领子会摩擦新生儿的皮肤，造成伤害。而穿和尚领衣服，在领口处围上小毛巾或围嘴就可避免此弊病。

应当注意新生儿的棉衣要用新棉花，外面用纱布做成棉衣胆，便于拆洗，棉衣不应当太厚，使新生儿活动不方便，并可影响动作的发展。新生儿的衣服也可做成"爬行服"，即上衣、裤和鞋袜连在一起，从前面开口，这种衣服不仅穿脱方便，也便于换尿布，同时保暖效果较好，当新生儿身体增长后，可将裤脚管拆开，就又可再穿一段时间。新生儿的同类衣服至少应准备3套，以便拆洗更换。

另外，还需准备小袜子、围嘴、小软鞋和帽子等。

新生儿的头部占身体总长的1/4，因此头部的比例非常大。婴儿头部的血管比较丰富，而且所处的位置比较浅，没有皮下脂肪的保护，因此散热量很多。如果带孩子出去散步的话，戴一顶合适的帽子非常重要。

夏天天气很热，如果给孩子戴一顶不透气的帽子，那他可就吃不消了，不仅热量得不到散发，而且容易捂出满头痱子。但是一顶透气性好的遮阳帽就不一样了，它可以挡住强烈的日光照射，使孩子的眼睛和皮肤感到清凉舒适，出外活动时可以防止中暑，还能少生痱子呢。

冬天天气寒冷，孩子出门时或家里温度低时都应该戴上一顶温暖舒适的帽子，它可以起到保暖的作用，防止被风刮后受凉感冒，对减少全身热量的散发也很重要。在天气较凉的春秋季节，给孩子戴一顶合适的单帽也非常必要。

给幼儿购买服装应注意什么

在给幼儿选择衣服时，不能仅凭成人的主观喜爱，而应从幼儿的健康、舒适、活动自如、穿脱方便和美观大方等方面来综合考虑。

要便于幼儿活动。对幼儿来说，游戏与食物、阳光和睡眠一样重要，是身体发育所必需的，因此要求衣服宽松，便于孩子活动。

要注意卫生。开裆裤既不美观，又不保暖，更不卫生，因此为了孩子的健康，从幼儿1岁半以后就可以给他穿满裆裤了。

幼儿衣服重量不应集中在腰部，而应集中于两肩。许多幼儿穿的棉毛裤、绒线裤、外裤等，腰上全系了松紧带，这样腰部负担过重，最好把绒线裤和外裤做成背带式的。

幼儿的衣服尽可能在前面开襟，纽扣钉在幼儿能看到和摸到的地方，便于儿童自己穿衣。纽扣号码宜选中号的，太大或太小均不合适，扣子也不宜太多。服装要便于幼儿分辨前后反正。无论是上装还是裤子，最好都有口袋，一是幼儿喜欢口袋，好装些小玩意儿，二是口袋可以帮助孩子识别衣服的前后，给口袋镶上边或贴一朵装饰图案，还能增加美感。

为什么给孩子穿衣要适度

小儿的汗腺分泌十分旺盛,而小儿又多喜欢活动。穿着过多,稍微活动就会出汗,脱衣后一段时间如不能及时添加衣服,又会引起感冒。另外,长期穿着过多还会降低小儿的耐寒能力。夏天捂着婴儿尤其有害。由于炎热,孩子的抵抗力大大减弱,再加上出汗,婴儿极易中暑和闹肚子。

小儿的衣服一般有3个特点,即暖和、轻柔和宽松。此外,也要注意不要妨碍汗的蒸发。5个月以前婴儿的衣服是前罩衫、短内衣、暖和的夏天用的两种襁褓及尿布;从5个月以后,就可以穿儿童短裤和编织的较软衣服和鞋子。

要根据天气情况来给孩子增减衣服,一天当中也要根据气温变化随时增减衣服。俗话说的"春捂秋冻"对小儿来说不恰当,小儿的衣着较成人稍多些就可以了。

婴儿脱衣有何学问

为婴儿脱衣服时,皮肤接触到冷空气可能使宝宝烦躁不安,这时可抚摸宝宝的光肚皮,尽量利用这个机会与宝宝做肌肤接触。准备一条毛巾,当妈妈替宝宝脱完衣服,用毛巾把宝宝抱住,或者迅速地帮宝宝穿上衣服。脱衣一样应把宝宝放在床上。

(1) 脱掉连衣裤:①解开连衣裤之开口处。抓住裤腿内婴儿的足踝。用同样方法脱下另一侧裤腿。②解开他内衣上的开口处。抓住宝宝两踝部,抬起宝宝下半身,在宝宝下面尽量把内衣与外面的连衣裤往上推。③妈妈的一只手放入袖内抓住宝宝的肘部。另一只手抓住袖口,拉出袖子;然后用同样方法脱去另一侧袖子。④妈妈的手要轻轻放在婴儿的头、颈部下面,抬高他的上半身,这样就可以拿掉宝宝的连衣裤了。

(2) 脱内衣:①用一只手在内衣里面抓住婴儿的肘部,灵活地将衣服移出其手臂及拳头。另一侧做法相同。②把整件内衣收叠在两手之中,这样,当脱下它时，不会有任何部分碰到婴儿脸上。③把颈部开口处尽量撑大，然后迅速往上，使内衣经其面部退到他头部。④把手轻轻放在婴儿头颈部下面，抬高宝宝的上半身，这样，就完全脱下内衣了。

儿童穿着有哪些不宜

(1) **不宜穿开裆裤**：穿开裆裤的孩子，容易碰破、磨伤皮肤。地上的细菌和寄生虫卵可能从孩子的肛门、尿道和伤口侵入体内，从而引起蛔虫病、钩虫病、蛲虫病等，危害孩子的健康。女孩子穿开裆裤，还容易引起细菌直接感染，发生阴道炎、滴虫病等。因此，当孩子会表达排便要求的时候，就不要穿开裆裤了。

(2) **不宜穿喇叭裤**：喇叭裤臀部较紧，股部偏瘦，影响血液循环，而裤脚却又长又肥，影响行走、奔跑、跳跃等活动。而且抽紧的裤裆经常摩擦刺激幼儿的生殖器，影响外生殖器生长发育，或感染引起炎症。

(3) **不宜穿皮鞋**：儿童的骨骼软，生长发育快，过早给孩子穿皮鞋，会妨碍脚部的血液循环，影响脚趾和脚掌的生长发育，极易导致脚的畸形。

(4) **不宜穿粗布和化纤内裤**：儿童皮肤娇嫩，粗糙和质地较硬的布料，容易擦伤皮肤，引起感染。化纤布料易刺激幼儿皮肤，可发生过敏性皮炎或引起感染。幼儿最好穿白色棉纱针织品内裤或柔软的棉布内裤。

(5) **不宜用橡皮筋做裤带**：儿童处于生长发育旺盛时期，但骨骼较软，长期受橡皮筋（松紧带）裤带的束缚，会使腰部的骨骼、肌肉发育受阻碍，甚至造成畸形，同时还会影响肺活量的增加和血液循环。儿童期最好穿背带裤。

(6) **不宜穿紧身衣裤**：牛仔裤和鸡腿裤之类的紧身裤，妨碍儿童生长发育和活动，对骨骼、肌肉、生殖系统都有严重影响。

夏日里婴幼儿衣着有何要求

炎炎夏日如何调整孩子的衣着，是父母的一大考验。给孩子穿太多衣服，闷出一身汗，少穿点，孩子又一直打喷嚏，尤其是进到冷气房，更是频频打喷嚏，弄得父母不知所措。

孩子因为汗腺还没有发育成熟，排汗功能不好，一不小心就很容易长痱子。吹冷气可以抑制痱子，对有异位性皮炎的孩子，空调更是居家必备，因为吹冷气可以缓解异位性皮炎引起的瘙痒。炎炎夏日里，如何利用好空调是现代父母的另一个新课题。

室内没有开冷气时，可以帮孩子穿薄的棉质单衣，孩子如果流汗，要马上帮孩子擦干身上的汗水，并换上干爽的衣服，千万不要孩子一流汗，以为他热，就赶快开电扇或冷气，如此孩子反而容易着凉。夏日阳光强烈，带孩子外出时，要注意孩子的防晒措施。

外出爬山或从事户外活动时，孩子往往一身汗，全身湿透，可事先在孩子背后衣服内平放一条毛巾，毛巾湿了就把它抽出来，再换一条干的毛巾就可以，孩子的衣服就不会被汗弄湿，也不会因吹了风着凉。

儿童穿皮鞋为什么会影响脚的发育

为了把孩子打扮得漂亮些，不少家长总喜欢让孩子穿皮鞋，殊不知，儿童穿皮鞋有很多害处。

儿童的骨头很软，肌肉肌腱还很嫩，身体各部分组织器官处于快速生长发育阶段。而皮鞋大都是用猪皮、牛皮做的，鞋帮、鞋底都特别硬，弹力很差，几乎没有伸缩性，儿童穿着坚硬的皮鞋，势必对脚产生挤压，别看脚离心脏偏远，可血管却相当多。皮鞋的挤压犹如关卡一样，阻碍血液的流通使运送血液发生困难。另外，脚掌在坚硬而狭窄的皮鞋里，生长受到一定限制，在一定程度上影响孩子的脚掌和脚趾的正常发育。在寒冷的季节，脚部缺血还会发生冻疮或其他疾病。

买尺码大些的皮鞋也不好。尺码过大，会使孩子的脚过于疲劳，韧带过于伸展，这样长期下去，就破坏了足弓稳定，使足弓下陷或消失，形成平板扁平足。

较理想的鞋要数布鞋了，尤以布鞋最理想。布鞋穿着柔软舒适，且有伸展性，但又不过分。其次，球鞋、旅游鞋也较适宜儿童穿用。

为什么要提倡幼儿多穿棉布衣服

随着时代的发展，化纤原料制作的幼儿服装大量上市，很受家长的欢迎，因为化纤服装挺括美观，易洗、易干。而棉布衣服则不然，吸潮、易脏、而脏了又不易洗掉，尤其是幼儿的衣服又容易脏，所以家长们常常更喜欢给孩子买化纤衣服穿，这是有道理的。但我们还是建议父母多给孩子穿用棉布缝制的衣服。

因为棉布衣服是由棉纤维织成的，棉纤维的化学成分是纤维素，这些由巨大的有机分子相互连接而成的束状物，互相环绕，卷曲成带状，有很多毛细管道，纤维素分子又有亲水的羟基功能团，它随时吸引着空气中的水分子，棉布衣服易吸潮、透气、又不带静电。所以，在夏天穿棉衣服，感到轻松而凉爽；冬天作为衬衣、贴身穿着也感到柔软而舒适。

孩子皮肤细嫩，对外界刺激的适应能力弱。化纤服装虽然有不少优点，但贴着身穿，还是棉布衣服对孩子有利。

小儿穿什么鞋好

家长都希望能够给孩子穿上一双既舒适又美观的鞋子。但对于孩子来说，穿鞋不只是为了美观、舒适，更重要的是利用鞋子来维持正常的足弓。

（1）幼儿未学走路前，宜穿宽长些的软底布鞋，布鞋轻便舒适，透气性好。

（2）会走路时，可穿硬底布鞋或球鞋，后跟垫高2厘米。不要无弹性的塑料底，因为它对增强儿童足弓的弹力不利，易形成扁平足，且塑料底较滑，易摔倒，透气性差。也不宜给孩子穿尼龙袜，因为爱跑跳的儿童脚汗多。如穿塑料底鞋又穿尼龙袜，极易使孩子患足癣。

（3）鞋的尺寸要合适，宜稍稍肥大一些。孩子站立时，鞋尖有足够的空隙，孩子脚尖前面应该有半个拇指甲的空间。鞋不要太大，太大了会影响儿童活动和正确姿势，还容易磨出水疱；也不要太瘦小，太小则妨碍儿童脚部肌肉和韧带的发育，也妨碍活动。

（4）鞋底应有一定的弯曲度，以便托住足弓。鞋不能太重，太重则易使孩子疲劳。不要给孩子穿别人穿过的鞋，特别是皮鞋。如果由其他孩子把鞋子穿得适合他们自己的脚型，再给您的孩子拿来穿，必然使您孩子的脚造成严重的歪扭。

（5）莫让儿童过早穿拖鞋，因为拖鞋很软，不能托住足弓。另外，因穿拖鞋走路需脚趾用力，易成八字脚，走路也不安全。

给儿童买凉鞋宜选择什么样式的

夏季穿凉鞋已成为绝大多数人的习惯。凉鞋式样绝大部分是"空前绝后"，即前露脚趾、后露脚跟，其中包括儿童凉鞋。其实，露出脚趾的凉鞋对小孩子是极不合适的。每年夏季，小孩子因穿这种式样的凉鞋，脚趾受伤者不计其数。孩子动作还不够灵活、协调，他们的目测力也欠准确，可是他们又非常好动，蹦蹦跳跳，不肯安静，这就极易造成外伤。穿露脚趾的凉鞋就大大增加了脚受伤的可能性。例如，小孩子走路常常因不注意地上有石头、凸起处或其他东西而被绊倒。如果穿普通鞋或包头凉鞋就不会伤着脚，而穿露脚趾的凉鞋，就会把脚趾碰破。又例如，小孩子在玩耍时，跳过石头或其他东西，根据他自己的目测，认为能跳过去，但往往估计不足，他没有跳过去，脚重重地撞在障碍物上而受伤，甚者掀起脚指甲。再如，小孩子手中拿不住的较重的物品，常常掉下来砸在脚趾上，重者可造成指甲脱落，甚至趾骨骨折等。所以，家长给孩子买凉鞋时，最好选择包住脚趾式样的凉鞋。

儿童的鞋子为什么不应过大或过小

在寒冷季节，如果双脚过冷，会使脚部血管收缩而造成全身的不舒服。当脚尖温度下降到2℃左右时，还会产生剧烈的痛觉。许多人为了使脚暖和，常常较注意鞋子的材料厚度，而对鞋子的大小却容易忽视。

冬季鞋子过大，造成脚与鞋之间"漏风"，使脚上发出的热量大量散失，鞋子的保暖就肯定不好。但如鞋子过小，脚把鞋子塞得紧紧的，这样不仅造成脚和鞋之间的空隙减少，而且还会把袜子和鞋子的絮棉、绒毛等弹性纤维挤结实，结果使鞋内静止空气的储量成倍下降。而空气是一种极好的隔热保暖体，比任何一种纤维的保暖都要好，比羊毛要好2倍，比棉花好3倍，比尼龙要好10倍以上。所以，在冬季穿鞋切忌过紧，而应比其他季节稍大一些，使鞋子里层的保暖材料和袜子保持蓬松状态，能储存较多的静止空气，这样才会有良好的保暖效果。

冬季穿过紧的鞋，还会让脚上的皮肤血管受到重压后，使血液的正常循环受影响，而形成瘀血和出脚汗，严重降低脚部的抗冷能力，变得容易受寒和发生冻伤，还易诱发感冒等其他疾病。因此，家长要为孩子选择合脚的鞋子，切忌过大或过小。

如何自己动手做婴儿围嘴

4～5个月的婴儿，由于唾液腺发育迅速，牙齿萌出的刺激，小儿的唾液分泌增多，每日约200毫升，而这一时期婴儿的吞咽功能相对落后，因此出现了流口水。口水的大量流出，使婴儿下颌、颈部潮湿，不及时更换衣服，这一部分的皮肤常常发红，小儿有瘙痒感，很不舒服。如果带上小围嘴，有了口水及时更换，那么这些问题都会迎刃而解。市场上能买到用塑料做成的围嘴，但塑料是化学合成物质，冬季较硬易碎裂，对婴儿的皮肤刺激性大，不太适合于小婴儿。因此，最好自己动手来缝制。围嘴的布料以棉布、绒布或毛巾布较为理想，不仅柔软，吸水性也好，家庭制作也可利用做衣服的下脚料，如用尼龙拉扣代替围嘴的系带。例如，一种双层围嘴的做法：用两块布剪成一样大小，用缝纫机锁边，在底部留出6～7厘米的小口，翻转后，缝一圈明线即成。

怎样为孩子洗涤衣服

孩子的衣服要经常洗涤，特别是内衣要经常换洗，换下的内衣要及时洗，不要放置时间太长，也不要放在水中泡的时间太长。要将衣领、腋下等处搓洗干净，不要用洗衣粉，用肥皂或香皂较好，搓洗后的内衣一定要用清水漂洗干净，以免洗涤剂遗留在内衣上，刺激皮肤。

绒衣、绒裤洗涤时，不要像洗普通衣服一样用力揉搓，洗时轻轻揉搓，洗后压去水分，不要用力拧绞，以免绒毛黏结在一起，干后形成一片片绒块而变硬；晾晒时，要把有绒毛的一面朝外，在日光下晒干，再用双手轻轻揉搓，保持绒毛疏松柔软。

洗毛衣、毛裤时，要先将毛衣、毛裤放入冷水中浸泡半个小时，再用手轻揉，随后放入中性肥皂溶液中轻轻洗，洗后用挤压的办法，或用干毛巾卷裹后按压，使水分泄出，而后放在阴凉处风干。

小孩的棉衣容易被尿液浸着，洗时把棉衣放在太阳下晒一会，用棍子把灰尘打出来，再用刷子把灰刷掉，然后用开水冲一小盆肥皂水，等水温热时，把棉衣放在平木板上，用刷子蘸肥皂水刷一遍，脏的地方要刷重一些；再拿干净布蘸着清水擦衣服，把肥皂水和脏东西擦去，水脏了要换掉，一直擦到衣服干净为止，再把棉衣挂起来晾干，如果想使棉花松软一些，可用小棍子轻轻拍打棉衣。

小儿穿衣服为什么不宜过多

小儿穿多少衣服，应根据季节和个体差异而定，总的原则是不宜穿得过多。

有些家长由于心疼孩子，怕孩子冷，给孩子穿得很多、很厚，这是不好的。因小儿好动、易激动、出汗多、易哭闹，所以不宜多穿衣服。如果穿多了，往往会加倍出汗而使毛孔开放，遇有寒风侵袭，易引起伤风感冒。经验告诉我们，衣服穿得少，孩子活动量增加，可增强体质，减少疾病。凡是经常患有伤风感冒或气管炎的孩子，绝大多数是因衣服穿得太多。衣服穿得多，小儿显得笨拙，活动不方便，往往影响小儿运动，影响体格发育。

究竟给小孩穿多少衣服合适？一般来说，较大的健康孩子与成人穿得差不多就行了。婴幼儿及体质差的孩子可比成人穿得适当多1～2件。在气候多变的春秋季节，家长们要精心护理孩子，尤其要注意根据天气变化随时为孩子增减衣服。

小儿穿开裆裤好不好

小儿长到1岁已经能站立并开始学习行走，这个阶段的小儿在白天已慢慢地很少用尿布了。但是，为了怕小儿尿湿裤子，也为了省去帮小儿穿脱裤子的麻烦，很多家长都给小儿穿开裆裤。这样看上去虽然可减少家长麻烦、小儿不会尿湿裤子，但是实际上也给小儿带来很多坏处。

在这个年龄阶段的小儿由于步态不稳，最容易在地上爬，地上坐，而地上往往比较脏，易被污染而传播疾病，脏东西沾在小儿屁股上也很容易引起感染，如蛲虫病，尿道感染等。此外，穿开裆裤也很容易养成小儿随地大小便的坏习惯。有的小儿甚至养成玩弄生殖器的坏毛病。这些对培养小儿良好的卫生习惯都是不利的。

从讲究卫生、培养小儿良好生活习惯的角度出发，1岁多的小儿白天可以不用尿布。家长应注意训练小儿到固定的地方去坐便盆，给小儿穿容易脱的裤子，或在开裆裤上钉上按扣；冬天可以在开裆棉裤外罩上满裆裤。这样就比较方便和卫生，小儿也会逐渐学会自己大小便而不会弄脏裤子。

冬天儿童为什么应戴帽子

在数九隆冬的季节，家长往往给孩子穿得十分厚实，但却容易忽视了头部的防寒，许多人甚至把帽子视为无足轻重的东西，其实这是很不科学的，因为人的头部和整个身体的热平衡有着密切的关系。在寒冷的条件下，一个人如果只是穿得很暖，而不戴帽子，身体的热量就会迅速地从头部散去，这种热散失所占的比例是相当大的，那么不戴帽子究竟对人体的热状态会有多大的影响呢？试验结果表明，处于静止状态，不戴帽子的人，从头部散失的热，在环境气温15℃时为人体总产热的1/3；-15℃时为3/4。

另外，在热生理学中，把散热多于产热的量称为热债。总体来说，在热债不大于 25 千卡的情况下，人体基本维持热舒适状态；热债达到 80 千卡时，人体就会有不舒服的冷感；如热债达到 150 千卡时，人体便会出现较激烈的寒战。由此可见，冬天在室外给孩子戴一顶帽子，即使是一顶非常薄的帽子，其防寒效果也是明显的。

孩子该怎样打扮才算美

孩子是祖国的花朵，花朵是美丽的；孩子是父母的掌上明珠，明珠是夺目的。谁不想把自己的孩子打扮得漂漂亮亮，招人喜欢呢？那么，孩子该怎样打扮才算美呢？

孩子本来就是美的，美在他们的天真活泼和健康。人工的打扮要以能更加显示出孩子的自然美为最佳。

服装的式样要美观、新颖、大方，设计简单，有儿童的特点。色彩要协调、明快，可鲜艳一些，发式要简单，便于梳洗，带有娃娃气，不要给孩子戴不必要的首饰。整洁、美观、大方，能体现孩子特点的打扮就是美的。

有的家长给孩子穿着成人中流行的时髦服式，挂着项链，戴上耳环，烫了头发。矫揉造作，珠光宝气，遮掩了孩子的天真，夺去了孩子的活泼，一个可爱的孩子给装扮成一个小大人，其实是不美的。把孩子打扮成孩子，这是第一个原则。孩子的打扮不要妨碍孩子的活动和健康，这是另一个原则。孩子的服装要在穿着舒适，穿脱容易，活动方便的前提下讲究样式。诸如紧腰身、拖地裙、高领子、小裤腿、窄裤裆，都会使孩子行动不便，活动受拘束，还会影响孩子的发育。怕脏、怕油、不易洗涤的高级质量衣裤，也会使孩子不敢随便活动。有的妈妈对孩子的打扮用了不少心思和时间，一天一变，把孩子当成玩偶，当作炫耀自己富有和能干的工具，这是绝对不可取的。过分和不适当的打扮还容易养成孩子的虚荣心和自私心理。

儿童为什么不宜异性打扮

对孩子来说，性别的区分是自我发展的一个象征。犹如其他概念形成一样，儿童性别的自我鉴定是受环境和生理条件影响的。一个3岁的孩子对性别的区分是颇为模糊的，他只能从衣着打扮来区分男或女，大约5岁左右才有一个比较正确的认识。因此，对孩子的正确打扮是促成性别概念形成的重要条件。

有些家长出于自己的爱好或某种意愿，将孩子男扮女装或女扮男装，这使孩子对自己的性别辨认带来了人为的困难，甚至还可以引起错觉。因为，孩子首先是从外貌特征如头发的长短、衣服的色彩或式样区别男或女，然后逐渐发展到由表及里的性别认识。有些父母对这种打扮不以为然，认为无关紧要，其实，更大的害处还在后面呢！

社会和文化赋予男女性别不同的含义。在儿童时期就已经体现出对男女孩子不同的培养方式，如父母对孩子的期望、行为标准等。在家庭的教育和强化下，男孩和女孩各自形成不同的个性和行为。男扮女装或女扮男装往往易使小儿模仿异性的行为，时而遭到同伴的奚落，这对小儿心理的健康发展是不利的。

童年时期的心理障碍和精神创伤，不正常的家庭教育及不良的社会环境影响，是造成性变态的重要因素与潜在危险。幼儿时期是培养健全人格的关键时期，而心理健康与否又直接影响人格的形成。因此，培养健全的人格必须从幼儿做起，这一点是不可忽视的。

十一、儿童体格锻炼

小儿能做的细动作及适应性动作有哪些

细动作指手指的精细操作，细动作需要感知的协调。在描述及测验婴幼儿发育时，常把与适应环境有关的运动称为"适应性"发育，如抓取玩具、涂绘、垒方木等。把自理生活（如扣纽扣、系鞋带）及对人反应（如捏紧玩具不让夺走）中适用的细动作称为"个人－社会"发育。

新生儿时期可引出握持反射，持续 2～3 个月，握持反射消失后小儿才能有意识的握物。小儿上肢肌张力降低，才能开始手的捏弄动作。由于 3～4 个月小儿手眼不协调，故小儿常不能准确抓住近处的物体；5～6 个月之前腰、手不能协调，故不能弯腰抓取伸手不能及的面前物体。6～7 个月时能弯腰伸手拿取较远处物体，并将物体在两手间互相传递。9 个月时小儿能随意放掉或扔掉手中物体，约 15 个月时小儿能正确地将两块 2.5 厘米立方木块叠起来，2 岁时能垒 6 块，说明眼手协调已有进步。

小儿用手握物有一定的规律：①小儿先用手掌尺侧握物，后用桡侧，再用手指。②先用拇指对掌心一把抓，后用拇指对食指钳捏。③先能握物，后能主动放松。手的捏握动作可促进小儿发育，并能反应小儿的认知水平。

小儿能不能做绘画与书写动作

绘画和书写需要手的精细动作和良好的眼手协调，但在幼年，它们与其他技能相比更受练习的影响。绘画能力的发育需经过乱涂，绘线图（如绘线和几何图形），合并与集合（合并2或3个以上的线图成平面图）和绘画4个阶段。

在12～15个月时，给以蜡笔小儿会在纸上乱画，然后能画水平线或垂直线，逐渐出现线条的重复。约1.5岁能控制涂划速度，开始画曲线，偶成圆形，继而喜欢画螺旋形及重叠的圆圈。约3岁时进入了绘图阶段，先绘不像样的圆形，以后按顺序会画方形、三角、矩形、菱形等。4～5岁开始进入合并与集合阶段，用画圆代表太阳或人面，以三角形代表房屋等，此乃绘画的开始。画人像的技能除需绘线图及合并、集合的技能外，还需观察及自身认识的能力。

小儿开始写阿拉伯数字时基线不整齐，5岁时写的字多为1.5～2.5厘米高，笔画方向可发生左右或上下颠倒，如9写成6或p，写两位数时有时先后颠倒，即先写个位数后写十位数，或数位颠倒。7岁时能写4～6毫米大小的数字，但基线还不整齐，偶可发生左右或上下颠倒。写汉字需具有线及图的合并和集合能力。我国多数6岁儿童及少数5岁儿童能写结构较简单的字。

为什么说充分合理的营养是婴幼儿健康的基础

由于婴幼儿时期生长发育快，代谢旺盛，对营养素的需要与成人相比要多些，加上婴幼儿消化和呼吸的功能又尚未成熟，会影响营养素的吸收和利用，所以小儿营养物质的供应量是一个复杂的问题。因为他们的生理状况经常变化，活动量大，个体差异显著，如果在饮食方面不注意，他们的特殊情况和需要就会直接影响或妨碍他们的正常生长发育，甚至患营养缺乏症，体型和体质都会受到损害。而这种损害不是一朝一夕能够修复的，有的可能会影响终身。比如，在膳食中蛋白质、热能、钙长期不足时，就会造成身体发育不良，身材瘦小，头发枯黄稀疏；缺锌会阻碍青春期的发育，导致性发育迟缓等；缺铁会引起缺铁性贫血，导致血红蛋白降低，食欲缺乏，精神疲惫，注意力不集中，记忆力减退，免疫功能受损，抵抗力降低。1岁以内的婴儿一般每日每千克体重需铁1～2毫克，4～8岁每日每千克体重需0.6毫克。

钙也是幼儿期必不可少的，缺钙可造成小儿骨质生长障碍和骨化不全，使身材矮小、牙齿不整齐，甚至发生腿骨弯曲，胸骨下凹等畸形现象。缺碘会引起甲状腺肿大，也是呆小症的重要原因，可导致智力低下，身体矮小，听力下降，骨骼发育迟缓、水肿等。

　　碘的需要量我国没有规定。美国定为成年男性每日供给量为130～140微克，成年女性为100微克，孕妇125微克，乳母150微克。一般认为，成人每日摄入碘量为100～150微克，少儿每日需要量为40～100微克。

　　一般来说，只要主副食不偏食，适当注意营养，就能保证孩子的正常生长和发育。

参加锻炼对心血管系统有什么好处

　　心血管系统是人体中极为重要的器官系统。人生下来心脏一刻也不能停止跳动，心脏的工作量很大。学龄儿童参加运动能促进心脏发育和功能发展。小学阶段的儿童心血管系统发育还处于低潮，心脏发育不够完善，心肌纤维短而细，心脏的重量、容积均较小，因而心肌力量较弱，每搏输出量较少，加上这一时期儿童新陈代谢旺盛，交感神经兴奋占优势，不得不以较快的心跳频率来代偿。

　　适当的锻炼能够使儿童的心脏在形态和生理功能方面发生较大变化，能够使心肌纤维增粗，心脏壁增厚，心脏重量提高，使心脏收缩有力。这是由于运动时血液循环加快，也增加了专供心脏肌肉所需氧气、养料的冠状动脉的血流量（可达安静时的10倍），而使心肌营养加强，心肌蛋白增多。

　　经常参加锻炼，心脏容积也会加大，因为运动时大量血液流回心脏，使心肌拉长。心脏容积变大，容纳的血液就多，心肌拉长，收缩就有力量。尤其心肌变粗也增加了收缩力量，所以心脏每次收缩排出的血液增加（每搏输出量），因而也会逐渐减少每分钟的心跳次数，提高了心脏的工作能力。

　　另外，经常参加锻炼也能提高红骨髓的功能。因为参加运动时，身体对氧的需要量增加，刺激了造血器官，因而也就提高了造血功能。所以强壮的儿童显得红光满面。

十一、儿童体格锻炼

参加锻炼对呼吸系统有什么好处

儿童的呼吸系统发育还不够完善，工作能力较差，表现在胸廓和肺活量小，肺泡数量较少，呼吸道狭窄，呼吸肌力量弱，肺活量小，通气功能较差，限制了吸氧能力，最大吸氧量较低。通过锻炼能促进呼吸功能发展，尤其能够增强呼吸肌力量。外界空气进入肺内和肺内气体排出体外，肺本身不能自动进行扩张和缩小，它是借助于胸腔的运动来进行的。胸腔是由胸骨、肋骨、脊椎、肋间肌、膈肌等骨骼和肌肉组成的，吸气时肋间外肌及膈肌收缩，肋骨上提，膈肌下降，胸腔扩大，胸腔气压降低，肺随之扩张，容积扩大，外界空气进入肺内；吸气完了，肋间外肌松弛，肋骨和膈肌自然回位，胸腔和肺容积缩小，气体排出体外。如果经常进行锻炼，增加了呼吸肌的力量，扩大了胸廓的活动范围，能够吸入更多的氧气，使肺活量增大，反映了肺贮备能力和适应能力增强。肺活量大，就意味着每次呼吸都能吸取更多的氧气和排出更多的二氧化碳。肺活量大的人，在安静时的呼吸是深而慢的，这样就有较长的休息时间，因而不易疲劳。呼吸功能提高，呼吸潜力增大，可以满足身体各器官的需要，当然大脑也就得到足够的氧气，使工作、学习时不易出现疲劳现象，提高了工作和学习效率。

另外，锻炼对呼吸系统疾病的预防和治疗有一定作用。鼻、咽喉、气管和支气管是呼吸的通道。感冒是最多见的一种传染病。在一般人的鼻腔和咽喉部都潜伏病菌，只是由于健康人有足够的抵抗力，才不易发病。当人体抵抗力减弱时，病菌就会乘虚而入。经常进行锻炼，可使新陈代谢旺盛，心肺功能增强，提高身体抵抗力，同时还可以促使呼吸道毛细血管更加密实，上皮细胞纤毛活动和肺内吞噬能力得到加强。这样就能及时消除呼吸道的病菌，减少感染机会。

参加锻炼对神经系统有什么好处

锻炼对于大脑的发育起到促进作用，可以改善脑的营养供应。美国生理学家在对幼鼠实验中证实，运动刺激可以有效地增加大脑的重量和皮质厚度。俄罗斯的生理学家在婴儿进行被动性运动试验中发现，肢体的运动能促进大脑相应中枢的发育。儿童的神经系统仍处在迅速发育生长时期，还没有最后成熟，经常参加运动，对大脑发育有积极作用。科学家研究发现，锻炼能使脑释放内啡肽等特殊化学物质，这些物质对促进记忆和智力具有良好作用。儿童在进行运动时，要敏锐地观察瞬息万变的环境，独立地、灵敏地、创造性地处理当时所发生的问题，这时就能提高他们的观察、注意、思维、想象、记忆等能力。

一个人的体质、精力及工作或学习效率如何，完全以中枢神经活动的生理基础为转移。脑神经的生理活动，需要有雄厚的物质基础，即氧气和其他营养物质的供应。脑的需氧量占全身需氧量的1/4，为肌肉需氧量的10～20倍，居第一位。大脑对葡萄糖的需要量也是全身最多的。脑的动脉血管很丰富，在安静状态下，心脏排出的血液量有1/5要输送到脑部；脑组织的机械代谢很旺盛，耗氧量较多，对缺氧也很敏感。因此，大脑工作时，需要大量氧气和葡萄糖由血液来输送。经常参加锻炼不仅能改善神经系统对全身各器官、系统的调节和支配作用，而且能增强心脏的功能，使每次心搏血液的输出量增加。同时，又能提高肺活量，使大脑得到更多的氧气。

锻炼可使肌肉发达，肌肉内所含的肌红蛋白增高，可使身体获得更大的氧气储备能力。因此，只有经常参加锻炼，增强体质，才能保证大脑的健康和提高大脑的学习效率。

参加锻炼对肌肉和骨骼有什么好处

儿童经常参加活动，对运动器官系统有明显的影响。由于身体活动促进了血液循环，加强了新陈代谢，使骨的结构及性能发生了变化，表现在骨骼变粗、变厚、变长，加强了骨骼的坚固性。经常锻炼可使骨骼上的结节粗隆和突起变得粗糙明显，这有利于肌肉、韧带更牢固地附着在上面。所有这些变化都有利于骨骼承受更大的外力作用，提高了骨的抗弯、抗断和耐压的性能。经常锻炼还有利于骨骼的增长。因为身体高矮是由骨骼发育生长决定的，经常锻炼的儿童比同龄儿童的身高平均要高出 4.7 厘米。

锻炼能增强关节的灵活性和稳定性。这是因为在锻炼中,有许多动作都需要关节具有很大的活动幅度才能完成。同时,锻炼还可以加强关节周围肌肉的力量,提高关节周围韧带、肌肉的伸展性,从而扩大关节运动的幅度和提高关节的灵活性,同时加强了关节的稳定性。

锻炼能使肌肉收缩的力量大,速度快,弹性好,耐力强。锻炼使血液流量增大,使肌肉血液供应良好,新陈代谢旺盛。

锻炼还可以提高神经系统对肌肉的控制能力,同时,肌肉对神经刺激所产生的反应也会更加迅速和准确,使身体的各部分肌肉协调配合。肌肉因结构的变化,酶的活性加强,以及神经调节的改进提高功能,表现为肌肉收缩力量大、弹性好、耐力强,也使身体更加健美。

参加锻炼对新陈代谢有什么好处

在锻炼与活动中,肌肉无疑是重要的执行者,肌肉活动对新陈代谢的作用是非常明显的。

(1) 肌肉活动对热能消耗大幅度增加。比如,以 10 分钟走 1 000 米的速度快步行走的每分钟热能消耗,比坐位工作或学习时大 3 倍。

(2) 锻炼时热能消耗的增加,促进了体内消化吸收过程的增强。研究表明,人的机体具有"超量恢复"规律,即锻炼时的热能消耗要在锻炼后加以恢复,并且恢复到超过原来消耗的水平;消耗越多,恢复时超过原来水平越明显。从中也可看出生命在于运动的价值。

(3) 运动后恢复过程补充热能消耗,需从外界吸取更多的营养物质,由此必然会促进消化吸收功能的增强。锻炼时由于呼吸运动加强,膈肌活动范围加大,起到对腹壁、胃肠的按摩作用,可增强消化功能,锻炼还可以使人心情愉快,精神饱满,对消化吸收功能也有良好作用。

全身细胞运动后由于血液循环快,新陈代谢加快,更新快,细胞便有活力;相反,不运动者细胞耗氧小,更新慢,血液循环也慢。

为什么锻炼能使儿童更适应自然环境

自然环境的变化，必然要使人体受到影响，身体也必须随时调节自己的功能来适应变化了的环境，使身体内外达到平衡。当人体受到冷的刺激，大脑皮质即可兴奋，立即调动全身各器官、系统加强活动，产生防御性反射，使皮肤血管收缩，减少散热，同时体内增加产热，以抵抗寒冷的刺激。当病菌侵入人体内后，中枢神经系统就动员体内各种防御功能，使血液中白细胞的吞噬作用增强，抗体产生加快，以尽快排除和杀灭病菌，保护身体免受侵蚀。

由于人体内外环境的变化是客观存在的，要达到平衡的重要途径，只有依靠身体的适应能力。人身体的适应能力，是通过条件反射逐步形成的。在锻炼中，大脑皮质对冷、热等环境都相应地建立起了条件反射，做好了适应冷、热等刺激的一切生理准备。经常参加锻炼，首先是使指挥全身活动的神经系统的功能得到锻炼和提高，使人对外界刺激的反应快而准确，这就有利于增强对不利环境条件（寒冷、高温、缺氧等）的适应能力和对疾病的抵抗能力。

锻炼可使人广泛地接触自然条件，特别是空气、日光和水等，这些都是增强抵抗力的积极因素，都有助于加强血管、神经、肌肉，以及调节体温的神经中枢的工作能力，从而提高机体的适应性。一般农村住平房的小孩要比城市小孩对自然环境的适应能力强，其主要原因是他们在户外活动多。而城市儿童住在高楼大厦里，在自然环境下活动少，所以儿童自发的活动性运动是一种非常好的方法，能够把他们吸引到户外，得到更多的接触大自然的机会。

锻炼能促进智力开发吗

一个人的智力是指其认识客观事物，并运用知识解决实际问题的能力。它集中表现在反映客观事物深刻、正确、完全的程度上，和运用知识解决实际问题的速度和质量上。而这些往往是通过观察、记忆、想象、思考、判断等心理活动表现出来的。也就是一个人的观察力、记忆力、想象力、思考力、判断力等，往往就是一个人智力高低的具体体现。但这些心理素质并不是天生就有的，而是在掌握人类知识经验和从事实践活动中发展起来的。锻炼是孩子们一项重要的实践活动，这不但能锻炼身体，而且也发展了这些心理素质，因而也就发展了智力。

研究证明，通常情况下，人的右大脑仅开发了50%。大脑是人一切智慧的物质基础，是调控人体各组织器官活动的总枢纽。大脑重约1 480克，婴儿出生时大脑重350克，1岁时约950克，6岁时约1 332克，12岁时约1 400克，为成人的95%。可见6岁前多信息刺激对开发儿童智力尤为重要。人脑中有1 000～10 000亿个神经细胞，约等于银河系星星的数量。每个神经细胞又相当于一只微电脑，它与其他5万个神经细胞相连结，构成一个既复杂而又独特的神经网络，等于将银河系的星星浓缩后装进了大脑。人的灵感、思维、想象、创造都是这个神经网加工出来的。如此复杂、和谐的神经网并非每个人生来就有，而是在后天环境中，尤其是出生的头几年发展起来的。

锻炼时呼吸加强加深，吸入的空气自然就多，同时代谢水平提高，给大脑提供的能源物质和氧气充足，以确保其功能需要。

锻炼能促进长个子吗

人体身高的增长，决定于下肢骨和脊柱的增长，以长骨的增长尤为重要。所以说，高个子就是长在腿上。下肢长度在出生时仅为身长的1/4，而成人则为身高的1/2。

下肢长骨两端有骺软骨板，长骨的生长是靠这两块骺软骨板。儿童时期骺软骨板中的细胞不断分裂、增殖和骨化，使长骨向纵的方向生长，青春发育期后骺软骨增生逐渐停止。已完全骨化，长骨也就不再增长了。

锻炼应多在室外进行，因室外阳光充足。物理学家发现七色光（红、橙、黄、绿、青、蓝、紫）的外面还有许多看不见的光线，它们占阳光的50%～70%。阳光里的红外线和紫外线含量丰富，尤其是夏天太阳距地球越来越近，其含量亦增多。红外线波长短，穿透力强，含热量多，能给皮肤均匀加温，促使血管扩张，血流加快，给骺软骨增殖提供充足的血氧。紫外线能使人体皮肤中的一种叫"7-脱氢胆固醇"的物质变成维生素D，维生素D

进入血液能促使胃肠对钙、磷物质的吸收,给骨的生长发育提供更丰富的营养。

在室外进行锻炼,能呼吸新鲜空气,从而获得更多的"空气维生素"。在四季常青、花红柳绿的自然环境里,阴离子数倍增。阴离子是人体正常生长发育必不可少的"元素",科学家称其为"空气维生素"。人体内阴离子数量增加,既有助于少儿长高,又能提高机体的功能和健康水平。这就是室外锻炼或日光、空气浴健身的特殊功效之一。

锻炼有助于减肥吗

减肥即是减少人体多余的脂肪。尽管减肥是当今世界性的一大难题,但专家一致认为减肥最有效而又持久,最实惠且无不良反应的方法,就是锻炼与适度节食相结合。对于越来越多的小胖墩来说,想减肥就要赶快动起来,同时还要管好自己的嘴巴。

锻炼能减肥,主要理由有3点:①减少体脂,增加肌肉。锻炼时,肌肉组织的代谢极其旺盛,耗能量最多。如肌肉总量减少,能量储积人就会发胖。②缩小脂肪细胞体积。正常人的体脂细胞长67~98微米,含脂量约0.6微克;肥胖者的体脂细胞长130微米,含脂量高达1.2微克,分别是正常人的1.3~1.9倍和2倍。这就是肥胖者身体臃肿的根本原因所在。③减少体脂含量。研究证明,热能消耗不仅在运动中,运动后15小时内与不运动者相比仍多消耗热能12%~30%。

锻炼能提高身体素质吗

身体素质的发展和提高有一个"自然增长"的过程,但这很有限,要想提高身体素质,就得经常进行体力负荷,给身体各器官一定程度的刺激。因此,锻炼在很大程度上是一个决定性因素。不同的运动项目对各种素质的发展各有侧重,田径运动是以发展速度、力量、耐力为主;体操是以发展力量、灵敏和协调素质为主;球类运动能发展人的灵敏、速度、耐力等素质。投掷、爬绳、引体向上等主要是发展力量素质。儿童自发性活动性运动主要是以发展速度、灵敏、爆发力为主，对柔韧素质也有很好影响。这些素质的发展正好适合儿童阶段身心发展的状况。

由于素质发展了，自然也就提高了人体的基本活动能力，如跑得快、跳得高、投得远，这就有利于顺利地克服各种困难，应付各种变化，圆满自如地完成各项工作任务。儿童自发性活动性运动主要能提高跑、跳、投的基本活动能力。

由于人体各个器官生长发育的速度不同，各种身体素质的发展也各有其年龄特点。在某一年龄阶段，某种素质的发展比较快，而在另一年龄阶段，另一种素质的发展又比较快。这种有利时期叫素质发展的"敏感期"。假如能抓住某种素质发展快的有利时期，因势利导地加紧进行训练，那么这种素质会发展得更快，效果也会事半功倍。如果错过这个机会再补救就困难了。一般认为，一个人在10岁以前，骨骼肌肉柔软，关节活动幅度大，是发展柔韧素质的有利时期，体操、武术等对柔韧要求高的运动项目，可以在这时期开始进行训练；10～12岁，神经系统的灵活性高，是发展速度的有利时期。儿童正处在许多身体素质发展的敏感阶段，因此适时发展他们的身体素质至关重要。

怎样使幼儿锻炼科学化

根据幼儿生长发育的特点，在开展锻炼时，注意活动量与幼儿身体发展的需要密切配合，从而促进幼儿健康成长，这就是幼儿锻炼的科学化。组织锻炼时，首先应明确活动的目的、要求、具体项目及活动方法。在进行锻炼前，要制订好安全措施，要让孩子做有关的练习动作，以减少外伤，提高活动效率和热情。锻炼结束应进行整理活动，以放松肌肉，恢复体内各器官的正常工作，避免头昏、恶心、面色苍白、心慌等症状的产生。在进行锻炼时，要选择适宜的运动项目，运动量不宜过大过猛。应注意动静交替，劳逸结合，避免幼儿身体过度疲劳。活动项目和方法要多样化，最好把几种活动穿插在一起进行，使幼儿在活动中保持愉快、乐观的情绪。为达到锻炼目的，最好测查幼儿锻炼量和活动密度。注意不能让幼儿在吃饭前后半小时内进行锻炼，特别是运动量较大的项目，否则会影响消化系统发育，容易得消化不良等胃肠疾病。注意让幼儿配合动作自然而正确的呼吸，以促进呼吸系统的发育，降低呼吸道疾病的发生。

怎样能使孩子拥有优美健壮的体态

孩子开始走路时，往往站不稳、走不准，父母需要扶一扶，扶的时候要扶腰背，采取对称的动作帮扶，不要只扶一侧，这样难以让孩子形成正确的走路姿势。孩子学走路，尽量不扶他们，不要怕孩子跌跤，只要适当注意安全即可。孩子正式学会走路以后，走时要全身自然，两臂稍摆动，腰背挺直，两肩展开放平，不要歪肩斜甲，头颈保持端正，目光前视，全身重心放在脚掌上，步态稳重均匀，着地力量均衡等。长期采取这种走路姿势，并养成习惯，对保持健美体型很有好处。走路时双足勿向外撇，避免形成"八字脚"，双足也别向里钩，这样也容易形成异常走路姿势。

(1) 坐有坐相：坐时要端正，上身坐直，两肩放平，手放在两腿上，挺胸稍向前倾，抬头目视前方。如果坐着写字，胸部距桌子的边缘应保持一拳左右的距离，不要过分低头弯腰，要使眼与被视物保持33厘米左右的距离。正确的坐姿对于保持上身、胸廓、腰背的健美极为重要。

(2) 站有站相：俗语说站如松，即是说站立的时候犹如挺拔的松树。收腹、挺胸、抬头、前视、站直。不弯腰、不侧弯，两肩平面对称，两手自然下垂，两足靠拢，自然站立。这种姿势可使胸腔容积扩大，腹腔压力减少，有利于呼吸及血液循环，有利于全身健康。

从小培养良好的体态，不仅外形美观，而且有利于全身，特别是内脏器官的健康。

锻炼前要进行准备活动吗

物体运动有惯性，人体功能有惰性。人体从一种状态转入另一种状态的过程，也是克服生理惰性的过程。从生理角度来说，运动技术是结构不同的运动条件反射。任何一个动作，从感受器接受刺激到肌肉做出相应动作，都是中枢神经指挥、调节、传导的结果。不同的转换过程、不同的技术动作难度，反应时间长短也不相同。人体器官不同，惰性大小亦不同，运动器官（骨骼、肌肉、关节）惰性小，内脏器官惰性则较大，运动器官已舒展自如，而内脏器官还尚未适应，就出现器官之间的配合失调。肌肉表现的技术动作是神经支配下的随意运动，神经传导较快，24～26秒就能达到最大效率；内脏器官受交感神经和副交感神经双重支配，支配的神经通路迂回曲折，传递速度较慢，尤其是激素等物质均需血液传送，到达内脏器官的时间相对较长，约需3分钟。运动时，交感神经兴奋加强，副交感神经抑制减弱，打破了两者安静时的平衡状态。要使神经过程尽快适应运动需要，必须克服生理惰性，使两者建立新的动态平衡。

适度和适时的准备活动能提高中枢神经系统的兴奋性和酶的活性与代谢水平，使心率增快，体温逐渐升高，血流加快，呼吸加深，既能缩短机体对运动的适应时间，加大关节活动范围，提高动作节奏与协调性，又能给肌肉供给充足的血氧，有助于提高运动能力。

适度和适时的准备活动，不仅使机体各器官系统建立新的动态平衡，还能预防损伤。

孩子锻炼时要遵循哪些原则

（1）首先要坚持不懈，持之以恒。要诱导孩子坚持锻炼，使孩子机体能稳定地接受刺激而产生良好的效果。除因病或不能适应某项运动外，不要随意中断。

（2）要循序渐进。家长应科学地安排孩子的体育锻炼，活动量要由小到大，活动时间要由短到长，活动项目要由单一到复杂，活动内容要由浅入深，不能操之过急。

（3）注意个别对待。比如，年龄小者、体弱者，锻炼项目不宜过多，时间不宜过长。

（4）保证合理的营养及生活制度。体育锻炼会增加热能与营养的消耗，

宝宝健康手册

若忽视物质营养基础，将会导致体重减轻、营养不良等异常情况的发生。

（5）锻炼前要有准备活动，锻炼后要有整理活动。这样有利于心血管、神经系统的适应性。

（6）家长及保教人员要仔细观察孩子对锻炼有无不良反应。如锻炼中有无面色苍白、口唇发绀等，一旦发现异常，应及时采取措施。

（7）孩子在体育锻炼时发生损伤，往往是由于使用的场地和器材不合要求引起，宜注意安全。带孩子锻炼时不要开玩笑，不要憋气，动作不要粗暴，并要仔细选择场地和器材。

游泳时发生抽筋现象怎么办

夏日炎炎，组织一次游泳活动，既锻炼了身体，又能交流感情，不失为适时适宜的好活动。但如果在活动时，有同学脚抽筋了，该怎么办呢？

人体在正常的情况下，肌肉的运动是收缩与伸直交替进行的，而抽筋则是肌肉发生强直性收缩，并同时产生剧痛，破坏了正常的动作节奏。因而游泳者容易因抽筋而出现溺水事故。抽筋的主要部位是小腿和大腿，有时手指、脚趾等其他部位也会发生。原因是游泳前没有做好准备或准备活动不充分，身体各器官及肌肉组织未活动开，下水后突然做剧烈的游泳蹬水、划水动作；因水凉刺激肌肉突然收缩而出现抽筋；游泳时间过长，过分疲劳及体力消耗过多；在机体大量散热或精神紧张，游泳动作不协调等情况下，也会出现抽筋。

游泳时，如发生抽筋现象，应该这样做：①一定要保持镇静，并根据不同部位采取不同方法进行自救。②若因水温过低或疲劳而产生腿抽筋时，应先使身体成仰卧姿势，用手握住抽筋腿的脚趾，并向上用力拉，抽筋腿伸直，另一腿踩水，另一手划水，帮助身体上浮，这样连续多次即可恢复正常。上岸后用中、食指尖掐进承山穴（在小腿后面正中，腓肠肌两侧肌腹交界的下端）或委中穴（在腘窝横纹的正中点），进行穴位按摩，帮助恢复正常。两手抽筋时，应迅速手握紧成拳，再用力伸直，反复多次，直至复原。

怎样不让孩子长得太胖

在单纯性肥胖、内分泌性肥胖和药物性肥胖这3种肥胖中，单纯性肥胖最多见，占整个肥胖病儿的98%。而单纯性肥胖发生的原因，主要是让孩子吃了过多含糖、含油脂很高的食物，或吃的主食过多所致。孩子正处于生长发育时期，一定要让孩子吃富有营养的食品，注意膳食中营养素的平衡。但对于5岁以下的小儿，每天的总热能为4 186千焦就够了。具体食物是：糖类150克，蔬菜300～500克，瘦肉100克，奶类250克，植物油1匙。一个大鸡蛋或1个小鸭蛋，或100克豆腐，可代替50克瘦肉。

从婴儿期开始，就给孩子做被动保健操，长大点教孩子做些力所能及的家务劳动。这样，既可以使孩子锻炼身体，防止长胖，又可以培养孩子从小就爱劳动的习惯。

不让孩子多看电视，应多做些有益的游戏等，以防止电视肥胖症的发生。

不仅肥胖儿童要定期到医院检查，孕妇、婴儿和青春前期儿童也必须定期进行健康检查。例如，肥胖病儿每年可增加体重5～10千克，若2～3个月检查1次，就可以及时采取措施控制体重增加，并能早期发现高血脂、高血压等并发病。孕妇吃得过多，生下4 000克以上的超重儿更容易长胖。婴儿正是脂肪细胞数增长期，应定期检查加以控制。现在的独生子女生活条件优越，长胖的可能性大。如果父母都胖，更要预防孩子长胖。因为，父母中有一人肥胖，孩子有40%～50%的可能肥胖；父母两人均肥胖，则孩子就有70%～80%容易肥胖。

运动过少有何害处

在现实生活中，儿童的活动量与他们对活动的需要有很大差距。即使是爱活动的学龄前儿童的运动量也不够。活动不足的危害在上学后更加明显。在教室里是坐着，在家做功课也是坐着，晚上看电视还是坐着，而且往往是在通风不佳的场所。

家长可以看看自己的孩子活动时间有多少,坐着的有多少,这两个时间非常不成比例,不能不引起家长的关注。活动不够会使儿童发育不协调,这为许多功能性障碍的发生创造了条件;活动不够会降低心血管系统和呼吸器官的适应能力,降低学习能力,使儿童在从事体力与脑力劳动时很容易疲劳和失去耐心;活动不够会降低机体对致病微生物和湿度变化的抵抗力。因此,活动少的儿童比活动多的儿童更易发生上呼吸道感染。

儿童的生活方式与中枢神经系统的功能有着必然联系。不常在室外活动和不从事锻炼的儿童往往很任性,睡眠差,对外界刺激敏感。患高血压的年龄越来越小,与儿童活动不足有关。

如何增加儿童的活动量呢?现在的学龄儿童负担很重,想减少课程是不现实的,家庭作业也难以减量。但是可以节省做作业的时间,这就要提高他们的学习效率。而运动则是提高效率的主要保障,所以越认真地进行体育锻炼,赢得的时间也就越多。离学校不远的儿童可以走路上学,住楼房的孩子可以步行上楼,这些都是可以长期坚持的锻炼方法。

怎样预防和早期发现小儿脊柱侧弯

引起脊柱侧弯的原因很多,有先天的,也有后天的。妊娠4～7周,是胚胎脊柱发育形成的时期,此时孕妇体内外环境变化的刺激,都可导致胎儿发生脊柱畸形。婴儿学坐学得过早,或刚学坐时坐的时间过长,幼儿坐的姿势不正确,都易导致脊柱侧弯。

如果发现以下情况,应及早到医院诊治:①当小儿以立正姿势站立时,两肩不在一个水平面上,高低不平。②两侧腰部皱纹不对称。③双上肢肘关节和身体侧面的距离不等。

预防小儿脊柱侧弯,要注意:①婴儿不能坐得过早,长时间坐着,婴儿容易疲劳,也容易造成脊柱弯曲。②幼儿坐的姿势要正确,桌、椅的高低要合适。写字、看书时要坐正,不要歪着趴在桌面上,同时应适当地变换体位与休息,以免造成脊柱侧弯。

什么是幼儿手指运动健身法

有人说像猜拳、翻绳这样的手指运动已经过时了。其实不然,因为这些游戏有益于孩子的智能发展。据研究,一个大拇指在大脑所占的运动区,相当于一条大腿的10倍。大脑控制整个躯干的细胞只相当于手的1/4。"手为脑的外延""手为脑之师",可见手指运动的作用和意义。

运动双手不仅利于强身,而且利于健脑。中医学认为,手是人体十二经络的起止点,手上有许多穴位。现代医学也证明,双手是神经末梢最为集中的部位,而且人体的五脏六腑在手部都有各自的反射区,双手的伸屈推拿,拍打撞击,缠绕扭转,可使每个穴位、反射区得到刺激,每一块小肌肉群都得到运动。通过经络感应和升温效应,又能对人体神经、循环、消化、呼吸、泌尿等系统有影响,畅通全身气血、增强心脏输出血流量和血流速度、促进新陈代谢。手指运动对大脑神经的直接刺激,可促进神经的反应和智能的开发,通常所说的"心灵手巧"是有科学道理的。这对幼儿来说是一种积极的健身方法。

婴幼儿做健身操有什么作用

婴幼儿健身操与婴幼儿自己玩耍、做游戏不同,它是专业人员运用现代科学育儿的原理和医学知识,根据婴幼儿生长发育的规律而编排出来的。与单纯的肌肉运动产生的生理作用相比,健身操的动作具有更积极的作用,这些作用表现在以下几个方面。

(1) 促进运动功能的发育:随着婴幼儿的成长发育,各种运动功能逐步趋于成熟。健身操巧妙地利用这些功能来达到对婴幼儿的锻炼目的,从而使婴幼儿更容易掌握各种动作,如手臂的活动、爬、坐、站立、行走等。

(2) 提高运动的质量:健身操可以培养婴幼儿正确的运动姿态,加强运动的节奏感,使身体各个关节都得到充分的锻炼。这不仅可以提高婴幼儿的运动耐力,更可以提高运动的准确性及灵活性。

(3) 提高全身的应变能力：健身操可以使婴幼儿的内脏器官很容易适应有节奏的运动，使心、肺等器官活跃起来达到最佳的状态，从而加强对运动的适应性。在做操时婴幼儿常常会表现出愉快的情绪，对外界事物能做出积极的反应。此外，由于健身操能提高婴幼儿对运动及游戏的兴趣和欲望，因而对婴幼儿智力的发展及性格的培养都将起到积极作用。这一点已得到幼儿教育界的普遍承认。婴幼儿健身操并不单纯是为了给他们强身健骨，或是使他们的运动功能尽早发育。健身操的主要目的是加强婴幼儿全身各种器官、各种组织的功能及灵敏性。人体的肌肉及大脑只有经常活动才能发达，反之则会衰弱下去。

孩子对锻炼不感兴趣怎么办

家长硬逼孩子锻炼是不妥的，弊多利少。因为孩子情绪不好被迫锻炼，不仅达不到健身效果，还容易发生意外。那么，究竟应该怎么办呢？

（1）激发和引导孩子的好奇心，利用孩子的好奇、好动、好胜的心理特点，引导他们进行适合的体育锻炼。特别是可以用锻炼与游戏、比赛，以及与小伙伴儿或父母一起共同锻炼的办法，激发他们对锻炼的兴趣和热情，还可以采取赞扬和适当奖励的办法，激起他们的积极性。

（2）走出小天地，到大自然中去锻炼。公园、河边、林间、田野，对孩子有更大的吸引力。应该常带他们到这里去进行各种有趣的体育活动，这不仅会增强孩子对锻炼的兴趣，而且在户外或大自然中锻炼，对身体益处更大。

（3）充分利用各种机会，带孩子观看体育竞赛和表演，观摩各种类型的运动会，并在电视中收看体育节目，订阅体育画报。这些活动会激发孩子对体育活动的兴趣，逐渐养成爱好体育活动的良好习惯。

（4）父母的榜样作用十分重要。如果父母能以身作则，带头参加体育锻炼，并且与孩子们一起锻炼，这对孩子形成热爱体育活动和养成锻炼身体的好习惯，会起十分重要的推动作用。

如何避免锻炼中可能出现的意外伤害

孩子在体育锻炼时发生的损伤，大多数是由于父母或保育人员保护不当，以及使用的场地和器材不符合要求所致，少数则是因为孩子的动作不正确造成的。如果能从以下几个方面注意预防，绝大多数的损伤都是可以避免的。

（1）在幼儿体育锻炼中，大人既要让孩子大胆放开手脚，鼓励他们的勇敢精神，又要小心、细心，应该保护的则必须认真的保护，从而达到预防运动中发生的意外损伤。

（2）要选好场地和器材。尤其是场地，在运动前应该先清扫和检查一遍，看地上是否有石块、钉子等异物，场地平不平，有无障碍物。如有，都要清理干净。对玩具也要经常检查，看是否用带尖、带刺的东西当玩具，带孩子到公共体育场所去玩滑梯、跷跷板、攀登架、木马，都要先细心检查一下是否结实，有无隐患。不能让孩子见到玩具或运动器械就随便去玩。

（3）对孩子的运动量要因人而异，根据不同年龄和身体的不同情况进行控制。因为孩子年幼不懂得控制自己，玩得兴奋便不知疲乏而容易发生意外。

（4）不能带孩子到车辆来往频繁的马路上去玩，上街过马路时，特别要注意安全。在家里玩，做攀登动作时，尤应注意保护好孩子，严防跌伤。

如何带学龄前孩子去旅游

旅游可以强健人的体魄，开阔人的眼界，增长人的见识。5岁的儿童精力充沛，好奇心、求知欲很强，有条件的家长可以带孩子去旅游，让孩子领略大自然的美景，了解各地的风土人情，体会大自然的神奇。

在旅游出发前，可先给孩子介绍一些旅游常识，让孩子做好一些心理准备，如不能乱跑，不怕苦，不怕累。同时可以给孩子讲解所要到达的旅游景点的地理气候、风土人情，以及有关的传说故事，使孩子充满好奇心，对所去之处先有个理性认识，这样可以加强外出学习的效果。

在旅行途中，可给孩子介绍一点沿途风光，并让孩子独立地处理一些事情。同时结合旅途中的人和事，让孩子学会关心和体贴别人，保护自己，提高孩子与人交往的能力。

在旅游景点，要注意指导孩子欣赏、观察景色，并给孩子做一些讲解，从而提高孩子的欣赏能力。要孩子爱护国家文物及花草树木，不在风景点乱涂乱画，不乱扔果皮纸屑。旅游回来，可让孩子讲解所见所闻、心得体会，从而加深孩子的印象，并锻炼其语言表达能力。

如何消除运动后的疲劳

在健身锻炼后，精力旺盛的学龄儿童也常常会感到身体疲劳。为了使自己能够以充沛的精力投入到以后的锻炼中去，采用下面这些方法和措施可以加速疲劳的消除。

(1) **补充营养**：有研究发现，当人体感到疲劳或大运动量训练后，给予相当于 100～150 克葡萄糖的食物，以补充运动中热能的消耗，可促使肝糖原的储存，并且有恢复血糖水平、加速消除血乳酸的作用。另外，在膳食中要注意补充蛋白质、维生素 B_1、维生素 B_2、维生素 C、烟酸、水和矿物质。因为训练使体内能源物质、维生素和矿物质大量消耗，不尽快使这些物质恢复正常水平，机体的运动能力就要受到影响。

(2) **温水浴**：锻炼后进行温水浴，由于热水的温热作用，可以改善血液循环，加速代谢废物的排出过程。

(3) **充足的睡眠**：睡眠是消除疲劳最根本和最有效的方法之一。没有良好的睡眠作保证，人体的疲劳就无法消除。因此，经常参加锻炼的人，要保证有充足的睡眠时间和良好的睡眠环境。学龄儿童每天至少保证 9 小时的睡眠时间。

(4) **按摩**：对用力最多、最疲劳部分的肌肉进行放松按摩，是一种很有效，目前采用也最多的消除疲劳的方法。主要采用力量较轻、时间较长的揉捏手法，结合牵拉、叩打等，都可以获得满意的效果。

(5) **快速消除疲劳法**：①把嘴唇撇成"八"字形，下唇尽量往下撇。这动作可刺激唾液的分泌，有助于恢复精力。②翕动鼻子。集中精力不停地翕动鼻翼，可以刺激神经，加强呼吸运动。③不断伸缩脖子。伸脖子时，尽量使脖子向上伸，下巴后收，同时两肩尽量下垂，然后还原成原来的姿势，连续做30次。接着做缩脖子动作，具体做法与伸脖子动作相反方向，连续做30次。④双手不停地做握拳和松开的动作，可以使手部和血液畅通。⑤用内八字快步走。这时，尽量把脚尖向内弯，能有效地消除腿部肌肉疲劳。

少儿锻炼时要注意什么

（1）少儿锻炼方法应多样化，时间不宜过长，密度应小一些，练习中可安排一些短时间的休息。

（2）少儿的可塑性很强，无论是正确或是错误的动作都容易形成习惯。因此，必须注意动作的规范化，特别是在技术性较强的项目中更应注意这一点。

（3）对于少儿而言，身体的全面发展是至关重要的。有人认为，身体的全面发展就是指身体的各个系统，如神经、肌肉、骨骼、血液循环、呼吸等得到全面的协调发展。只有全面发展，才能使少儿很好地掌握走、跑、跳、投掷、爬行、攀登等基本活动能力，才能有效地增强力量、耐力、速度、灵敏、柔韧等素质。人体的各器官、系统是彼此相连的统一整体，一种素质欠佳，将会影响其他素质的提高，少儿阶段是身体素质发展的敏感期，这一阶段进行全面锻炼，将会促使身体素质得到均衡发展。

（4）剧烈运动后，少儿一般喜欢吃冷食或喝冷饮，这将刺激胃肠的血管突然收缩，引起胃肠功能紊乱；同时会刺激喉部，产生炎症、疼痛、嘶哑的不适感觉。剧烈运动后也不宜大量饮水，大量饮水将影响恢复的过程，还会给身体带来一定危害。

（5）少儿锻炼后的营养补充也很重要，一般来说，糖、维生素、蛋白质等都需要补充。

十二、儿童行为品德与身心健康

幼儿良好行为习惯包括哪些内容

幼儿良好行为习惯的内容包括：良好品德习惯、良好生活习惯、良好卫生习惯和良好学习习惯。

(1) 良好的品德习惯：①文明礼貌。尊敬师长，见人会说礼貌语，不随便翻弄别人的东西，不经允许不随便接受别人的东西。②团结友爱。不打架，不骂人，同小朋友和平共处，有爱心，懂谦让，与小朋友一起分享快乐。③爱集体、守纪律。爱护公共财物，乐于做好事，自觉遵守各种制度。④爱劳动。动手能力强，干一些力所能及的活，做好值日生，自己的事情自己动手做。⑤诚实勇敢。不说谎，做错事勇于承认和改正。说话做事不胆怯，跌倒了自己爬起来，碰到困难自己克服。

(2) 良好的生活习惯：①饮食习惯。饮食定时定量、不挑食、不偏食。②睡眠习惯。培养幼儿独自上床、按时睡觉起床、午睡和保持正确睡眠姿势。③遵守时间习惯。幼儿要在规定的时间里就餐、睡觉、休息、学习、游戏、活动，养成有规律的生活习惯。④生活自理习惯。根据幼儿年龄的特点，培养孩子的动手能力，如吃饭、洗脸、穿鞋、系鞋带、穿脱衣服、洗碗、扫地等。

(3) 良好的卫生习惯：①个人卫生。养成洗手、洗脸、洗头、洗脚、洗澡、漱口、刷牙、剪指甲，以及保持衣服整洁的习惯等。②注意环境卫生，不随地吐痰、大小便，不乱扔纸屑瓜果皮核等。

(4) 良好的学习习惯：要培养幼儿对学习的兴趣，有正确的读、写、坐和握笔姿势，眼睛和书本保持一定距离，爱护书籍和文具等。

十二、儿童行为品德与身心健康

为什么说幼儿期是培养良好行为习惯的关键时期

幼儿时期，对周围环境十分敏感，愿意听从成人的教导，喜欢模仿成人的行为，极易受到外界的刺激和影响，并在大脑中留下深刻的记忆，行成一些定型的概念并逐渐养成行为习惯。但幼儿知识贫乏，辨别是非的能力差，学好学坏都在无意识之中。近墨者黑，近朱者赤，所以家长要特别注意对幼儿加强良好行为习惯的培养，尽量避免不良思想行为对幼儿的影响。

培养幼儿的良好行为习惯，包括心理和生理两个方面。在心理方面它可以培养幼儿的自信心、独立性、积极向上、诚实等良好的品质，为将来造就守信用、讲道义、勇于进取和富有开拓精神的、适应现代社会要求的人才打好基础。从生理上讲，幼儿正处于生长发育的旺盛时期，但也是十分娇嫩的时期，如不养成讲卫生、爱清洁、有规律的良好生活习惯，就会给身体发育带来危害，影响身体健康发育。

幼儿的良好行为习惯都是在平常生活中耳濡目染，自然养成的，所以它的形成并不困难。比如，家长平时教育孩子乐于同小伙伴友好相处，不争玩具，不打架骂人，关心帮助同伴，就会逐渐形成"爱集体、爱他人"的道德品质。同样的，如果幼儿时期由于家长教育失当而形成了不良行为习惯，成人后要想加以矫正就非常困难，有的甚至付出惨痛的代价。

如何满足幼儿的合理要求

对于幼儿的合理要求，家长一般都会尽量满足的。当你觉得幼儿的要求正当时，不要给予答应就了事，应该在满足要求的同时讲清为什么要答应他。如幼儿看到别的小朋友有头盔帽，很羡慕，提出要求。家长可以对他说："这可以，因为天冷了，坐在自行车上风大，爸爸也正想给你买一顶。"否则，幼儿就会觉得只要我提要求家长就会答应。

在满足幼儿合理要求的同时，要让他知道这不是轻而易举的，是要付出一定代价的。如幼儿过生日要求父母陪他去公园，这时就该对幼儿说为了你的生日快乐，妈妈放下手中的工作陪你，晚上回来再做。这样，既让幼儿得到了快乐，体会到了父母的关怀和爱护，也明白了父母为他所做的牺牲，从而使幼儿更珍惜这份亲情。

在现实生活中，也会出现因条件所限，幼儿的合理要求家长无法满足的情况。这时，家长应适当让幼儿了解一些实际情况，并以切身体会向幼儿讲清道理，大一点的幼儿是可以理解的。

孩子有抵触情绪怎么办

（1）**利用抵触法**：抵触的特点是孩子用相反的观点与成人对抗。家长可以先从目的的反面提要求，开始让孩子通过抵触来达到我们的目的。例如，如果儿童不吃饭，就只给他一小份食物，他还要，就再给他一些。

（2）**漠视抵触法**：不理睬幼儿的抵触情绪。隔一会儿再坚定地重复要求。因为幼儿的抵触往往只是一时冲动，只要你态度坚决，隔一段时间他就会去执行。

（3）**转移注意法**：当孩子对某件事出现抵触情绪时，家长可利用某种孩子感兴趣的事，将孩子的注意力引开，使矛盾自行缓解。例如，当你给他换了条新棉被时，他可能会踢开被子，光着身子要他原来的那条。此时家长不妨给他讲一个好听的故事，然后趁孩子聚精会神听故事的时候，悄悄地为他盖好被子。

（4）**照顾抵触法**：因为孩子抵触情绪的特点是先反抗家长提出的要求，隔一段时间才去执行。因此，我们可以不要求孩子立刻按成人的意愿去做，而是给他一个时间上的提前量。例如，可以提醒孩子："再过10分钟你就得洗漱了，到时候我会叫你。"一般的孩子都能在这个提前量结束时开始按成人的要求去做。对于个别抵触情绪特别强的儿童，可以在要求的时限到来前几分钟内加上倒计时。

（5）**选择法**：因为幼儿的抵触情绪反映了他们想以此来证明自己的独立性的一种愿望。我们可以提供一些机会，使他的愿望有可能实现。选择便是一种很好的方法。如让孩子选择将要给他们买的衣服的颜色。吃饭时让他们在各种均衡营养的食物中自己选择,而不是把食物给他们硬夹进碗里。

如何教孩子学会爱自己

在生活中,时常有这样的镜头映入我们的眼帘。宝宝跑着跑着忽然跌倒在地,然后哇哇大哭却不知爬起来;或孩子热得满头大汗也不知道脱件衣服。这不由得引起我们的深思:家长在爱孩子的同时,不要忽略让孩子学会爱自己。爱自己是指有自我保护意识,有初步照料自己的能力,懂得自尊自爱。孩子只有学会了爱自己,才能逐步把这种行为迁移到他人身上,从而养成良好的行为习惯。

(1)家长要培养孩子的自我保护意识,教给孩子照料自己的一些方法。

(2)让孩子学会保护身体的各部分器官。如不把异物放入耳鼻内,不在阳光下看书等。

(3)让孩子知道做事情时应注意不要伤害自己,有一定的安全意识。如按电钮时一定要把手擦干。坐自行车时不把脚靠近车轮等。

(4)受到伤害时不惊慌,知道及时向家长报告,并会处理一些简单的问题。如皮肤擦破知道贴创可贴。

(5)日常生活中,家长应鼓励孩子动手自己解决一些问题,而不是凡事包办代替,以提高孩子的自理能力。让孩子自己完成穿衣、刷牙、洗脸、吃饭等简单的生活料理。有了一定的自理能力,孩子才有能力照顾自己。

如何让孩子尽情宣泄不良情绪

儿童与成人一样常有情绪变化,诸如愤怒、哀伤、失望、害怕等。保持孩子的心理健康必须让孩子适度宣泄。宣泄就是舒散、吐露心中的积郁,让孩子淋漓尽致地吐露自己的委屈、忧愁、牢骚和怨恨等不快,使其达到心理平衡。

适度地让孩子宣泄,对他们的生理和心理都有益处。如果孩子心中的积郁和不快长期得不到宣泄,就会注意力不集中、行为呆板、精神失常、人际关系紧张，严重时会给孩子个人和家庭带来危害。有些孩子闹事、出走、轻生，就是因为不良情绪无法宣泄造成的。

因此，父母最好每天抽出几分钟时间与孩子交谈，增进感情。只有让孩子把你既当父母，又当朋友，孩子才会向你吐露真情，吐露不快。交谈时，要注意两点，一是父母要专心，在这时间内父母不许看电视、报纸，只能彼此相对而谈。二是父母要经常抚摸孩子、亲亲孩子，让孩子能实实在在地感受到爱，时时刻刻沐浴在爱的春风之中。

如何让孩子学会争吵

吵架，是孩子们生活中的常见事，当一个孩子有了一定的独立意识之后，是免不了与同伴发生争吵的。这是因为孩子们在年龄、经验、水平能力等方面都彼此相仿，他们始终处于绝对平等的层次上，相处过程中的各自行为和态度一旦出现矛盾，只有通过互相协调、平等争论来解决。虽然在争吵中孩子在双方关系上会有短暂的障碍，但是，我们应该看到这种"吵了又好，好了又吵"的过程，正是孩子逐渐掌握处事技能，学会适应未来社会的有效途径。可以说，"吵架"是儿童成长过程中的一门必修课。

孩子是在"争吵"中成长的，有句话叫"会吵嘴的孩子聪明"。试想，假如一个孩子能够自己熟练地运用语言技巧，充分说服对方，那他就已具备了一定的逻辑思维和处事能力。如果一个孩子在争吵中最终服从了对方，也就说明他从这次争吵中感到了处事的慎重，学会了生活中必要的"听取"和"放弃"。孩子正是在一起玩耍、一起争吵，甚至拳脚相向然后重归于好的过程中，开始正确认识自我，切身体验自己与别人的关系，学会申辩自己的主张，逐渐掌握互相合作、互相谦让、抑制私欲、帮助别人的能力。

现在的孩子大多形成了强烈的自我中心意识，常常不会处理复杂局面，凡事都向大人请教，客观上造成参与欲望很强而社交能力很低的矛盾。这恐怕与许多家长不能正确处理孩子与同龄人交往中正常的"吵架"有着很大的关系。粗暴地加以指责或立刻"循循善诱"，均可能剥夺孩子在实践中培养能力的机会。其实家长大可不必过多介入孩子的"纠纷"，只要没有什么危险,就由他们自己去解决,不要担心孩子们真的会"反目成仇"。通常情况下,他们今天"怒目相向",而到明天早已烟消云散。这就是天真可爱的孩子。

如何让孩子笑口常开

婴儿离开母体来到人世间,就会睁开小眼睛打量周围的环境,并做出最初的反应——哭和笑。哭易引起大人注意而笑不易。其实婴儿出生几个小时就会笑了。但这种笑仅是面部表情肌的牵动,还说不上是心理活动,更谈不上情感交流,可称之为"无意识的笑"。

在促使婴儿由无意识的笑转变为有意识的笑的过程中,妈妈的眼睛、笑容、语言和抚摸起着强化刺激的作用。当婴儿开始在妈妈的怀里吸乳时,总是好奇地注视着妈妈的眼睛。如果妈妈伴之以亲切的笑脸能使婴儿产生依恋感和安全感,能促使婴儿较早地露出"有意识的笑"。这时,妈妈以笑来回报,就是一种强化刺激,能促使婴儿笑得更多、更甜。婴儿爱笑、善笑,久而久之,便易形成活泼开朗、无拘无束、合群随和、与人友善等良好的个性品质,为长大后形成心胸开阔、豁达大度、幽默风趣、积极乐观的性格打下基础。

相反,做妈妈的如果从不注意逗孩子笑,在给孩子喂奶时,缺少笑意,甚至与人吵闹、生气,孩子看到的是"横眉立目",是充满怨意地目光,心里就会产生压抑。在此情况下,孩子自然不会笑,也不可能笑,还会逐渐变得爱哭爱闹,表情呆滞。久之会形成烦躁、冷漠、内向、孤僻、倔强、执拗、不合群、郁郁寡欢等不良个性。

良好的个性、健康的心理是孩子一生受用不尽的宝贵财富,而能否拥有这笔"财富"与幼时受父母"笑教育"大有关系。

怎样教育孩子不自私

对于 2～3 岁的孩子来说,一般只会想到自己,不会想到别人。由于他们思维能力所限,难以理解事物之间的相互关系,往往以我为中心去认识事物,这是幼儿的思维特征。

如果让孩子的这种思维方式发展下去，孩子有可能变成一个自私自利的人，这种人在社会上是不受欢迎的，即使孩子的智商再高、能力再大，也是难以施展的。

那么，家长教育孩子不自私的最简单的办法是，让孩子懂得世界上的一切事都要分担共享的道理，并使其懂得应该经常关心他人。首先，家长不能让孩子的以我为主的心理任其自流，不能对孩子采取"随他便"的教养方式。其次，家长还应懂得自私自利的孩子，其性格是不稳定的，很难有较高的智商。家长要通过自己的言行举止，教育孩子懂得共享为乐、独享为耻的道理，帮助孩子建立群体思想，鼓励孩子把自己心爱的玩具让小朋友玩，把自己爱吃的东西分给小朋友吃，使孩子自私的行为逐渐减少，树立一个为大众着想的整体观念。

怎样培养孩子的集体意识

学龄期儿童的基本心理需求是：学习基础文化知识和技能，培养良好的学习行为习惯和态度，建立和睦协调的师生、同学人际关系，为进入社会角色和社会化学习做准备。

培养孩子的集体意识，就是让孩子懂得自己生活在一个集体之中（如家庭是一个集体，托儿所、幼儿园也是集体），自己有发表意见的权利，同时又有服从集体的义务。此外，还要让孩子懂得自己的利益与集体的利益是相联系的，损害了集体的利益也就损害了自己的利益。

当然，父母不可能把这些大道理讲给孩子听，但可以把这些道理和孩子的生活结合起来，让他们从生活中，从一件件小事中领会到这些道理。比如，当孩子与家人一起吃饭时，可以使他们感受到全家人相聚的欢乐。节假日订出活动计划，或探望老人，或出去郊游，或体育活动。在制订活动计划时，不妨听听孩子本人的意见。共同活动是培养孩子集体意识的重要途径。

在家庭中形成有规律的作息制度，也是培养孩子集体意识的有效途径。无论是父母还是孩子，只要有一个人不肯按时起床或按时吃饭，就会影响到全家人的活动。

培养孩子的集体意识更要注重家庭成员之间的沟通。通过家庭成员之间的沟通，父母会发现孩子并不像你想象的那么无知、无能，他们有着丰富的主观感受和很强的创造能力。当然，沟通主要是为了交流看法，形成一种平等和合作的氛围，并不一定要全部按孩子的想法去做。

一个在家庭里有集体意识的孩子，以后也能很快地适应其他的集体生活。

怎样劝阻孩子的危险行为

劝阻孩子的危险行为是非常必要的。但如果父母过多地说"不可以"和"不许动"，就会使孩子的探索精神受到挫伤。久之，孩子会认为探索求知是错误的，是父母不喜欢的。因此，父母应选择正确有效的方法并把握适当的分寸，既保护孩子的求知欲，又保证孩子的安全。首先应采取防范的措施。这样可以减少对孩子说"不可以"或责骂，还可以恰当地鼓励孩子的求知欲。

为孩子设置适当的活动环境，如把房间或院子的一个角落提供给孩子，把孩子的玩具及活动材料放置其中，让他能自由探索而不致发生危险。告诉孩子，超出这个范围取用物品必须事先征得父母同意。同时明确禁止孩子接触威胁孩子健康与安全的物品，如燃气炉灶、电源插座等。保管好易对孩子造成危害的物品，如火柴、发胶、药品等。

教会孩子正确使用有一定危险性的活动材料。如教孩子正确使用剪刀（剪纸时用），并告诉孩子不能乱扔乱放，不能拿着剪刀跑动，以免扎伤。

当孩子已出现了危险性行为时，父母要注意把握劝导与阻止的分寸。如果不是绝对必要马上制止的行为（即不当场制止，孩子的行为会立即引发危害性后果），父母不必急于阻止，而应采取委婉的方式劝阻。如孩子摆弄火柴棒，而火柴头所含物质对孩子身体有害，父母可以用牙签替换，并明确告诉孩子替换的原因。但如果孩子划火柴玩，或是用铁丝捅电源插座孔等，家长就应立即制止。

父母说"不可以"越少（当必须说时才说），孩子对这种表示阻止的话才越加注意。在对孩子说"不可以"时，父母要与孩子面对面，表情严肃，语调坚决，让孩子感到事态的严重性并听从劝阻。对年龄较小或任性的孩子，父母要采取坚决的行动，把孩子带离危险境地。

怎样使孩子说实话

(1) 家长以身作则，言行一致：研究证明，孩子说谎多与家长常常说谎有关，教育孩子应首先教育自己，父母以身作则，树立榜样，才能在孩子幼小的心灵上奠定诚实的基础。在日常生活中，父母还要注意信守诺言。对自己的过失不辩解，不掩饰，勇敢承认自己的错误，为孩子树立一个诚实的典范，使孩子从小就受到家庭的良好熏陶。

(2) 信任并尊重孩子：家长无端怀疑孩子的诚实，会导致他们心理发生不良变化。当孩子的自尊心受到损伤后，他们会从委屈逐渐发展到不服，甚至报复。这种逆反心理会使家长与子女之间相互不信任，反倒为孩子说谎创造了条件。

(3) 诱导孩子承认错误：在多数情况下，孩子做错事是出于好奇心，而不是故意的。孩子做错了事，应当弄清原因，进行正面教育，孩子承认了错误，就应给予表扬，为孩子的诚实创造外部条件。

(4) 允许孩子出现反复：孩子对事物的认识往往会出现反复，显得不稳定，这说明孩子的行为具有很大的可塑性。当孩子出现反复时，不可急躁，要耐心诚恳地诱导孩子从思想上找原因，帮助他们消除心理上的阴影。

如何创造一个健康和谐的家庭氛围

给孩子创造一个健康和谐的家庭氛围，让孩子感受到快乐、正气，从父母的榜样中去关爱他人，用热爱学习、关心家庭来回报父母，这就是我们期望孩子应有的孝心。未来社会需要有创造力、富于创新精神的人，所以要用新的教育与方法去引导孩子，因为他们也是家庭的一个成员，有权利和父母沟通，受到尊重，得到理解和激励，既有亲密的血缘关系，又是平等的朋友关系。要让孩子从小懂得人的资质不同，生活条件、经历都会有差异。但是只要努力，都会成为有用的人，为自己的生存、独立，适应社会的要求锻炼本领。

父亲别以"养家、太忙、顾不了那么多"为借口，放弃了做好配角的责任。父亲的刚毅、战胜困难与挫折的自信，阳刚之气、事业心，以及他的外貌、在子女心中的地位是任何事物都不能替代的，他甚至可影响子女性格上的完善。因为父亲的核心是尊严，是力量的象征。缺少父爱会让孩子变得羞怯、孤僻、冲动、上进心差、情感淡漠，影响其成才。给孩子以足够的父爱，会使他们感到安全、自信、这是母爱所难以取代的。

在难得的假日里，孩子最关心的是如何玩；而父母最关心的是孩子的学习和成绩。单调的生活内容，使孩子视野狭窄，心胸无法开阔，沉重的学习负担，又把他们圈禁在学习文凭的小天地中，这些肯定不利于他们个性的全面发展。

如何避免家庭中的畸形教育

家长都希望自己的孩子智商又高，成就又大，可以说，高智商而低成就的确已成为当今家长们心中的一块愁云。那么，如何避免家庭中的"畸形"教育呢？

(1) **全面培养孩子的学习**：成绩应该普遍优秀，个别一两个科目突出也该在各科成绩都较优秀的基础之上。在小学与中学阶段，更应鼓励孩子德智体美劳并驾齐驱、全面发展。

(2) **让孩子多接触社会**：让孩子常常走出家门，与邻居小朋友，尤其是异性同龄人多接触，与不相识的人、不同年龄层次的人在一起。也可以常让孩子去同学家串串门，交流交流感情，补充补充信息。

(3) **让孩子锻炼身体**：必要时可以依计划与孩子一起打球、踢毽、跳绳或小跑。经常借助上下楼梯与骑自行车起到锻炼身体的作用。

(4) **鼓励孩子参与公众场合的活动**：凡遇比赛、演出、征文、竞赛等活动，应鼓励孩子参与，发挥所长，勇敢上阵，积极拼搏，并力争获奖。

(5) **尽可能劳逸结合**：一味追着让孩子学习学习再学习,不但会累坏孩子，而且效果不一定好。所以，应科学地安排孩子的学习，要依照计划与时间表，该玩一会儿的时候要让孩子玩,该休息一会儿时要让孩子休息。电视与课外读物也都可以适当地让孩子看一点、读一点,可让孩子从中获得从教科书中所学不到的知识。对孩子学习以外的活动一律阻止的做法是不可取的。

为什么不能忽视习惯培养

所谓习惯,就是经过重复或练习而巩固下来的思维模式和行为方式,例如,人们长期养成的学习习惯、生活习惯、工作习惯等。常言道:"习惯养得好,终身受其益。""少小若无性,习惯成自然。"习惯是由重复制造出来的,并根据自然法则养成的。

这话是很有道理的。孩子从小养成良好的习惯,能促进他们的生长发育,更好地获取知识,发展智力。良好的学习习惯能提高孩子的效率,保证学习任务的顺利完成。从这个意义上来说,它是孩子今后事业成功的首要条件。

美国学者特尔曼,从1928年起对1500名儿童进行了长期的追踪研究,发现这些"天才"儿童平均年龄为7岁,平均智商为130。成年之后,又对其中最有成就的20%和没有什么成就的20%进行分析比较。结果发现,他们成年后之所以产生明显差异,其主要原因就是前者有良好的学习习惯,以及强烈的进取精神和顽强的毅力,而后者则缺乏这些。

但是,有的父母还没有充分认识到孩子习惯培养的重要性,认为"树大自然直",这种"自发论"对孩子的成长是极为不利的。而且生活习惯和学习习惯的培养是一脉相承的,一些学习习惯不良的孩子,往往在生活上也有许多不良习惯。因此,培养习惯应该从滴注生活小事做起。儿童正处于生理、心理快速发展的重要阶段,处于形成各种习惯的关键时期。从小养成良好的习惯,一辈子受用不尽。

如何培养孩子在公共场所的文明行为

孩子在公共场所不文明的行为可分为两类:一类是一般行为方面的,如随地大小便,乱扔果皮纸屑,随意涂抹乱画,爱打闹,搞些危险动作,过分活跃等。第二类是品德方面的，如故意毁坏公物，专横任性，有意欺负别人，争抢同伴的玩具，不尊敬老人，恶作剧，扰乱公共秩序等。如果孩子存在这些不文明的行为习惯，家长切莫着急，因为教育具有渐进的特点，必须选择孩子容易接受的方法进行，否则只会适得其反。

（1）家长要遵照"热爱孩子，尊重孩子，与严格要求相结合"的教育原则。属于一般行为方面的，要采取宽容态度，告诉孩子既要玩得尽兴，又要有所约束。属于品德方面的，不姑息、不迁就，及时采取补救措施。如毁坏公物要赔偿，打哭了小伙伴同样要道歉。教育效果既要立竿见影，又要给孩子改正错误的机会。严禁体罚与变相体罚，以免给孩子心灵留下阴影。

（2）以正面教育为主，多种方法并用，晓之以理，动之以情，使孩子在积极的情绪状态中不断进步。例如，把孩子不文明的现象编成故事儿歌，让孩子来辨别是非，在思考中自己寻找答案。

（3）父母是孩子的一面镜子，父母的情绪、情感对孩子有巨大的感染力，其言行举止是孩子生活的行为准则。所以，父母要以身作则，做孩子的榜样，使孩子受到潜移默化的影响。

如何培养孩子的勇敢精神

（1）爸爸妈妈要了解自己孩子的个性，允许孩子有一个逐渐适应的过程，同时尽量地给予孩子关心和爱，鼓励孩子与别人交往。爸爸妈妈应做孩子的榜样，不要一遇事就在孩子面前流露出胆小怕事的情绪。

（2）因环境影响而造成孩子胆怯、怕事的，应积极为孩子提供与外界交往的机会和环境。如带孩子外出作客。带孩子到军营去观看解放军叔叔训练的场面。帮助孩子认识不同的人群，使孩子能有机会接触一些陌生但又和善的人。鼓励孩子主动与同伴交往，和他们一起游戏等。

（3）在教育上，首先不能把孩子们当作"大人"，不能用过高的标准来要求他做力所不能及的事。爸爸妈妈应尽可能地陪孩子一起玩，启发他玩出新花样，如果爸爸妈妈因事不能陪孩子一起玩，可以规定他们在什么地方玩，玩多长时间，并要注意安全。另外，如要阻止孩子外出玩耍，切不可用可怕的事物吓唬孩子。当孩子回家后,可以让他讲述玩的过程,然后对孩子的行为做出评价,多表扬少批评,这样既锻炼孩子的胆量,又可培养孩子的口头表达能力。如条件允许,也可适当地让孩子帮助买一些零碎的东西,或到邻居家里借东西,也是培养孩子勇敢精神的好方法。

(4)当孩子独立做完某件事时,不管结果怎么样,成人都应尽量多给予鼓励,切忌讽刺嘲笑,尤其当孩子遇到困难和挫折的时候,应多给他讲解放军、科学家等如何不怕困难,与困难斗争,最后取得胜利和好成绩的故事,以帮助孩子克服困难,激励孩子的勇敢精神。

如何培养孩子做事有条理

处于3~6岁年龄段的孩子,心理过程的随意性很强,自我控制能力较差,常常一件事没做完又想着做另一件事,显得做事杂乱无章,缺乏条理。孩子应养成做事有条有理的好习惯,这种习惯的养成与父母的教育是息息相关的。

(1)**建立合理的作息制度**:有规律的生活是培养孩子做事有条理的重要前提。父母应根据孩子的年龄特点和家庭条件,把每天起床、睡觉、做游戏、看动画片、学习及家务劳动的时间都固定下来。教孩子做事时,一定要交代清楚什么时间去做什么事情,怎样才能做好这件事,应注意些什么问题。做到要求明确,检查及时。

(2)**培养孩子做事有条理的习惯**:父母应该随时留心观察孩子,看看他做事是否有秩序,是否知道先做什么,然后再做什么。通过观察,如果发现孩子这方面能力差,应立即给他指出来,并告诉他无论做什么事都要按步骤完成,做完一件事再做另一件事。如果有许多事情要做,必须先安排好顺序。如星期天,父母给孩子提出哪几件事是必须要做的,然后让孩子自己安排,可以让他用画画的形式将要做的事及先后顺序表示出来。一次次地强化,久而久之就会养成做事有条理的习惯。

(3)**父母要以身作则**:俗话说,喊破嗓子,不如做出样子。父母要言传身教,以身作则,做任何事情都要表现出一种强烈的责任感,以认真负责对待工作的态度影响孩子,如在家做事时主动勤快,有条理,脏衣服不乱放,换下来及时洗,上班前总是将房间收拾整齐等,为孩子树立良好的榜样。

如何培养孩子做事有始有终

(1) **做孩子的表率**:父母是孩子的第一任教师,也是终生连任的教师,孩子每天都在用最精细的眼神观察着父母的一言一行、一举一动,他们模仿着、学习着,往往在你还没有觉察的时候,你的言行举止已经给孩子留下了深刻的印象。有句俗话:"上梁不正下梁歪。"如果想让孩子从小养成良好的做事习惯,那么"上梁必须正",必须以身作则,无论处理什么事情,都要认真、圆满地完成,做孩子的表率。

(2) **从严要求**:坏的习惯,非严格要求不能矫正。好的行为,非严格要求难以形成、巩固。有的家长兴致所至,要求孩子完成某件事情,起初能坚持督促孩子去做,日后,当孩子不肯做时又轻率迁就,这些做法都不可取。

(3) **坚持鼓励为主**:如果孩子做事中途退缩,不想完成,成人切忌唠叨个没完,或者张口就骂,动手就打,更不要讽刺、挖苦,这样做很容易使孩子产生逆反心理,以致伤害其自尊心。而应细心观察,对于他们产生的困难及时予以帮助,对于他们的滴注进步要及时予以鼓励、表扬,使他们产生愉悦感和自信心,从而使孩子树立坚持完成任务的决心。

(4) **应重视对孩子自制能力的培养**:自制力就是能够控制自己、支配自己的行动的能力。它表现为既能善于促使自己去完成各项任务,又能善于控制自己的行为。孩子由于年龄小,注意力不稳定、自控能力较差,做事往往有头无尾,所以,要根据以上特点,从孩子生活习惯方面入手,先提出小的要求,让其通过不大的努力就能完成任务,久而久之,就会逐步地学会控制、约束自己的行为,去完整地做好每一件事情。

(5) **让孩子负一点责任**:孩子做事往往是凭兴趣,不爱干的事情常常半途而废。针对这些情况,成人应故意把一些事情郑重地作为一个任务交给他,比如,家里喂养了小动物,要求孩子给它们喂食;让孩子去取牛奶等。孩子觉得自己有了一定的责任,也就增加了克服各种困难的勇气,通过自己的努力把事情做好,也就逐渐养成了做事有始有终的习惯。

如何培养孩子爱清洁讲卫生的好习惯

清洁卫生直接关系到小儿的心身健康。幼儿期是习惯养成的重要时期，此时培养良好的卫生习惯会收到事半功倍的效果。

1～2岁的幼儿接触外界的机会比婴儿期多了。他们的好奇心强，常常摸摸这个，动动那个，似乎对什么都感兴趣。尤其喜欢捡地上的小石头、小木棍、小纸片，喜欢玩沙土，这样一来，小手时常弄得脏兮兮的。如果用小脏手揉眼睛，易引起眼睛感染。用小脏手拿东西吃，易造成腹泻或肠寄生虫病。因此要培养小儿饭前、便后洗手，从外面玩回来洗手，弄脏手后随时洗的习惯。不用手或衣袖擦鼻涕，教会小儿用手绢儿擦鼻涕和眼泪。

脸虽不像手那么容易弄脏，但至少每天早起晚睡前要各洗1次。洗脸的水温要适宜，洗脸时手要轻柔，使小儿感到很舒服，这样小儿一般会愿意洗脸的。洗脸时避免把水或肥皂溅到小儿的眼、鼻中，以免使小儿对洗脸产生恐惧或反感。

晚上入睡前要养成洗脚、洗屁股的习惯。每次粪便后也要洗屁股，这样可防止大小便刺激外阴皮肤黏膜，引起局部瘙痒。入睡前还应养成刷牙的习惯，保持口腔卫生，预防龋齿。开始可用棉棍蘸温开水擦洗小儿牙齿的各个面，2岁后可试着用牙刷刷牙。

头发长了及时理，指（趾）甲长了及时剪。夏季坚持每天洗澡，其他季节每周洗2～3次。当幼儿还不会自己洗漱时，可让大人帮助安排洗漱的时间，准备需要的物品，如毛巾、肥皂、盆、小凳等，洗手的动作比较简单，刚开始家人可以帮助洗，逐渐可让幼儿试着自己洗，成人在一旁稍加指点，最后过渡到自己洗手。

习惯的培养应循序渐进，坚持不懈。不要因"特殊"情况破坏已养成的习惯，更不要"三天打鱼两天晒网"。

为什么不能放纵儿童的攻击性行为

攻击性行为是一种目的在于使他人受到伤害或引起痛楚的行为，它在不同的年龄阶段有不同的表现形式。幼儿园阶段主要表现为吵架、打架，是一种身体上的攻击。稍大一些的孩子更多的是采用语言攻击，谩骂、诋毁，故意给对方造成心理伤害。

攻击性行为形成的关键期是婴幼儿阶段。这期间年轻的父母不仅千方百计地满足孩子的各种需要，而且食物也优先供应孩子，甚至不让孩子与他人分享，这样容易导致孩子占有欲旺盛。家长的娇宠放纵，极易导致孩子为所欲为，稍不如意就以"攻击"的手段来发泄不满情绪，甚至发展到以攻击他人为乐趣的地步。攻击性行为有着明显的性别差异，一般男孩的攻击性比女孩更突出，男孩受到攻击后，会急切地去报复对方，如果任其发展到成年，这种攻击性行为就可能转化为犯罪行为。

心理学家认为，攻击是宣泄紧张、不满情绪的消极方式，对儿童的发展极其有害，必须进行纠正。家长可以采用"转移注意"法，对有攻击性行为的独生子女给予较多的关注，在日常生活中多用一些有趣的事来转移其注意力，这样可以培养兴趣、陶冶性情以达到"根治"的目的。例如，消耗能量，在孩子情绪紧张或怒气冲冲时，可以带他去跑步、打球或进行棋类活动。培养文化兴趣，绘画、音乐是陶冶性情的最佳途径。引导孩子经常从事这类活动有助于恢复他们的心理平衡，乃至逐渐转移攻击性行为。

如何帮助孩子发展自制力

（1）**为孩子的行为立下规矩**：习惯在父母所设规矩下生活的小孩，会晓得生活是有很多界限的。父母需要为孩子架构环境，在这环境里，孩子不准做那些他无法控制的事情。在孩子未上学之前就为他设限，等于是为他一生的自制力奠下根基。

（2）**让孩子在不太重要的事上做决定和选择**：我们的孩子将来有一天必

会完全走上自己的路，有自己的决定。如果为人父母的你让他从小就在小事上作决定和价值判断，他就可以尝到做错误决定的结果，等他长大离家后，也能做出较好的选择了。

(3) 在孩童时代常常使用自行负责和违者受罚的方式管教他们：这两种纠正方式让他们有自己的选择。小孩子经由这些选择，便晓得哪些行为会让自己尝到负面的结果。

(4) 给他责任也给他自主权：当小孩要求更多的自由或当你觉得他已经预备好了时，就给他更大的自由，但同时也要求他为这自由承担责任。如果他真的能尽责，就继续让他拥有自由。

(5) 小孩若不尽责，就限制他的自主权：不过方法一定要积极，让他仍能抱着希望。可以对他说："我们再试一次，看看你是不是已经可以好好运用这种自由了。"等到几天、几星期、几个月过去了，只要你认为时机已成熟，就可以再给他自主权，并且一定要让他知道他需要为这自由负责。

孩子做事毛躁怎么办

(1) 游戏难度和时间要适宜：家长在对幼儿提出要求时，应考虑幼儿的发展特点，游戏规则、玩具都不应太复杂，同时要求幼儿集中注意的时间不宜太长，应控制在10分钟左右，对幼儿感兴趣的活动可逐渐延长时间。

(2) 控制玩具数量：有一部分家长总是为孩子买各式各样的玩具，认为这样有助于幼儿各方面能力的发展，其实不然。在一大堆玩具面前，儿童很容易分散注意力，不利于儿童注意力持久性的发展，因此不宜为幼儿购买太多的玩具。即使有很多玩具，也不宜全放在孩子面前。每次活动只给孩子相应的东西，如画画时就只给他画笔和纸，而将其他玩具收拾起来，同时每完整地做完一件事后，家长都应及时给予鼓励。

(3) 适宜的环境：幼儿的注意力易受外界环境的干扰，因此，当孩子正做某事情时，尽可能不要去打扰他，尽量不要在周围大声说话、放电视等。同时室内的布置不宜太复杂，应以简单明了为佳。

(4) 用游戏的方法培养注意力的持久性：①听命令。爸爸或妈妈与孩子面对面站着，其中一人发命令（如鞠躬、立正、拍手、跺脚等），同时自己应做出相应的动作，而对方必须不按口令，迅速地做出规定的其他任一动作，否则算输（家长可以根据实际情况制定受罚规则）。游戏过程中双方可轮换发令。②角色扮演。可以让孩子扮演他喜欢的人物，模仿他们的活动，如模仿警察叔叔站岗，护士阿姨给小朋友（由布娃娃代替）看病、打针等。

(5) **父母的巧妙引导**：当孩子的兴趣转移时，家长可巧妙地将孩子的注意力引回到原来的事情上去。如孩子在用积木搭一个大轮船，刚搭了一半，又去玩桌子上的小塑料瓶，这时父母就可以对孩子说："你看这只小瓶子像不像一只烟囱？我们把轮船搭好，然后把它放在轮船上做烟囱吧。"这样孩子一般都很乐意再去接着搭积木。

如何纠正儿童的独占行为

我们常常可以看到这样的孩子：自己手里的东西不愿与别人分享，别人的东西却总想要，如果得不到就哭闹不止。这种表现，称为"儿童独占症"。如不能及时有效地矫正，将会导致以自我为中心、自私自利、不关心他人的负向性格特征。为此家长应注意以下两点。

(1) **不要被孩子左右**：心理学家认为，儿童是以父母的反应来确定自身行为的。如他们通过父母对哭的反应明白自己的影响，就会用哭闹来支配父母，满足自己的心愿。因此，家长不要被孩子所左右。

(2) **不要有补偿心理**：有些父母觉得自己在童年时代吃过不少苦，现在就不应再让孩子吃苦，殊不知，这是造成儿童任性、独占的根源。

要纠正儿童独占行为，家长还应从以下几方面入手：对孩子不合理的要求进行控制和引导，让他们知道什么是该要的，什么是不该要的。此外，应鼓励和引导孩子把享用的物品先分给家长，使他们懂得去爱别人，先人后己。还需鼓励孩子合群，关心伙伴，可以有效纠正儿童的独占行为。

如何培养孩子的快乐性格

(1) **使孩子得到感情和友谊**：父母要加深与孩子的感情，同时鼓励孩子与同龄人一起玩耍，让他们学会愉快融洽的人际交往。

(2) **要有强烈自信心**：一个人相信自己有能力去迎接各项挑战时，他才有可能战胜它。要做到这一点，父母首先要尽可能地早发现孩子的天资和才能，有意识地去诱导他们，鼓励他们抱有成功的信心。

(3) **给孩子一定的决策权**：父母应设法给孩子提供机会，让他去决定选择什么，做什么。要知道，一个能掌握自己命运的人，自然会是一个快乐的人。

(4) **要有饱满的热情**：一个人如果缺乏热情,任何事业都不能成功。热情,对大多数儿童来说，都是生而有之的，然而，要使其不受伤害，继续把热情保持下去，却不容易。因为热情是脆弱的，很容易被诸如考试的分数、他人的嘲笑或接连的失败等挫伤所摧毁。因此，父母要十分注意保护孩子的热情，千万不要随意伤害它。

(5) **教孩子快乐心理状态**：在孩子受到挫折时，父母应告诉他前途总是光明的，使他尽快恢复快乐。使孩子明白有些人一生快乐，其秘诀在于适应力很强，这种心理状态，能使他很快从失望中振作起来。

(6) **要富有同情心**：大多数儿童对于有生命的动物所遭受的痛苦是很敏感的。如果一个家庭经常关心他人，那么，自然会在孩子幼小的心灵中播下同情的种子。

(7) **限制孩子的物质占有欲**：因为给孩子东西太多，会使其产生"获得就是幸福的源泉"这样一种错觉。父母应使孩子懂得，人生的快乐并不取决于物质财富占有多少。

(8) **要灵活性强**：怎样培养孩子的适应能力呢？最好的方法是尽早用成年人的爱心和感情去对待孩子，使他们能早日成熟，避免由于过分幼稚和脆弱而经不起来自社会上的各种冲击。

(9) **保持家庭生活的美满和谐**：家庭和谐也是培养孩子快乐性格的一个重要因素。

(10) 要充满希望：这种特性能使人在黑暗中看到光明，敢于迎接挑战。要培养孩子对生活充满希望，父母本身就应该是乐观主义者。

对不同性格的孩子要采取哪些不同的教育方法

(1) 性格开朗、活泼、爱说爱动的孩子：这类孩子思维活跃、反应灵敏，自我表现欲和交往能力也很强。但是自控能力差，做事没有耐心。对这类孩子应采用高标准、严要求的方法，要求他们认真地做每件事，并善始善终。

(2) 性格调皮、专横、大大咧咧的孩子：这类孩子适应能力强，敢说敢干，富有创造性，但义气十足，爱打闹，规则意识较差。对这类孩子宜采取批评与鼓励相结合的方法，对孩子进行爱心培养，使孩子体会到同伴间友谊的乐趣。

(3) 性格孤僻、胆小、不爱说话的孩子：这类孩子比较稳当，做事不易出差错，专注力强、听话，但他们不爱交往，自我表现欲不强，不愿把自己的想法告诉别人。对这类孩子应采用欣赏的方法，多亲近他们，给他们创造与别人交往、在集体场合说话的机会。

(4) 性格温柔、听话、沉稳的孩子：这类孩子自尊心强，有主见，做事有条理、认真，但是很爱面子，做错了事不能当面批评，否则会伤害他们的自尊心。对这类孩子宜采取多鼓励、多表扬、少批评的方法，细心体察孩子的变化，任其解释自己的新发现，从一点一滴着手培养孩子的探索意识和创造意识。

如何培养孩子健康的情感

(1) 开展丰富多彩的活动，建立合理的生活制度，使孩子身心感到愉快：孩子的情感是在活动中培养起来的，爸爸妈妈平时可多安排一些游园、游戏等活动，来丰富孩子愉快的情感体验，培养孩子的积极情感。同时要根据孩子生理、心理发展的年龄特点，制定科学、合理的作息制度。这样，不仅有利于孩子的身体健康，还能使孩子积极、活泼、朝气蓬勃、情绪欢快。

(2) 注意爸爸妈妈的表率作用：孩子的情感容易受"传染"，父母良好的情感特征，特别是和睦的生活气氛"熏陶"孩子，会使孩子成为一个情感健康丰富的人。

(3) 利用文学艺术作品丰富培养孩子的高级情感：例如，利用讲故事、看动画片等，丰富和培养孩子的情感，效果会很明显。

(4) 考虑孩子的需要：孩子的精神需要往往超过生理需要。比如，孩子喜欢捉小虫、玩水等等，这是孩子探索求知的需要，爸爸妈妈不要横加阻拦，挫伤孩子的积极性，应针对他的特点，满足他的合理需要，发展健康情感。当然，不能一味满足孩子的所有要求，要让孩子学会控制自己的欲望。

(5) 要教会孩子控制和调节情感，妥善对待孩子的情感表现：爸爸妈妈要针对孩子情感易冲动、难控制的特点，相机而行，采取办法，使他们的情感由消极变积极。同时，对孩子的有些消极情感也不妨让他表达出来，非要孩子压在心里是不利于孩子身心健康的。

什么是情商教育

人类一直重视对智力的开发，并且有一个衡量智力的测试系统——智商（IQ），也称为智力商数。现代西方一些杰出的科学家通过大量研究表明，在人的智力商数以下，还存在着另一个超越人类智力的参数，即情商，也称情绪智慧，简称EQ。美国心理学家认为，情商比智商更重要。为此，推出的成就方程式为：20%的 IQ + 80%的 EQ = 100%的成功。

情商不像智商通过测试可计算出来，为了便于人们接受，沿用了商。最早提出情商这一概念的是美国心理学家彼得·梅耶教授，他们在1990年把情商描述为由3种能力组成的结构。1995年，美国心理学家格尔曼对情商作了更明确的说明，他认为情商包括五个方面的能力：①了解自己情绪的能力。②控制自己情绪的能力。③以自己情绪激励自己行为的能力。④了解别人情绪的能力。⑤与别人友好相处的能力。从此，人们以格尔曼提出的情商概念为标准，进行探讨。格尔曼还通过实验证明，在情商的这五个方面的能力中情绪的控制力量是关键。

一般来说，高情商的幼儿都具有以下特点：①自信心强。自信心是任何成功的必要条件，是情商的重要内容。自信是不论什么时候、有何目标，都相信通过自己的努力，有能力和决心去达到。②好奇心强。对许多事物都感兴趣，想弄个明白。③自制力强。即善于控制和支配自己行动的能力，有时是善于迫使自己去完成应当完成的任务，有时是善于抑制自己不当行为的发生。④人际关系良好。指能与别人友好相处，在与其他幼儿相处时积极的态度和体验（如关心、喜悦、爱护等）占主导地位，而消极的态度和体验（如厌恶、破坏等）少一些。⑤具有良好的情绪。情商高的孩子活泼开朗，对人热情、诚恳，经常保持愉快。许多研究与事实也表明，良好的情绪是影响人生成就的一大原因。⑥同情心强。指能与别人在情感上发生共鸣，这是培养爱人、爱物的基础。

孩子过分争强好胜怎么办

（1）合理的家庭教育：过分的关注和溺爱都会大大加剧孩子的"自我中心"，不能忍受别人比自己强。合理的家庭教育应该是"关怀"而不是"溺爱"，要让孩子从小就认识到自己是家庭中的一员，而不是家庭中的"小霸王"，事事都要占上风。

（2）切忌压抑：对孩子过分争强好胜进行教育并不是主张去压抑小小的"好胜者"，适当的"好胜心"是激励孩子积极进取的良好催化剂，如果家长一味地利用成人生理及心理上的优势来压抑孩子，使孩子体会不到成功的喜悦，长此下去会使孩子缺乏自信心，养成畏缩不前的性格。

（3）正确引导："好胜"本身是无可非议的，我们担心的是孩子为取胜而采取不合理的手段，如又哭又闹，这样对孩子的发展是不利的。应从小培养孩子公平竞争的意识，让孩子明白"胜利"来自于努力，而不是别人故意让的结果。家长不妨试一试以下两种方法：①在和孩子一起游戏时，应选择一些适合孩子能力的游戏，或是改变一些复杂游戏的规则，使之简单化。在游戏中即使家长不用故意让，孩子也可能获胜，这样使孩子在一种公平竞争情况下获取成功的喜悦。在游戏的后期，慢慢地增加难度，使孩子逐渐增加对失败的体验。②定期和孩子一起测量孩子的身高、体重，测试他的握力、拉力、臂力，并做记录，这样一方面让孩子知道能力是在不断发展的，同时与成年人、与其他人相比，还有一定的差距。

(4) 家长应警惕自己的行为：要防止孩子的过分争强好胜心理，家长应十分注意自己的言行。不要当着孩子的面流露出争强好胜的心理，以平常心对待生活中的胜利和挫折，用自己积极进取、努力学习的精神来影响孩子，为孩子树立良好的行为榜样。

如何让孩子少一点自卑多一份自信

自卑感是个很可怕的东西，它可以一口一口地吃掉生活的信心和力量。许多有自卑感的孩子都认为，自己在家里不能得到父母的爱。相反，那些父母很喜欢、很疼爱的孩子，即使在某一方面不如其他孩子，也不会产生很严重的自卑。由此可见，父母的爱对孩子是多么重要。从小关爱孩子，会使他们多一分自信，少一点自卑。父母是孩子的镜子，是孩子最好、最亲近的老师，一举一动都直接影响孩子身心的发育。因此，父母要先使自己坚强起来，充满自信而乐观。事实上，每个年龄不同的孩子都会有不同的表现，都需要多一点关怀和鼓励，请别吝啬给孩子机会，一次又一次、一次再一次，总有一天，他会成为一个充满自信的孩子。一定要记住：不要责难。错误就是经验的积累，只要再一次给他机会，就能在错误中成长。无论在游戏还是学习的过程中，父母只要能有爱心、耐性，别忘了随时提醒孩子、鼓励孩子、赞美孩子，就可减少孩子产生自卑的机会，成为一个有自信的健康儿童。

哥伦布曾经说过："世界是勇敢者的天下。"那些缺乏自信心的孩子，将来肯定竞争不过那些勇气十足的孩子，因为每个人在人生征途中都需要勇气，而这种勇气要从小培养。为人父母的家长在教育子女时，还须施爱有道，引导有方。对孩子事必躬亲并不一定是爱，与其死死盯住，不如留给孩子一个自由的空间，放开手脚给机会去锻炼他们的能力，让孩子去经历风雨搏击人生，去亲身品尝成功的喜悦和失败的滋味，更加健康活泼地成长。

如何引导虚荣心过强的孩子

随着年龄的增长，儿童的自我意识逐渐加强，但还不能从他人的角度看待问题，因此，遇事经常习惯于以自我为中心，不能正确地评价自己和别的小朋友，这样就不可避免地出现虚荣心。幼儿的虚荣心大多出于单纯而强烈的不服输心理，适度的虚荣心是一种正常现象，不用过分担心。但虚荣心过强不利于儿童的健康发展。为了正确引导虚荣心过强的孩子，家长应做到以下几点。

（1）**正确的家庭教育方式**：虚荣心过强的儿童多半是家中的"小太阳"，全家人都围着他转。这样就自然而然地滋长了他的自我中心和自夸欲。家长对孩子提出的在合理范围内的要求可以答应，对于无理的要求应断然拒绝。

（2）**父母的榜样作用**：家长是儿童的第一任教师。喜欢炫耀和挥霍的母亲，可以想象她教养出来的孩子也一定爱慕虚荣。朴实谦逊的家风可以对孩子起到潜移默化的影响。

（3）**家长的正确评价**：有一些家长常喜欢在他人面前夸耀自己的孩子，家里来了客人，总要让孩子表演一番，背诗、画画、唱歌等。虽然客人的赞扬能激发孩子的兴趣，但时间一长往往会使儿童失去对活动本身的兴趣，而仅仅对赞许给予关注。正确的做法是客观地评价孩子，不仅要表扬优点，同时对孩子的缺点也要及时指正。

怎样指导孩子经受意志锻炼

古往今来，许多成就大业的人，都是意志坚强的人。由此可见，从小养成孩子良好的意志品质，将为孩子一生的成长奠定坚实的基础。良好意志品质的养成必须在家长的指导下进行，必须经过长期不懈地努力，并根据孩子意志品质的发展特点进行具体指导。

（1）**指导孩子确定正确的行为目的**：由于知识经验的不断积累，孩子对成人所提要求的理解能力也不断增强，在游戏、学习和生活中已逐步表现出明显的目的性，但由于孩子年龄小，目的易受情绪、兴趣等因素的影响，目的往往不稳定。因此，成人必须根据孩子的心理特点，通过游戏的方式帮助孩子确定正确的行为目的。

(2) **鼓励孩子做好每一件事情**：鼓励孩子自始至终做好每一件事情，是指导孩子经受意志锻炼的重要手段。孩子年龄小，做事易受外部环境影响，如果遇到困难，就会放弃原始目的，因此做事往往有头无尾，半途而废。要克服这种缺乏意志力的行为，成人就要及时表扬孩子已取得的成绩，帮助孩子克服行动的困难，鼓励孩子坚持把一件事做完，还可以选择一些有关意志力培养的故事讲给孩子听，以培养孩子良好的意志品质。

(3) **注意从滴注小事做起，锻炼孩子的意志力**：指导孩子经受意志锻炼还必须从点滴小事做起，通过日常生活小事指导孩子经受意志锻炼是一种行之有效的方法。家长要善于利用身边的小事有计划地培养、锻炼孩子的意志力。

(4) **家长做孩子的表率**：家长如果意志坚强，做事具有不怕困难、百折不挠的意志力，那么孩子也会在耳濡目染、潜移默化的过程中逐步完善自己的意志品质。反之，家长如果做事拖拖拉拉，遇到困难绕道走，工作、生活缺乏勤奋精神，那么他们的孩子决不会成为一个意志坚强的人。

挫折教育应注意什么问题

(1) **必须注意适度和适量**：为幼儿设置的情境必须有一定的难度，能引起孩子的挫折感，但又不能太难，应是幼儿通过努力可以克服的。同时，幼儿一次面临的难题也不能太多。适度和适量的挫折能使孩子自我调节心态，正确地选择外部行为，克服困难，追求下一个目标。过度的挫折会损伤孩子的自信心和积极性，使孩子产生严重的挫折感、恐惧感，最后丧失兴趣和信心。

(2) **在孩子遇到困难而退缩时要鼓励孩子**：让他认识到人的一生会遇到很多挫折，关键在于我们如何正确地认识和对待它，只有鼓起勇气努力向前，才能最终克服困难，战胜挫折。另外，在孩子做出很大努力取得一定成绩时，要及时肯定，让孩子看到自己的能力，从而更有信心地去面对新的困难。

(3) 对陷入严惩挫折情境中的幼儿要及时进行疏导：如帮助孩子分析遭受挫折的主、客观原因，找出失败的症结所在等。在必要时可帮助孩子一步步地实现目标，让孩子体会只有战胜了困难才能前进一步，而进步、达标的全过程就是不断克服困难的过程。在平时则要善于观察孩子的活动，把握其发展趋势，如果孩子在克服困难时几经尝试均告失败，就应及时给予具体帮助。

(4) 要多为孩子创设与同伴交往的机会：与同伴交往可以使幼儿发现与自己不同的观点，从而更好地认识他人和自己，克服自我中心。在同伴群体中，幼儿往往会经历一些挫折，如观点不一致，屈从于被领导的地位等，这样他必然要在不断的磨炼中学会如何友好相处，如何合作，从而更好地在同伴中保持自己的地位。而这种磨炼有助于提高幼儿的耐挫力。另一方面，同伴之间的相互交流和指导，也能够帮助幼儿更好地克服困难、解决问题。

如何培养孩子的责任心

责任心是指完成任务时的态度。这是关系到幼儿将来是否能正确对待工作和生活的重要的心理品质。幼儿的责任心不能靠强迫来培养，也不是直接灌输就可以养成的，必须采取一些行之有效的方法，让幼儿在实践中体会到自己应对自己做的事负责。

幼儿身边的人对生活、对工作应该是有强烈的责任心的，而不是随心所欲的。要让幼儿在良好的家庭环境中受到熏陶，家长可利用故事中的形象，有的放矢地对幼儿进行教育。

让幼儿学会独立，是使其具有责任心的前提。家长要尽量让幼儿自己的事自己做，让幼儿做一些力所能及的事，会让幼儿觉得自己有能力做一些自己的事，自己的事应该自己做，并且也有能力帮助别人。

责任心的培养是一个长期的过程。幼儿对事物的关心程度往往受兴趣的影响，幼儿的兴趣又是很容易转移和消退的。鉴于这种情况，家长应多创造机会，组织引导幼儿参与一定的实践活动，给予幼儿及时的鼓励和提醒。适当的时候，还可以任其出现不良后果，让幼儿体验由于他的不负责任带来的失败。与此同时，培养幼儿的意志力也是十分重要的。

如何教宝宝从小有爱心

良好的情感素质是幼儿健全人格的体现，也是未来国民素质的体现，为培养出 21 世纪合格的人才，家长必须注重幼儿的情感教育。情感是指人们对客观事物所反映的喜、怒、惧、爱、恶、欲的心理过程。情感对个性的形成有着很大的影响，家长们要注重培养幼儿的积极性情感。

宝宝幼小，尚不懂事，父母的爱心也是理所应当。可是在宝宝正在成长、逐渐懂事的时候，做父母的如果不教给幼儿懂得"要像爸爸妈妈爱自己那样地爱爸爸妈妈"，不教给幼儿懂得"只有爱别人，才能得到别人的爱"，那么等将来幼儿长大了，心里只想到自己的时候，我们做父母的心里不就悲伤了吗？与其将来说"这孩子真不懂事，我们白白对他这么好了"，不如今天教给他们如何去爱。

爱是孩子最迫切的心理需要。父母的爱能够使孩子充分享受到安全感、幸福感。父母亲轻轻地微笑、一句夸奖、一次拥抱、一次抚摸都能使孩子体验到无限的快乐和满足。由此可见，对幼儿充满爱心、建立良好的亲子关系，对幼儿产生积极、愉快的情绪情感至关重要。

自尊心人皆有之。幼儿虽然年龄小，天真、幼稚，但也有自尊心，他们与成人一样要求人格上的平等。为此，我们应当尊重幼儿，保护幼儿的优点和长处，多鼓励，少批评，充分调动他们的积极性。当孩子做某一件事，父母首先要肯定他的成绩、优点的一面，让孩子自己能独立做一件事，并且能够做好，给孩子树立一个信心。与此同时，应指出下次再做时要注意些什么。让孩子认识到自己有能力做好，愉快地接受父母的指导。

如何培养孩子的谦让品质

独生子女在家中的地位比较优越，有的幼儿根本就不懂得什么叫谦让，怎样去谦让。有的幼儿即使懂得一点谦让，也只是为了得到老师或家长的赞许，并非"心甘情愿"。如让大班幼儿自己拿水果，有的幼儿见大的就抢，最后剩下的都是小的。针对这一现象,讲讲孔融让梨的故事可使幼儿知道谦让是一种美德。

讲道理是培养幼儿互相谦让品质的第一步,重要的是让幼儿懂得怎样去做。家长和幼儿园老师在各方面都要有意识地为幼儿树立榜样,注意自己的言行举止,做到时时、事事、处处以身作则,做幼儿的表率。

培养谦让品质最主要的是造就幼儿的自觉性,要求他们自己主动做。为了让幼儿在日常生活中自觉做到互相谦让,应有目的地在幼儿中树立榜样,从而达到预期的目的。幼儿互相谦让的良好品质,并不是一朝一夕就能形成的,需要老师和家长培养和引导,循循善诱,使他们逐渐养成谦让的美德。

怎样培养孩子正直的品质

正直的品质主要表现在:诚实,言行一致,富有同情心,待人真心真意,有正义感。那么,怎样培养孩子正直的品质呢?

(1) **重视对孩子进行品德教育**:年轻的爸爸妈妈都希望自己的孩子聪明、灵活,将来有好的前程,因此在开发孩子的智力方面给予了极大的关注。但是,如果忽视对孩子的品德教育,这对孩子以后的发展无疑是一个障碍。因此,父母要重视对孩子进行良好的品德教育。

(2) **做孩子的榜样**:俗话说:"己不正,何以正人?"父母要从自己做起,加强自身的道德修养,做一个正直的人。例如,对同事、亲友不说谎、不做假、在孩子面前信守诺言,不要为了达到某个短期效果而欺骗孩子;要敢于在孩子面前做自我批评;不袒护、包庇自己的孩子,不在孩子面前说别人的坏话等。父母要让自己的一言一行都成为孩子学习的榜样。

(3) **利用文艺作品提高孩子的道德水平**:引导孩子多接触一些培养道德情操方面的优秀文艺作品,购买一些这方面内容的书籍,评论发生在身边的真实事例,让孩子逐步懂得,诚实正直是中华民族的传统美德,要求孩子从小做一个诚实正直的人。

(4) **实践**:品德教育最关键的是实践。父母应让孩子多观察参与周围发生的事,并和孩子一起讨论,提高认识,提高孩子的道德水平。

另外，家长要正确对待孩子偶然表现出来的"不正直"的行为。遇到这种情况，父母要分析原因，制定教育方案，使孩子的品德朝着健康的方向发展。

如何培养孩子最初的交往能力

（1）当宝宝能走路时，要给他创造与外人接触的机会。可以每星期带他去几次商店，有可能的话，每天都可以带他到有孩子玩的地方去。宝宝虽不能同别的孩子一起玩，但他却愿意看着，他可能会站在很近的地方盯着看，或很严肃地把手里的东西递给别人，然后又拿回来。到2～3岁时，宝宝就会同别的孩子一起玩得很开心。

（2）帮助孩子结交玩伴，鼓励他们交往，并给予他自由选择玩伴的权力。父母可以经常请一些小朋友到家里玩，让他们一起游戏、听故事、唱歌、跳舞、画画，逐步培养宝宝与同伴交往的习惯。即使在玩的过程中，孩子们闹纠纷，家长也不要强行把孩子拽回家，更不要骂孩子"草包""笨蛋"。最好的方法是从中调解，让孩子们自己解决矛盾，友好相处。

（3）孩子最初的交往会出现一些不友好的态度，如说，"不要你到我家里来"，或双手将小朋友推出去，或者抢夺别人手中的玩具，或一大堆玩具自己一个人霸占，不愿分给别人。这些不良态度，有的是受成人影响的结果。如成人间不礼貌的训斥、吵架就会传染孩子。成人应从正面教育孩子，让孩子学会谦让、容忍、礼貌等行为，养成良好的交往习惯。

很多父母整天担心这担心那，怕孩子在外面不小心摔了，怕孩子在外面与人闹纠纷吃亏，怕在外面学坏等，不给孩子社会交往的机会，总是把孩子关在家里或院子里独自玩耍。于是孩子变得越来越内向，逐渐失去了天真活泼的性格，这是不可取的。

孩子被同学嫉妒怎么办

班里有的同学看到孩子的考试成绩好，就讽刺他，故意说一些难听的话。遇到这种情况，首先可以让孩子说一说他所听到看到的嫉妒表现，与孩子一起对这些话进行分析,看看哪些是无关大局的,在当时的情境下可以置之不理;哪些是使孩子受到了伤害的,需要家长安抚。其次可以通过场景表演,做以下方面的训练。

(1) **示范作用**:先由孩子扮演嫉妒者,你扮演孩子,让孩子用别人说他的话来说你,你则把应对的办法示范给孩子看:不回嘴,不动声色,装作没听见或转身走开等。这会能使孩子逐渐习惯这些话,对嫉妒者不予理睬,或做出合理而有力的反应,如跟对方说"你这样说不对""我不理睬你"等等。

(2) **假性打骂**:为了锻炼孩子,家长平时可以和孩子开一些善意的玩笑,这样能使孩子更加"皮实"。孩子们之间常常有打闹游戏,说说打打的,这并不是真正的打架,只是闹着玩,在闹着玩的过程中孩子能学会很多应付策略。善于闹着玩的孩子一般都能很好地应付各种交往情境。所以,平时要鼓励孩子和班里同学多接触、多玩耍,而不要因为成绩好就孤芳自赏、离群索居。

(3) **积极交友**:家长要教育孩子学会交朋友,锻炼社交能力,让他学会如何处理人际关系。首先要告诉孩子不要看不起比自己学习差的同学,尺有所短,寸有所长,学习较差的同学可能其他方面比自己强。平时跟同学在一起,态度要谦虚。要积极帮助学习较差的同学共同进步,这种付出是非常必要的,是在同学中间树立威信的必要一步。